Tölke · Praktische Funktionenlehre

Praktische Funktionenlehre

Von

Professor Dr.-Ing. Dr. ès sc. h. c. F. Tölke

o. Professor an der Technischen Hochschule Stuttgart
Direktor des Otto-Graf-Instituts

Fünfter Band

Allgemeine Weierstraßsche Funktionen
und Ableitungen nach dem Parameter

Integrale der Theta-Funktionen
und Bilinear-Entwicklungen

Mit 142 Abbildungen

Springer-Verlag Berlin Heidelberg GmbH

1968

ISBN 978-3-662-11121-5 ISBN 978-3-662-11120-8 (eBook)
DOI 10.1007/978-3-662-11120-8

Ursprünglich erschienen bei Springer-Verlag Berlin Heidelberg New York 1967
Softcover reprint of the hardcover 1st edition 1967

Library of Congress Catalog Card Number 51-21615

Titelnummer 1275

Vorwort

Im vorliegenden V. Band der Praktischen Funktionenlehre werden zunächst die allgemeinen Weierstraßschen Funktionen behandelt und durch gleichmäßig konvergente Doppelreihenentwicklungen auf der Grundlage der vier Liouvilleschen Sätze dargestellt. Aus ihnen folgen entsprechende Entwicklungen für die Weierstraßschen $\wp$-, $\mathfrak{z}$- und σ-Funktionen sowie für die Jacobischen elliptischen Funktionen und ihre logarithmischen Ableitungen. Ferner werden die Ausführungen in den Bänden II und III durch Untersuchung der Ableitungen der elliptischen Funktionen nach dem Parameter und dem Modul sowie durch ihre Betrachtung als Feldfunktionen im ζ, k-System ergänzt.

Der zweite Teil des Buches ist den als D-Funktionen bezeichneten m-fachen Integralen der Theta-Funktionen nach Argument und Parameter gewidmet, die wie diese der homogenen Fourierschen Differentialgleichung genügen und für bestimmte, vom Modul unabhängige Störfunktionen auch inhomogene Fouriersche Differentialgleichungen in der Form Greenscher Funktionen befriedigen. Hierbei wurden die mehrdimensionalen Theta- und D-Funktionen in den Kreis der Betrachtung mit einbezogen.

Den Herren Dipl.-Ing. Burkhardt, Dipl.-Ing. Hormuth, Dipl.-Ing. Kern, Dipl.-Ing. Noack und Dipl.-Ing. Schäffler danke ich für ihre Sorgfalt und Mühe bei der Anfertigung der Abbildungen. Mein besonderer Dank gilt Fräulein Dr.-Ing. Dipl.-Math. Goeser für die Übernahme und Abwicklung der schwierigen programmierungstechnischen Arbeiten. Die Herren Privatdozent Dr.-Ing. Giesecke und Dr.-Ing. Bonhage hatten die Freundlichkeit, das Manuskript durchzusehen. Herrn Dr. Giesecke danke ich darüber hinaus noch für das Lesen der Korrektur.

Mein aufrichtiger Dank verbindet mich auch mit dem Springer-Verlag für den ausgezeichneten Satz und die sorgfältige Ausstattung des Buches.

Stuttgart, im Frühjahr 1968 **Friedrich Tölke**

Vorbemerkungen zum Gesamtwerk

Entsprechend der Zweckbestimmung der Praktischen Funktionenlehre war auch für die Bearbeitung der Bände II bis V der Gesichtspunkt entscheidend, Aufbau und Stoffauswahl in erster Linie auf die Bedürfnisse der angewandten Mathematik, theoretischen Physik und Technik abzustellen. Wenn die dadurch bedingte, über den klassischen Behandlungsstoff hinausgehende Gebietsausweitung auch für die reine Mathematik interessant sein sollte, so würde dies den durch das Buch angesprochenen Personenkreis noch vergrößern.

Das eine Einheit bildende, die Theorie der Theta- und elliptischen Funktionen behandelnde Werk erscheint in fünf Bänden, deren Titel, Kapitel- und Abschnittseinteilung sowie Gleichungs- und Abbildungsnummern unter Einschluß der bereits erschienenen Bände I bis IV folgendermaßen lauten:

	Kapitel	Abschnitte	Gleichungen	Abbildungen
I: Elementare und elementare transzendente Funktionen	—	1–6	1–824	1–174
II: Theta-Funktionen und spezielle WEIERSTRASSsche Funktionen	1–4	1–107	1–765	1–129
III: JACOBIsche elliptische Funktionen, LEGENDREsche elliptische Normalintegrale und spezielle WEIERSTRASSsche Zeta- und Sigma-Funktionen	5–9	108–156	766–1082	130–224
IV: Elliptische Integralgruppen und JACOBIsche elliptische Funktionen im Komplexen	10, 11	157–191	1083–1274	225–298
V: Allgemeine WEIERSTRASSsche Funktionen und Ableitungen nach dem Parameter, Integrale der Theta-Funktionen und Bilinear-Entwicklungen	12–17	192–252	1275–1600	299–440

Diesen Bänden wird ein weiterer auf den Stoff der Bände II bis V abgestellter Tafelband VI mit 120 den Gebrauch der Tafeln erläuternden Beispielen aus der Theorie der elliptischen Integrale mit den nachstehend aufgeführten Tafeln folgen.

Tafel I: Übergang vom Parametersystem $\varkappa$ auf das Modulsystem k, k', α bzw. k^2, k'^2 und das System der Periodenzahlen K, K'.

Tafel II: 57 Parameterfunktionen, bezogen auf $\varkappa$ bzw. $1/\varkappa$ als Argument.

Tafel III: Sechsstellige Tafel der Theta-Funktionen und ihrer logarithmischen Ableitungen, der JACOBIschen elliptischen Funktionen und ihrer logarithmischen Ableitungen sowie der WEIERSTRASSschen $\mathfrak{z}$-, $\wp$- und $\wp'$-Funktionen einschließlich einiger Parameterfunktionen für $\zeta = \frac{z}{2K}$ als Argument und $\varkappa$ bzw. $\frac{1}{\varkappa}$ als Parameter.

Tafel IV: Neunstellige Tafel der LEGENDREschen Normalintegrale erster und zweiter Gattung sowie der JACOBIschen Zeta-Funktion und der abgewandelten HEUMANschen Lambda-Funktion.

Tafel V: Sechsstellige Tafel der D-Funktionen erster bis vierter Ordnung für die Charakteristiken 1 bis 4.

Inhaltsverzeichnis

Kapitel 12

Allgemeine Weierstraßsche Funktionen. Doppelreihen-Entwicklungen

Kapitel 13

Die Ableitungen nach dem Parameter und dem Modul

Kapitel 14

Integrale von Theta-Funktionen (D-Funktionen)

Kapitel 15

Mehrdimensionale Theta- und D-Funktionen

Kapitel 16

Theta- und D-Funktionen mit imaginären Parametern

Kapitel 17

Greensche Funktionen und Bilinear-Entwicklungen

Kapitel 12

Allgemeine Weierstraßsche Funktionen Doppelreihen-Entwicklungen

192. Die vier Liouvilleschen Sätze für doppeltperiodische Funktionen

Funktionen einer komplexen Veränderlichen v heißen nach WEIERSTRASS elliptisch, wenn sie bis auf die Polstellen in der gesamten komplexen Zahlenebene regulär sind und die Perioden 2ω und $2\omega'$ besitzen, d. h. der Funktionalgleichung

$$f(v + 2m\,\omega + 2n\,\omega') = f(v) \qquad (m, n \text{ ganzzahlig}) \tag{1275}$$

genügen, wobei ω und ω' weder beide reell noch beide imaginär sein dürfen. Für solche Funktionen gelten die vier LIOUVILLEschen Sätze. Diese lauten in Anlehnung an die Formulierungen von F. TRICOMI:

1. Elliptische Funktionen besitzen notwendig Pole; eine polfreie elliptische Funktion kann nur eine Konstante sein. Zwei die gleichen Pole und in diesen die gleichen Hauptteile aufweisende elliptische Funktionen können sich nur um eine Konstante unterscheiden, da ihre Differenz keine Pole mehr besitzt. Der Quotient zweier die gleichen Pole und die gleichen Nullstellen aufweisender elliptischer Funktionen kann ebenfalls nur eine Konstante sein, da eine solche Quotientenfunktion polfrei ist.

2. Unter dem Fundamentalbereich einer elliptischen Funktion wird u. a. das Periodenparallelogramm verstanden, d. h. ein Parallelogramm, dessen Berandung paarweise zu den im allgemeinen komplexen Zahlen 2ω und $2\omega'$ parallel ist und bei dem die auf parallelen Randlinien liegenden Argumente v sich um 2ω bzw. $2\omega'$ unterscheiden. Wird ein mit dem Periodenparallelogramm zusammenfallender Bereich derart abgegrenzt, daß von den vier Randlinien zwei, die einander nicht parallel sind, noch zum Bereich gehören, so ist die Summe der über diesen Bereich genommenen Residuen der Pole für eine jede elliptische Funktion gleich Null. Eine elliptische Funktion besitzt daher im Periodenparallelogramm mindestens zwei Pole erster Ordnung oder nur Pole höherer Ordnung.

3. Wird bei einer elliptischen Funktion die Anzahl ihrer Pole im Periodenparallelogramm als Ordnungszahl r bezeichnet, wobei Pole k-ter Ordnung k-fach zu zählen sind, so nimmt sie in jedem Periodenparallelogramm jeden beliebig vorgegebenen Funktionswert gerade r-mal an.

4. Nimmt eine elliptische Funktion im Periodenparallelogramm an den Stellen α den Wert a und an den Stellen β den Wert $b \neq a$ an, so lassen sich stets zwei ganze Zahlen m und n angeben, derart daß

$$\Sigma\,\alpha - \Sigma\,\beta = 2m\,\omega + 2n\,\omega'$$

wird. Diese Beziehung gilt auch in dem Grenzfalle $a \to 0$, $b \to \infty$, d. h. wo α die Nullstellen und β die Polstellen bezeichnet, wobei Null- oder Polstellen k-ter Ordnung k-fach zu zählen sind.

193. Die allgemeine Weierstraßsche elliptische $\wp$-Funktion

Bezeichnen gemäß Abb. 299 2ω und $2\omega'$ die Perioden einer elliptischen Funktion, so wird die allgemeine WEIERSTRASSsche $\wp$-Funktion durch die Doppelsumme

$$\wp(v, \omega, \omega') = \sum_{-\infty}^{+\infty}{}_{m} \sum_{-\infty}^{+\infty}{}_{n} \left[\frac{1}{(2m\,\omega + 2n\,\omega' - v)^2} - \frac{c_{mn}}{(2m\,\omega + 2n\,\omega')^2}\right] \quad \text{für } c_{00} = 0, \quad c_{mn} = 1 \tag{1276}$$

definiert. Aus (1276) ist ersichtlich, daß die $\wp$-Funktion an den ∞^2 Stellen

$$v = 2m\,\omega + 2n\,\omega'$$

Doppelpole besitzt und daß sie ihren Wert nicht ändert, wenn v mit $v + 2\bar{m}\,\omega + 2\bar{n}\,\omega$ vertauscht wird, da wegen der von $-\infty$ bis $+\infty$ erstreckten Doppelsummen m mit $m - \bar{m}$ und n mit $n - \bar{n}$

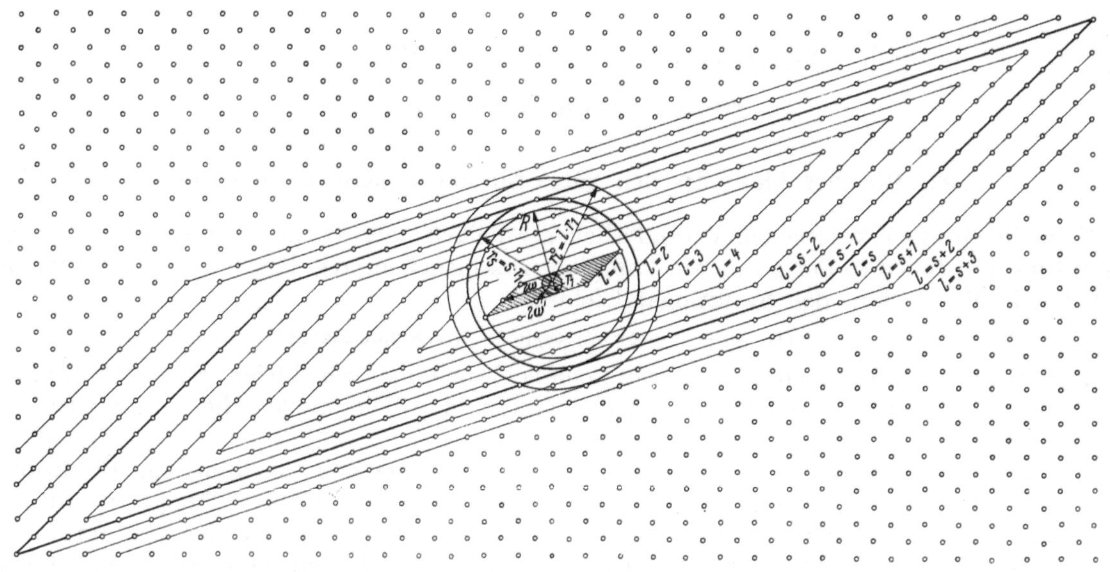

Abb. 299. Periodenparallelogramm

vertauscht werden darf. Es handelt sich somit bei der allgemeinen WEIERSTRASSschen $\wp$-Funktion um eine doppeltperiodische Funktion mit der Ordnungszahl $r = 2$, die jeden beliebig vorgegebenen Funktionswert in einem Periodenparallelogramm zweimal annimmt.

194. Gleichmäßige Konvergenz der Doppelreihen-Entwicklung der $\wp$-Funktion

Für den Beweis der gleichmäßigen Konvergenz der Doppelreihen-Entwicklung (1276) außerhalb der Polstellen genügt angesichts der Vertauschbarkeit von m mit $m - \bar{m}$ und n mit $n - \bar{n}$ die Betrachtung des in Abb. 299 durch Schraffur hervorgehobenen offenen Parallelogrammbereiches um die Stelle $v = 0$, der dem vierfachen Flächeninhalt eines Periodenparallelogramms entspricht.

Dem Beweis der gleichmäßigen Konvergenz der Entwicklung (1276) muß derjenige der absoluten Konvergenz vorangehen. Hierfür ist es nach dem großen Umordnungssatz gleichgültig, in welcher Reihenfolge summiert wird. Die Summenglieder können daher, wie in Abb. 299 angedeutet, nach dem von WEIERSTRASS beschrittenen Wege zyklisch zusammengefaßt werden, wobei jeder Zyklus die Doppelpole ähnlich gelegener Parallelogramme berücksichtigt und die letzteren durch die Zählzahl l gekennzeichnet sein mögen.

Entspricht $l = s - 1$ dem letzten Parallelogramm, das von dem Kreis mit dem Radius R durch die spitze Ecke des Ausgangsparallelogramms noch geschnitten wird, so gilt, wie der eingeschriebene Kreis mit dem Radius r_s in dem nächstfolgenden, durch $l = s$ gekennzeichneten Zyklusparallelogramm zeigt, für alle Dipole von $l = s$ ab

$$|2m\,\omega + 2n\,\omega'| > R, \qquad \left|\frac{1}{2m\,\omega + 2n\,\omega'}\right| < \frac{1}{R}.$$

Man kann die Doppelreihe (1276) daher in zwei Teilreihen aufspalten, von denen die eine alle innerhalb von $l = s$ gelegenen Doppelpole, die andere den Rest erfaßt. Dies ergibt, wenn durch die hinzugesetzten Striche angedeutet wird, daß die in der ersten Doppelreihe enthaltenen Glieder auszulassen sind,

$$\wp(v, \omega, \omega') = \sum_{-s+1}^{s-1}{}_m \sum_{-s+1}^{s-1}{}_n \left[\frac{1}{(2m\,\omega + 2n\,\omega' - v)^2} - \frac{c_{mn}}{(2m\,\omega + 2n\,\omega')^2}\right] +$$

$$+ \sum_{-\infty}^{+\infty}{}'_m \sum_{-\infty}^{+\infty}{}'_n \left[\frac{1}{(2m\,\omega + 2n\,\omega' - v)^2} - \frac{1}{(2m\,\omega + 2n\,\omega')^2}\right].$$

Da wegen des Ausschlusses der Polstelle $v = 0$ alle Glieder der ersten Doppelreihe endlich bleiben, kann die weitere Konvergenzbetrachtung auf die zweite Doppelreihe beschränkt werden. Für diese liefert die zyklische Zusammenfassung

$$\sum_{-\infty}^{+\infty}{}'_m \sum_{-\infty}^{+\infty}{}'_n \left[\frac{1}{(2m\,\omega + 2n\,\omega' - v)^2} - \frac{1}{(2m\,\omega + 2n\,\omega')^2}\right]$$

$$= \sum_{s}^{\infty}{}_l \left[\sum_{-l+1}^{l}{}_m \left[\frac{1}{(2m\,\omega + 2l\,\omega' - v)^2} - \frac{1}{(2m\,\omega + 2l\,\omega')^2}\right] + \sum_{-l+1}^{l}{}_m \left[\frac{1}{(2m\,\omega - 2l\,\omega' - v)^2} - \frac{1}{(2m\,\omega - 2l\,\omega')^2}\right] + \right.$$

$$\left. + \sum_{-l+1}^{l}{}_n \left[\frac{1}{(2l\,\omega + 2n\,\omega' - v)^2} - \frac{1}{(2l\,\omega + 2n\,\omega')^2}\right] + \sum_{-l+1}^{l}{}_n \left[\frac{1}{(-2l\,\omega + 2n\,\omega' - v)^2} - \frac{1}{(-2l\,\omega + 2n\,\omega')^2}\right]\right].$$

Nun ist aber auf Grund der gemachten Annahmen

$$|v| \leqq R.$$

Ferner galt für alle Dipole von $l = s$ ab

$$\left|\frac{1}{2m\,\omega \pm 2l\,\omega'}\right| < \frac{1}{R}, \quad \left|\frac{1}{\pm 2l\,\omega + 2n\,\omega'}\right| < \frac{1}{R}.$$

Damit gilt auch

$$\left|\frac{v}{2m\,\omega \pm 2l\,\omega'}\right| < 1, \quad \left|\frac{v}{2l\,\omega \pm 2n\,\omega'}\right| < 1.$$

Diese Ungleichungen erlauben die binomischen Entwicklungen

$$\frac{1}{(2m\,\omega \pm 2l\,\omega' - v)^2} - \frac{1}{(2m\,\omega \pm 2l\,\omega')^2} = \frac{1}{(2m\,\omega \pm 2l\,\omega')^2}\left[\frac{1}{\left(1 - \frac{v}{2m\,\omega \pm 2l\,\omega'}\right)^2} - 1\right]$$

$$\frac{2v}{(2m\,\omega \pm 2l\,\omega')^3} + \frac{3v^2}{(2m\,\omega \pm 2l\,\omega')^4} + \frac{4v^3}{(2m\,\omega \pm 2l\,\omega')^5} + \cdots,$$

$$\frac{1}{(\pm 2l\,\omega + 2n\,\omega' - v)^2} - \frac{1}{(\pm 2l\,\omega + 2n\,\omega')^2} = \frac{1}{(\pm 2l\,\omega + 2n\,\omega')^2}\left[\frac{1}{\left(1 - \frac{v}{\pm 2l\,\omega + 2n\,\omega'}\right)^2} - 1\right]$$

$$= \frac{2v}{(\pm 2l\,\omega + 2n\,\omega')^3} + \frac{3v^2}{(\pm 2l\,\omega + 2n\,\omega')^4} + \frac{4v^3}{(\pm 2l\,\omega + 2n\,\omega')^5} + \cdots.$$

Damit ergibt sich, bezogen auf die Majorante mit lauter positiven Gliedern,

$$\sum_{-\infty}^{+\infty}{}'_m \sum_{-\infty}^{+\infty}{}'_n \left[\frac{1}{(2m\,\omega + 2n\,\omega' - v)^2} - \frac{1}{(2m\,\omega + 2n\,\omega')^2}\right] \leqq$$

$$\leqq \sum_{1}^{\infty}{}_q \sum_{s}^{\infty}{}_l \left[\sum_{-l+1}^{l}{}_m \left|\frac{(q+1)\,v^q}{(2m\,\omega + 2l\,\omega')^{q+2}}\right| + \sum_{-l+1}^{l}{}_m \left|\frac{(q+1)\,v^q}{(2m\,\omega - 2l\,\omega')^{q+2}}\right| + \right.$$

$$\left. + \sum_{-l+1}^{l}{}_n \left|\frac{(q+1)\,v^q}{(2l\,\omega + 2n\,\omega')^{q+2}}\right| + \sum_{-l+1}^{l}{}_n \left|\frac{(q+1)\,v^q}{(-2l\,\omega + 2n\,\omega')^{q+2}}\right|\right].$$

Nun ist mit den Bezeichnungen von Abb. 299 für $l \geqq s$

$$|2m\,\omega \pm 2l\,\omega'| \geqq r_l = l\,r_1, \quad \left|\frac{1}{2m\,\omega \pm 2l\,\omega'}\right| \leqq \frac{1}{r_l} = \frac{1}{l\,r_1},$$

$$|\pm 2l\,\omega + 2n\,\omega'| \geqq r_l = l\,r_1, \quad \left|\frac{1}{\pm 2l\,\omega + 2n\,\omega'}\right| \leqq \frac{1}{r_l} = \frac{1}{l\,r_1}.$$

Die $8l$ Glieder der eckigen Klammer unterliegen also sämtlich der gleichen Schranke. Diese lautet, wenn auch noch für v der Absolutbetrag eingeführt wird,

$$\left(\frac{1}{l\,r_1}\right)^{q+2}(q+1)\,|v|^q.$$

Damit erhält man für die eckige Klammer

$$[\cdots] \leqq \frac{8l(q+1)}{l^{q+2}\,r_1^{q+2}}\,|v|^q = \frac{8(q+1)}{l^{q+1}\,r_1^{q+2}}\,|v|^q,$$

und es folgt

$$\sum_{-\infty}^{+\infty}{}'_m \sum_{-\infty}^{+\infty}{}'_n \left[\frac{1}{(2m\,\omega+2n\,\omega'-v)^2}-\frac{1}{(2m\,\omega+2n\,\omega')^2}\right] \leqq \sum_{1}^{\infty}{}_q \frac{8(q+1)}{r_1^{q+2}}\,|v|^q \sum_{s}^{\infty}{}_l \frac{1}{l^{q+1}}.$$

Nun ist aber, da $s \leqq l$,

$$\sum_{s}^{\infty}{}_l \frac{1}{l^{q+1}} = \frac{1}{s^{q-1}} \sum_{s}^{\infty}{}_l \left(\frac{s}{l}\right)^{q-1}\frac{1}{l^2} < \frac{1}{s^{q-1}} \sum_{s}^{\infty}{}_l \frac{1}{l^2} < \frac{1}{s^{q-1}} \sum_{1}^{\infty}{}_l \frac{1}{l^2} = \frac{\frac{1}{6}\pi^2}{s^{q-1}}.$$

So ergibt sich

$$\sum_{-\infty}^{+\infty}{}'_m \sum_{-\infty}^{+\infty}{}'_n \left[\frac{1}{(2m\,\omega+2n\,\omega'-v)^2}-\frac{1}{(2m\,\omega+2n\,\omega')^2}\right] < \frac{4\pi^2}{3} \sum_{1}^{\infty}{}_q \frac{(q+1)\,|v|^q}{s^{q-1}\,r_1^{q+2}}.$$

Bei Heranziehung des Quotientenkriteriums folgt mit

$$a_{n+1} = \frac{(q+2)\,|v|^{q+1}}{s^q\,r_1^{q+3}}, \qquad a_n = \frac{(q+1)\,|v|^q}{s^{q-1}\,r_1^{q+2}}$$

der Grenzwert von a_{n+1}/a_n zu

$$\lim_{q\to\infty} \frac{a_{n+1}}{a_n} = \frac{|v|}{s\,r_1}.$$

Nun ist nach Abb. 299

$$|v| \leqq R, \qquad s\,r_1 > R$$

und damit

$$\lim_{q\to\infty} \frac{a_{n+1}}{a_n} < 1,$$

womit die absolute Konvergenz der Doppelreihen-Darstellung der $\wp$-Funktion bewiesen ist. Da eine Potenzreihe innerhalb ihres Konvergenzkreises gleichmäßig konvergent ist, ist damit für den in Abb. 299 schraffierten Bereich auch die gleichmäßige Konvergenz bewiesen.

Die gleiche Betrachtung kann nun für alle übrigen der ∞^2 Doppelpole angestellt werden. Hieraus folgt, daß die Doppelreihen-Entwicklung (1276) mit Ausnahme der Doppelpolpunkte

$$v = 2m\,\omega + 2n\,\omega' \quad (m,\, n \text{ ganzzahlig})$$

in der gesamten komplexen Zahlenebene gleichmäßig konvergent ist.

195. Ableitung der $\wp$-Funktion als Doppelsumme

Da die Doppelreihen-Entwicklung (1276) gleichmäßig konvergent ist, darf die Ableitung der $\wp$-Funktion nach v durch gliedweise Differentiation gebildet werden. Es ergibt sich daher

$$\frac{\partial\wp}{\partial v} = 2\sum_{-\infty}^{+\infty}{}_m \sum_{-\infty}^{+\infty}{}_n \frac{1}{(2m\,\omega+2n\,\omega'-v)^3}. \tag{1277}$$

Hiernach besitzt die Funktion $\partial\wp/\partial v$, wie zu erwarten war, an den ∞^2 Stellen

$$v = 2m\,\omega + 2n\,\omega'$$

dreifache Pole mit der Ordnungszahl $r = 3$.

Die Entwicklung (1277) ist in der gesamten komplexen Zahlenebene mit Ausnahme der Polstellen

$$v = 2m\,\omega + 2n\,\omega'$$

gleichmäßig konvergent. Der Beweis gestaltet sich analog demjenigen für die Entwicklung (1276).

196. Differentialgleichung der allgemeinen Weierstraßschen $\wp$-Funktion

Wird in (1276) ν mit $-\nu$ vertauscht, so ist dies das gleiche, als wenn m und n mit $-m$ und $-n$ vertauscht würden. Da nun die Summen über m und n von $-\infty$ bis $+\infty$ zu erstrecken sind, ist eine Vertauschung von m und n mit $-m$ und $-n$ offensichtlich belanglos. Somit folgt

$$\wp(\nu, \omega, \omega') = \wp(-\nu, \omega, \omega'). \tag{1278}$$

Wird in (1276) $\nu = 0$ gesetzt, so erhält man

$$\wp(0, \omega, \omega') = \lim_{\nu \to 0} \frac{1}{\nu^2}. \tag{1279}$$

Hiernach muß für den in Abb. 299 schraffierten offenen Parallelogrammbereich eine Potenzreihenentwicklung in der Form

$$\wp(\nu, \omega, \omega') = \frac{1}{\nu^2} + c_2 \nu^2 + c_4 \nu^4 + c_6 \nu^6 + \cdots \tag{1280}$$

existieren. Die entsprechende Entwicklung für $\partial \wp / \partial \nu$ würde

$$\frac{\partial \wp}{\partial \nu} = -\frac{2}{\nu^3} + 2 c_2 \nu + 4 c_4 \nu^3 + 6 c_6 \nu^5 + \cdots \tag{1281}$$

lauten. Hieraus ergibt sich für $(\partial \wp / \partial \nu)^2$

$$\left(\frac{\partial \wp}{\partial \nu}\right)^2 = \frac{4}{\nu^6} - \frac{8 c_2}{\nu^2} - 16 c_4 + (4 c_2^2 - 24 c_6)\, \nu^2 + \cdots. \tag{1282}$$

Bildet man andererseits nach (1280) die Funktion $4\wp^3 - 20 c_2 \wp$, so folgt

$$4\wp^3 - 20 c_2 \wp = \frac{4}{\nu^6} - \frac{8 c_2}{\nu^2} + 12 c_4 - (8 c_2^2 - 12 c_6)\, \nu^2 + \cdots. \tag{1283}$$

Da eine elliptische Funktion durch Ableitung nach dem Argument und durch Potenzieren wieder in eine elliptische Funktion übergeht, werden sowohl durch (1282) als auch durch (1283) elliptische Funktionen dargestellt. Betrachtet man die rechten Seiten dieser Gleichungen, so handelt es sich in beiden Fällen um elliptische Funktionen mit einem Pol sechster Ordnung und einem Doppelpol an der Stelle $\nu = 0$. Da die Hauptteile 4 bzw. $-8 c_2$ der Pole ebenfalls übereinstimmen, können die beiden miteinander verglichenen Funktionen sich nach dem ersten der LIOUVILLEschen Sätze nur um eine Konstante unterscheiden. Diese ist nach (1282) und (1283) gerade $28 c_4$. Somit genügt die $\wp$-Funktion der Differentialgleichung

$$\left(\frac{\partial \wp}{\partial \nu}\right)^2 = 4\wp^3 - 20 c_2 \wp - 28 c_4. \tag{1284}$$

Es ist üblich, die beiden voneinander unabhängigen Parameter

$$20 c_2 = g_2, \quad 28 c_4 = g_3 \tag{1285}$$

zu setzen, womit (1284) in

$$\left(\frac{\partial \wp}{\partial \nu}\right)^2 = 4\wp^3 - g_2 \wp - g_3 \quad \text{bzw.} \quad \frac{\partial \wp}{\partial \nu} = -\sqrt{4\wp^3 - g_2 \wp - g_3} \tag{1286}$$

übergeht. In (1286) sind g_2 und g_3 Funktionen von ω und ω'.

Aus (1282), (1283) und (1284) ergibt sich, daß in (1282) und (1283) die Entwicklungen in $\nu^2, \nu^4, \ldots$ identisch übereinstimmen müssen. Es folgt hieraus u. a.

$$4 c_2^2 - 24 c_6 = -8 c_2^2 + 12 c_6 \quad \text{oder} \quad c_6 = \frac{1}{3} c_2^2 = \frac{1}{1200} g_2^2.$$

Damit lauten die Anfangsglieder der Entwicklung (1280)

$$\wp(\nu, \omega, \omega') = \frac{1}{\nu^2} + \frac{g_2}{20} \nu^2 + \frac{g_3}{28} \nu^4 + \frac{g_2^2}{1200} \nu^6 + \cdots. \tag{1287}$$

Nach (1287) hängen die Koeffizienten der LAURENT-Entwicklung für $\wp(\nu, \omega, \omega')$ nur von den sogenannten Invarianten $\mathfrak{g}_2$ und $\mathfrak{g}_3$ ab. Dies gilt auch für die Koeffizienten der weiteren, nicht hingeschriebenen Reihenglieder. Man kann daher $\wp(\nu, \omega, \omega')$ auch als Funktion $\wp(\nu, \mathfrak{g}_2, \mathfrak{g}_3)$ von ν und den beiden Invarianten betrachten, d. h., es besteht die Identitätsgleichung

$$\wp(\nu, \omega, \omega') \equiv \wp(\nu, \mathfrak{g}_2, \mathfrak{g}_3). \tag{1288}$$

197. Die speziellen Weierstraßschen Funktionen $\wp_1(z, g_2, g_3)$ und $\wp_5(z, \bar{g}_2, \bar{g}_3)$

Wie der Vergleich der Differentialgleichungen (1286) und (502) und der LAURENT-Entwicklungen (1287) und (520) bzw. (522) zeigt, sind die in Kapitel 4 näher untersuchten Funktionen

$$\wp_1(z, g_2, g_3) \quad \text{und} \quad \wp_5(z, \bar{g}_2, \bar{g}_3)$$

Spezialfälle der allgemeinen WEIERSTRASSschen Funktion, die nach (509) die Periodenzahlen

$$2\omega_1 = 2K, \quad 2\omega_1' = 2i\,K' \quad \text{bzw.} \quad 2\omega_5 = 2K, \quad 2\omega_5' = K + i\,K'$$

und nach (446) die Invarianten

$$(\mathfrak{g}_2)_1 = g_2 = \frac{4}{3}(1 - k^2 k'^2) \qquad\qquad (\mathfrak{g}_2)_5 = \bar{g}_2 = \frac{4}{3}(1 - 16k^2 k'^2)$$

$$\text{bzw.}$$

$$(\mathfrak{g}_3)_1 = g_3 = -\frac{8}{27}(k^2 - k'^2)\left(1 + \frac{1}{2}k^2 k'^2\right) \qquad (\mathfrak{g}_3)_5 = \bar{g}_3 = -\frac{8}{27}(k^2 - k'^2)(1 + 32k^2 k'^2)$$

besitzen.

198. Die Koeffizienten der Laurent-Entwicklungen von $\wp$ und $\wp'$

Bei Berücksichtigung des Invariantencharakters von $\mathfrak{g}_2$ und $\mathfrak{g}_3$ können die weiteren Glieder der LAURENT-Entwicklung (1287) durch Umschreibung von (520) sofort gewonnen werden. Mit den Transformationen

$$z \to \nu, \quad g_2 \to \mathfrak{g}_2, \quad g_3 \to \mathfrak{g}_3$$

folgt

$$\begin{aligned}\wp(\nu, \omega, \omega') \equiv \wp(\nu, \mathfrak{g}_2, \mathfrak{g}_3) &= \frac{1}{\nu^2} + \frac{\mathfrak{g}_2}{20}\nu^2 + \frac{\mathfrak{g}_3}{28}\nu^4 + \frac{\mathfrak{g}_2^2}{1200}\nu^6 + \frac{3\,\mathfrak{g}_2\,\mathfrak{g}_3}{6160}\nu^8 + \left(\frac{\mathfrak{g}_2^3}{156000} + \frac{\mathfrak{g}_3^2}{10192}\right)\nu^{10} + \\ &+ \frac{\mathfrak{g}_2^2\,\mathfrak{g}_3}{184800}\nu^{12} + \left(\frac{\mathfrak{g}_2^4}{21216000} + \frac{3\,\mathfrak{g}_2\,\mathfrak{g}_3^2}{1905904}\right)\nu^{14} + \left(\frac{29\,\mathfrak{g}_2^3\,\mathfrak{g}_3}{608608000} + \frac{\mathfrak{g}_3^3}{5422144}\right)\nu^{16} + \\ &+ \left(\frac{\mathfrak{g}_2^5}{3182400000} + \frac{97\,\mathfrak{g}_2^2\,\mathfrak{g}_3^2}{5031586560}\right)\nu^{18} + \left(\frac{389\,\mathfrak{g}_2^4\,\mathfrak{g}_3}{1019853120000} + \frac{123\,\mathfrak{g}_2\,\mathfrak{g}_3^3}{33315201920}\right)\nu^{20} + \cdots.\end{aligned} \tag{1289}$$

Die Rekursionsformel für die zu ν^{2n} gehörigen Koeffizienten lautet nach (519)′

$$c_{2n} = \frac{3}{(2n+3)(n-2)}(c_2\,c_{2n-4} + c_4\,c_{2n-6} + \cdots + c_{2n-4}\,c_2) \quad \text{für} \quad n > 2. \tag{1290}$$

Die gliedweise Ableitung von (1289) nach ν liefert

$$\begin{aligned}\wp'(\nu, \omega, \omega') \equiv \wp'(\nu, \mathfrak{g}_2, \mathfrak{g}_3) &= -\frac{2}{\nu^3} + \frac{\mathfrak{g}_2}{10}\nu + \frac{\mathfrak{g}_3}{7}\nu^3 + \frac{\mathfrak{g}_2^2}{200}\nu^5 + \frac{3\,\mathfrak{g}_2\,\mathfrak{g}_3}{770}\nu^7 + \left(\frac{\mathfrak{g}_2^3}{15600} + \frac{5\,\mathfrak{g}_3^2}{5096}\right)\nu^9 + \\ &+ \frac{\mathfrak{g}_2^2\,\mathfrak{g}_3}{15400}\nu^{11} + \left(\frac{7\,\mathfrak{g}_2^4}{10608000} + \frac{3\,\mathfrak{g}_2\,\mathfrak{g}_3^2}{136136}\right)\nu^{13} + \left(\frac{29\,\mathfrak{g}_2^3\,\mathfrak{g}_3}{38038000} + \frac{\mathfrak{g}_3^3}{338884}\right)\nu^{15} + \\ &+ \left(\frac{\mathfrak{g}_2^5}{176800000} + \frac{291\,\mathfrak{g}_2^2\,\mathfrak{g}_3^2}{838597760}\right)\nu^{17} + \left(\frac{389\,\mathfrak{g}_2^4\,\mathfrak{g}_3}{50992656000} + \frac{123\,\mathfrak{g}_2\,\mathfrak{g}_3^3}{1665760096}\right)\nu^{19} + \cdots.\end{aligned} \tag{1291}$$

Die Entwicklungen (1289) und (1291) sind innerhalb des Ringbereiches zwischen dem an der Stelle $\nu = 0$ gelegenen Pol und dem diesem am nächsten gelegenen Nachbarpol gleichmäßig konvergent.

199. Höhere Ableitungen und Differentialgleichungen

Durch Umschreibung der Gln. (580) auf $\mathfrak{g}_2$ und $\mathfrak{g}_3$ ergibt sich, wenn noch z mit v vertauscht wird,

$$\left.\begin{aligned}
&\frac{\partial \wp}{\partial v} = -\sqrt{4\wp^3 - \mathfrak{g}_2\wp - \mathfrak{g}_3}, \qquad \frac{\partial^2 \wp}{\partial v^2} = 6\wp^2 - \frac{1}{2}\mathfrak{g}_2, \qquad \frac{\partial^3 \wp}{\partial v^3} = 12\wp\frac{\partial \wp}{\partial v},\\
&\frac{\partial^4 \wp}{\partial v^4} = 120\wp^3 - 18\mathfrak{g}_2\wp - 12\mathfrak{g}_3, \qquad \frac{\partial^5 \wp}{\partial v^5} = (360\wp^2 - 18\mathfrak{g}_2)\frac{\partial \wp}{\partial v},\\
&\frac{\partial^6 \wp}{\partial v^6} = 5040\wp^4 - 1008\mathfrak{g}_2\wp^2 - 720\mathfrak{g}_3\wp + 9\mathfrak{g}_2^2, \qquad \frac{\partial^7 \wp}{\partial v^7} = (20160\wp^3 - 2016\mathfrak{g}_2\wp - 720\mathfrak{g}_3)\frac{\partial \wp}{\partial v}.
\end{aligned}\right\} \tag{1292}$$

200. Die allgemeine Weierstraßsche Zeta-Funktion

Für die allgemeine WEIERSTRASSsche Zeta-Funktion, die, nachdem das Symbol ζ bereits zur Argumentbezeichnung verwendet wurde, durch $\mathfrak{z}(v, \omega, \omega')$ gekennzeichnet werden soll, lautet die definierende Integraldarstellung

$$\mathfrak{z}(v, \omega, \omega') = \frac{1}{v} - \int_0^v \left[\wp(\bar{v}, \omega, \omega') - \frac{1}{\bar{v}^2}\right] d\bar{v}. \tag{1293}$$

Wird (1276) in (1293) eingeführt und gliedweise integriert, was wegen der gleichmäßigen Konvergenz von (1276) erlaubt ist, so erhält man für $\mathfrak{z}(v, \omega, \omega')$ die Doppelreihen-Entwicklung

$$\mathfrak{z}(v, \omega, \omega') = -\sum_{-\infty}^{+\infty}{}_m \sum_{-\infty}^{+\infty}{}_n \left[\frac{1}{2m\omega + 2n\omega' - v} - \frac{c_{mn}}{2m\omega + 2n\omega'} - \frac{c_{mn}v}{(2m\omega + 2n\omega')^2}\right], \quad (c_{00} = 0,\ c_{mn} = 1) \tag{1294}$$

die mit Ausnahme der Polstellen

$$v = 2m\omega + 2n\omega' \quad (m, n \text{ ganzzahlig})$$

in der gesamten komplexen Zahlenebene gleichmäßig konvergent ist. Die WEIERSTRASSsche Zeta-Funktion ist keine doppeltperiodische Funktion mehr, wie das dritte Glied der Doppelreihen-Entwicklung (1294) erkennen läßt.

Wird die LAURENT-Entwicklung (1289) in (1293) eingeführt, so folgt für die Zeta-Funktion die LAURENT-Entwicklung

$$\begin{aligned}
\mathfrak{z}(v, \mathfrak{g}_2, \mathfrak{g}_3) = {} & \frac{1}{v} - \frac{\mathfrak{g}_2}{60}v^3 - \frac{\mathfrak{g}_3}{140}v^5 - \frac{\mathfrak{g}_2^2}{8400}v^7 - \frac{\mathfrak{g}_2\mathfrak{g}_3}{18480}v^9 - \left(\frac{\mathfrak{g}_2^3}{1716000} + \frac{\mathfrak{g}_3^2}{112112}\right)v^{11} - \frac{\mathfrak{g}_2^2\mathfrak{g}_3}{2402400}v^{13} - \\
& - \left(\frac{\mathfrak{g}_2^4}{318240000} + \frac{\mathfrak{g}_2\mathfrak{g}_3^2}{9529520}\right)v^{15} - \left(\frac{29\mathfrak{g}_2^3\mathfrak{g}_3}{10346336000} + \frac{\mathfrak{g}_3^3}{92176448}\right)v^{17} - \\
& - \left(\frac{\mathfrak{g}_2^5}{60465600000} + \frac{97\mathfrak{g}_2^2\mathfrak{g}_3^2}{95600144640}\right)v^{19} - \left(\frac{389\mathfrak{g}_2^4\mathfrak{g}_3}{21416915520000} + \frac{123\mathfrak{g}_2\mathfrak{g}_3^3}{699619240320}\right)v^{21} - \cdots,
\end{aligned} \tag{1295}$$

die innerhalb des Ringbereiches zwischen dem an der Stelle $v = 0$ gelegenen Pol und dem diesem am nächsten gelegenen Nachbarpol gleichmäßig konvergent ist.

Die Ableitung von (1293) nach v liefert

$$\frac{\partial \mathfrak{z}}{\partial v} = -\wp(v, \omega, \omega'). \tag{1296}$$

Hieraus folgt durch zweimalige Ableitung in Verbindung mit (1292)

$$\frac{\partial^3 \mathfrak{z}}{\partial v^3} = -6\left(\frac{\partial \mathfrak{z}}{\partial v}\right)^2 + \frac{1}{2}\mathfrak{g}_2. \tag{1297}$$

Die in Kapitel 8 näher betrachteten Funktionen

$$\mathfrak{z}_1(z, g_2, g_3) \quad \text{und} \quad \mathfrak{z}_5(z, \bar{g}_2, \bar{g}_3)$$

sind, wie man durch Vergleich der Entwicklungen $(1059)^1$ und $(1059)^5$ mit der Entwicklung (1295) erkennt, Spezialfälle der allgemeinen WEIERSTRASSschen Zeta-Funktion, denen die Periodenzahlen

$$2\omega_1 = 2K, \quad 2\omega_1' = 2iK' \quad \text{bzw.} \quad 2\omega_5 = 2K, \quad 2\omega_5' = K + iK'$$

zugeordnet sind.

201. Die allgemeine Weierstraßsche Sigma-Funktion

Die Definitionsgleichung der WEIERSTRASSschen Sigma-Funktion lautet

$$\ln\sigma(v, \omega, \omega') = \ln v + \int_0^v \left[\mathfrak{z}(\bar{v}, \omega, \omega') - \frac{1}{\bar{v}}\right] d\bar{v} \tag{1298}$$

bzw.

$$\sigma(v, \omega, \omega') = v\, e^{\int_0^v \left[\mathfrak{z}(\bar{v}, \omega, \omega') - \frac{1}{\bar{v}}\right] d\bar{v}}. \tag{1299}$$

Die Ableitung von (1299) nach v liefert

$$\frac{\partial\sigma}{\partial v} = v\,\mathfrak{z}(v, \omega, \omega')\, e^{\int_0^v \left[\mathfrak{z}(\bar{v}, \omega, \omega') - \frac{1}{\bar{v}}\right] d\bar{v}}. \tag{1300}$$

Wird in (1299) und (1300) $v = 0$ gesetzt, so folgt in Verbindung mit (1295)

$$\sigma(0, \omega, \omega') = 0, \quad \sigma'(0, \omega, \omega') = 1. \tag{1301}$$

Nach (1301) läßt sich die σ-Funktion an der Stelle $v = 0$ entwickeln. Die Anfangsglieder dieser Entwicklung lauten

$$\sigma(v, \omega, \omega') = v - \frac{g_2}{240} v^5 - \frac{g_3}{840} v^7 - \frac{g_2^2}{161280} v^9 - \frac{g_2 g_3}{2217600} v^{11} - \cdots. \tag{1302}$$

Wird die Doppelreihen-Entwicklung (1294) in (1299) eingeführt und beachtet, daß gemäß

$$e^{\sum\limits_{-\infty}^{+\infty}{}_m \sum\limits_{-\infty}^{+\infty}{}_n f_{mn}(v)} = \prod_{-\infty}^{+\infty}{}_m \prod_{-\infty}^{+\infty}{}_n e^{f_{mn}(v)}$$

die Exponentialfunktion einer Doppelsumme in ein Doppelprodukt von Exponentialfunktionen übergeht, so erhält man für die σ-Funktion die Doppelprodukt-Entwicklung

$$\sigma(v, \omega, \omega') = v \prod_{-\infty}^{+\infty}{}_m \prod_{-\infty}^{+\infty}{}_n \left(1 - \frac{v}{2m\omega + 2n\omega'}\right) e^{\frac{v}{2m\omega + 2n\omega'} + \frac{\frac{1}{2}v^2}{(2m\omega + 2n\omega')^2}}, \quad (m \neq 0, n \neq 0). \tag{1303}$$

Wie der Vergleich von $(1065)^1$ und $(1065)^5$ mit der Entwicklung (1302) zeigt, stellen die in Kapitel 9 näher betrachteten Funktionen

$$\sigma_1(z, g_2, g_3) \quad \text{und} \quad \sigma_5(z, \bar{g}_2, \bar{g}_3)$$

Spezialfälle der allgemeinen WEIERSTRASSschen Sigma-Funktion mit den Periodenzahlen

$$2\omega_1 = 2K, \quad 2\omega_1' = 2iK' \quad \text{bzw.} \quad 2\omega_5 = 2K, \quad 2\omega_5' = K + iK'$$

dar.

202. Homogenitäts-Transformationen

Wird in den Gln. (1277), (1276), (1294), (1303)

$$v \text{ mit } tv, \quad \omega \text{ mit } t\omega, \quad \omega' \text{ mit } t\omega'$$

vertauscht, so ergeben sich die Homogenitäts-Transformationen

$$\left.\begin{aligned} \wp'(tv, t\omega, t\omega') &= \frac{1}{t^3}\wp'(v, \omega, \omega'), \\ \wp(tv, t\omega, t\omega') &= \frac{1}{t^2}\wp(v, \omega, \omega'), \\ \mathfrak{z}(tv, t\omega, t\omega') &= \frac{1}{t}\mathfrak{z}(v, \omega, \omega'), \\ \sigma(tv, t\omega, t\omega') &= t\,\sigma(v, \omega, \omega'). \end{aligned}\right\} \tag{1304}$$

Eine Paralleldarstellung der Homogenitäts-Transformationen ergibt sich, wenn in den Gln. (1291), (1289), (1295), (1302)

$$\nu \text{ mit } t\,\nu, \quad \mathfrak{g}_2 \text{ mit } \frac{\mathfrak{g}_2}{t^4}, \quad \mathfrak{g}_3 \text{ mit } \frac{\mathfrak{g}_3}{t^6}$$

vertauscht wird; sie lautet

$$\left.\begin{aligned} \wp'\left(t\,\nu, \frac{\mathfrak{g}_2}{t^4}, \frac{\mathfrak{g}_3}{t^6}\right) &= \frac{1}{t^3}\,\wp'(\nu, \mathfrak{g}_2, \mathfrak{g}_3), \\ \wp\left(t\,\nu, \frac{\mathfrak{g}_2}{t^4}, \frac{\mathfrak{g}_3}{t^6}\right) &= \frac{1}{t^2}\,\wp(\nu, \mathfrak{g}_2, \mathfrak{g}_3), \\ \mathfrak{z}\left(t\,\nu, \frac{\mathfrak{g}_2}{t^4}, \frac{\mathfrak{g}_3}{t^6}\right) &= \frac{1}{t}\,\mathfrak{z}(\nu, \mathfrak{g}_2, \mathfrak{g}_3), \\ \sigma\left(t\,\nu, \frac{\mathfrak{g}_2}{t^4}, \frac{\mathfrak{g}_3}{t^6}\right) &= t\,\sigma(\nu, \mathfrak{g}_2, \mathfrak{g}_3). \end{aligned}\right\} \tag{1305}$$

Wird in (1304) und (1305) $t = i$ gesetzt, so folgt

$$\left.\begin{aligned} \wp'(i\,\nu, i\,\omega, i\,\omega') &= i\,\wp'(\nu, \omega, \omega') & \wp'(i\,\nu, \mathfrak{g}_2, -\mathfrak{g}_3) &= i\,\wp'(\nu, \mathfrak{g}_2, \mathfrak{g}_3), \\ \wp(i\,\nu, i\,\omega, i\,\omega') &= -\wp(\nu, \omega, \omega') \quad \text{bzw.} & \wp(i\,\nu, \mathfrak{g}_2, -\mathfrak{g}_3) &= -\wp(\nu, \mathfrak{g}_2, \mathfrak{g}_3), \\ \mathfrak{z}(i\,\nu, i\,\omega, i\,\omega') &= -i\,\mathfrak{z}(\nu, \omega, \omega') & \mathfrak{z}(i\,\nu, \mathfrak{g}_2, -\mathfrak{g}_3) &= -i\,\mathfrak{z}(\nu, \mathfrak{g}_2, \mathfrak{g}_3), \\ \sigma(i\,\nu, i\,\omega, i\,\omega') &= i\,\sigma(\nu, \omega, \omega') & \sigma(i\,\nu, \mathfrak{g}_2, -\mathfrak{g}_3) &= i\,\sigma(\nu, \mathfrak{g}_2, \mathfrak{g}_3). \end{aligned}\right\} \tag{1306}$$

203. Additionstheoreme und Doppelargument-Transformation

Wie erläutert wurde, sind die in den Kapiteln 4, 8 und 9 u. a. betrachteten Funktionen $\wp_1$ und $\wp_5$ bzw. $\mathfrak{z}_1$ und $\mathfrak{z}_5$ bzw. σ_1 und σ_5 Spezialfälle der entsprechenden allgemeinen Weierstrassschen Funktionen. Nun treten aber in den zugehörigen Additionstheoremen $(653)^1$ und $(653)^5$ bzw. $(1052)^1$ und $(1052)^5$ bzw. $(1072)'^1$ und $(1072)'^5$ nur

$$\wp'_{\substack{1\\5}}(z), \quad \wp_{\substack{1\\5}}(z), \quad \mathfrak{z}_{\substack{1\\5}}(z), \quad \sigma_{\substack{1\\5}}(z) \quad \text{bzw.} \quad \wp'_{\substack{1\\5}}(z_0), \quad \wp_{\substack{1\\5}}(z_0), \quad \mathfrak{z}_{\substack{1\\5}}(z_0), \quad \sigma_{\substack{1\\5}}(z_0)$$

auf, d. h. Funktionen, deren Reihenentwicklungen mit denjenigen der entsprechenden allgemeinen Weierstrassschen Funktionen formal übereinstimmen. Hieraus folgt, daß auch die Additionstheoreme der allgemeinen Weierstrassschen Funktionen formal mit denjenigen der speziellen Funktionen übereinstimmen müssen. Man erhält daher:

$$\wp(\nu + \nu_0, \omega, \omega') = -\wp(\nu, \omega, \omega') - \wp(\nu_0, \omega, \omega') + \frac{1}{4}\left[\frac{\wp'(\nu, \omega, \omega') - \wp'(\nu_0, \omega, \omega')}{\wp(\nu, \omega, \omega') - \wp(\nu_0, \omega, \omega')}\right]^2 \tag{1307}$$

bzw.

$$\mathfrak{z}(\nu + \nu_0, \omega, \omega') = +\mathfrak{z}(\nu, \omega, \omega') + \mathfrak{z}(\nu_0, \omega, \omega') + \frac{1}{2}\,\frac{\wp'(\nu, \omega, \omega') - \wp'(\nu_0, \omega, \omega')}{\wp(\nu, \omega, \omega') - \wp(\nu_0, \omega, \omega')} \tag{1308}$$

bzw.

$$\sigma(\nu + \nu_0, \omega, \omega')\,\sigma(\nu - \nu_0, \omega, \omega') = -\sigma^2(\nu, \omega, \omega')\,\sigma^2(\nu_0, \omega, \omega')\,[\wp(\nu, \omega, \omega') - \wp(\nu_0, \omega, \omega')]. \tag{1309}$$

Wird in (1307) bis (1309) $\nu_0 = \nu$ gesetzt, nachdem im Falle von (1309) vorher durch $\sigma(\nu - \nu_0, \omega, \omega')$ dividiert wurde, und werden die dabei auftretenden unbestimmten Ausdrücke nach der Regel von L'Hospital ausgewertet, so ergibt sich die Doppelargument-Transformation in der Form

$$\left.\begin{aligned} \wp(2\,\nu, \omega, \omega') &= -2\,\wp(\nu, \omega, \omega') + \frac{1}{4}\left[\frac{\wp''(\nu, \omega, \omega')}{\wp'(\nu, \omega, \omega')}\right]^2, \\ \mathfrak{z}(2\,\nu, \omega, \omega') &= +2\,\mathfrak{z}(\nu, \omega, \omega') + \frac{1}{2}\,\frac{\wp''(\nu, \omega, \omega')}{\wp'(\nu, \omega, \omega')}, \\ \sigma(2\,\nu, \omega, \omega') &= -\sigma^4(\nu, \omega, \omega')\,\wp'(\nu, \omega, \omega'). \end{aligned}\right\} \tag{1310}$$

Die in den beiden oberen der Gln. (1310) auftretende zweite Ableitung kann nach (1292) auch durch $\wp$ selbst ausgedrückt werden.

204. Doppelreihen-Entwicklungen der speziellen $\wp$-Funktionen

Aus der Doppelreihen-Entwicklung (1276) der allgemeinen Weierstrassschen $\wp$-Funktion folgen unmittelbar die entsprechenden Entwicklungen der sechs in Kapitel 4 betrachteten speziellen $\wp$-Funktionen. Die Entwicklungen für $\wp_1$ und $\wp_5$ ergeben sich nach Abschnitt 197 durch Vertauschen von

$$\nu \text{ mit } z, \quad 2\omega \text{ mit } 2K, \quad 2\omega' \text{ mit } 2\,i\,K' \text{ bzw. mit } K + i\,K'.$$

Aus den so entstehenden Doppelreihen-Entwicklungen erhält man diejenigen von $\wp_2$, $\wp_3$, $\wp_4$, $\wp_6$ durch Argumentvertauschung gemäß (510). Der Entwicklungssatz lautet:

$$\left.\begin{aligned}
\wp_1(z,k) &= \sum_{-\infty}^{+\infty}{}_m \sum_{-\infty}^{+\infty}{}_n \left[\frac{1}{(2mK+2niK'-z)^2} - \frac{c_{mn}}{(2mK+2niK')^2}\right],\\
\wp_2(z,k) &= \sum_{-\infty}^{+\infty}{}_m \sum_{-\infty}^{+\infty}{}_n \left[\frac{1}{((2m-1)K+2niK'-z)^2} - \frac{c_{mn}}{(2mK+2niK')^2}\right],\\
\wp_3(z,k) &= \sum_{-\infty}^{+\infty}{}_m \sum_{-\infty}^{+\infty}{}_n \left[\frac{1}{((2m-1)K+(2n-1)iK'-z)^2} - \frac{c_{mn}}{(2mK+2niK')^2}\right], \quad (c_{00}=0,\ c_{mn}=1)\\
\wp_4(z,k) &= \sum_{-\infty}^{+\infty}{}_m \sum_{-\infty}^{+\infty}{}_n \left[\frac{1}{(2mK+(2n-1)iK'-z)^2} - \frac{c_{mn}}{(2mK+2niK')^2}\right],\\
\wp_5(z,k) &= \sum_{-\infty}^{+\infty}{}_m \sum_{-\infty}^{+\infty}{}_n \left[\frac{1}{((2m+n)K+niK'-z)^2} - \frac{c_{mn}}{((2m+n)K+niK')^2}\right],\\
\wp_6(z,k) &= \sum_{-\infty}^{+\infty}{}_m \sum_{-\infty}^{+\infty}{}_n \left[\frac{1}{((2m+n-1)K+niK'-z)^2} - \frac{c_{mn}}{((2m+n)K+niK')^2}\right].
\end{aligned}\right\} \tag{1311}$$

Nach (766) und (771) sind mit (1311) auch die Doppelreihen-Entwicklungen der Quadrate der JACOBIschen elliptischen Funktionen sowie der Funktionen $\overline{\mathrm{ds}}^2(z,k)$ und $\overline{\mathrm{nc}}^2(z,k)$ bekannt, die sich von den speziellen $\wp$-Funktionen lediglich um eine Konstante bzw. Parameterfunktion unterscheiden. Auch die Doppelreihen-Entwicklungen von $\overline{\mathrm{cs}}^2(z,k)$, $\overline{\mathrm{ns}}^2(z,k)$, $\overline{\mathrm{dc}}^2(z,k)$ und $\overline{\mathrm{nd}}^2(z,k)$ lassen sich durch Verbindung von (771) und (1311) leicht darstellen, wenn beachtet wird, daß dem Argument 2ζ eine Vertauschung von z mit $2z$, dem Parameter $\varkappa/2$ eine Vertauschung von K' mit $\frac{1}{2}K'$ und dem Parameter $2\varkappa$ eine Vertauschung von K' mit $2K'$ entspricht.

205. Doppelreihen-Entwicklungen der speziellen $\mathfrak{z}$-Funktionen

Wird das in Abschnitt 204 beschriebene Verfahren auf die Doppelreihen-Entwicklung (1294) angewendet, so gelangt man zunächst zu den Doppelreihen-Entwicklungen der Funktionen $\mathfrak{z}_1$ und $\mathfrak{z}_5$ und dann durch Argumentvertauschung gemäß (1025) bis (1028) zu den Doppelreihen-Entwicklungen der Funktionen $\mathfrak{z}_2$, $\mathfrak{z}_3$, $\mathfrak{z}_4$, $\mathfrak{z}_6$. Die Entwicklungen lauten:

$$\left.\begin{aligned}
\mathfrak{z}_1(z,k) &= -\sum_{-\infty}^{+\infty}{}_m \sum_{-\infty}^{+\infty}{}_n \left[\frac{1}{2mK+2niK'-z} - \frac{c_{mn}}{2mK+2niK'} - \frac{c_{mn}\,z}{(2mK+2niK')^2}\right], \quad (c_{00}=0,\ c_{mn}=1)\\
\mathfrak{z}_2(z,k) &= -\sum_{-\infty}^{+\infty}{}_m \sum_{-\infty}^{+\infty}{}_n \left[\frac{1}{(2m+1)K+2niK'-z} - \frac{c_{mn}}{2mK+2niK'} - \frac{c_{mn}(z-K)}{(2mK+2niK')^2}\right],\\
\mathfrak{z}_3(z,k) &= \eta_1 K + i\eta_2 K' -\\
&\quad - \sum_{-\infty}^{+\infty}{}_m \sum_{-\infty}^{+\infty}{}_n \left[\frac{1}{(2m+1)K+(2n+1)iK'-z} - \frac{c_{mn}}{2mK+2niK'} - \frac{c_{mn}(z-K-iK')}{(2mK+2niK')^2}\right],\\
\mathfrak{z}_4(z,k) &= -\eta_1 K + i\eta_2 K' -\\
&\quad - \sum_{-\infty}^{+\infty}{}_m \sum_{-\infty}^{+\infty}{}_n \left[\frac{1}{2mK+(2n+1)iK'-z} - \frac{c_{mn}}{2mK+2niK'} - \frac{c_{mn}(z-iK')}{(2mK+2niK')^2}\right],\\
\mathfrak{z}_5(z,k) &= -\sum_{-\infty}^{+\infty}{}_m \sum_{-\infty}^{+\infty}{}_n \left[\frac{1}{(2m+n)K+niK'-z} - \frac{c_{mn}}{(2m+n)K+niK'} - \frac{c_{mn}\,z}{((2m+n)K+niK')^2}\right],\\
\mathfrak{z}_6(z,k) &= -\sum_{-\infty}^{+\infty}{}_m \sum_{-\infty}^{+\infty}{}_n \left[\frac{1}{(2m+n+1)K+niK'-z} - \frac{c_{mn}}{(2m+n)K+niK'} - \frac{c_{mn}(z-K)}{((2m+n)K+niK')^2}\right].
\end{aligned}\right\} \tag{1312}$$

Nach (1022) sind mit (1312) auch die Doppelreihen-Entwicklungen der logarithmischen Ableitungen der sechs Theta-Funktionen bekannt, die sich von den entsprechenden Zeta-Funktionen lediglich um eine lineare Funktion in z unterscheiden.

206. Doppelreihen-Entwicklungen der logarithmischen Ableitungen der Jacobischen elliptischen Funktionen

Die Doppelreihen-Entwicklungen (1311) und (1312) sind absolut und gleichmäßig konvergent. Also gilt der große Umordnungssatz. Man kann daher die Differenzen zweier Zeta-Funktionen in der Weise bilden, daß unter der Doppelsumme die zusammengehörigen Glieder voneinander abgezogen werden. Auf diese Weise gelangt man bei gleichzeitiger Bezugnahme auf (1022) sofort zu den Doppelreihen-Entwicklungen der logarithmischen Ableitungen der JACOBIschen elliptischen Funktionen. Diese lauten:

$$\left.\begin{aligned}
&\overline{\mathrm{sn}}(z,k) = -i\eta_2 K' + \\
&\quad + \sum_{-\infty}^{+\infty}{}_m \sum_{-\infty}^{+\infty}{}_n \left[\frac{1}{2mK+(2n+1)iK'-z} - \frac{1}{2mK+2niK'-z} + \frac{c_{mn}\,iK'}{(2mK+2niK')^2}\right],\\
&\overline{\mathrm{cn}}(z,k) = \eta_1 K - i\eta_2 K' + \\
&\quad + \sum_{-\infty}^{+\infty}{}_m \sum_{-\infty}^{+\infty}{}_n \left[\frac{1}{2mK+(2n+1)iK'-z} - \frac{1}{(2m+1)K+2niK'-z} + \frac{c_{mn}(-K+iK')}{(2mK+2niK')^2}\right],\\
&\overline{\mathrm{dn}}(z,k) = \eta_1 K + \\
&\quad + \sum_{-\infty}^{+\infty}{}_m \sum_{-\infty}^{+\infty}{}_n \left[\frac{1}{2mK+(2n+1)iK'-z} - \frac{1}{(2m+1)K+(2n+1)iK'-z} - \frac{c_{mn}K}{(2mK+2niK')^2}\right],\\
&\overline{\mathrm{cs}}(z,k) = \eta_1 K + \\
&\quad + \sum_{-\infty}^{+\infty}{}_m \sum_{-\infty}^{+\infty}{}_n \left[\frac{1}{2mK+2niK'-z} - \frac{1}{(2m+1)K+2niK'-z} - \frac{c_{mn}K}{(2mK+2niK')^2}\right],\\
&\overline{\mathrm{ds}}(z,k) = \eta_1 K + i\eta_2 K' + \\
&\quad + \sum_{-\infty}^{+\infty}{}_m \sum_{-\infty}^{+\infty}{}_n \left[\frac{1}{2mK+2niK'-z} - \frac{1}{(2m+1)K+(2n+1)iK'-z} - \frac{c_{mn}(K+iK')}{(2mK+2niK')^2}\right],\\
&\overline{\mathrm{cd}}(z,k) = -i\eta_2 K' + \\
&\quad + \sum_{-\infty}^{+\infty}{}_m \sum_{-\infty}^{+\infty}{}_n \left[\frac{1}{(2m+1)K+(2n+1)iK'-z} - \frac{1}{(2m+1)K+2niK'-z} + \frac{c_{mn}\,iK'}{(2mK+2niK')^2}\right].
\end{aligned}\right\}\quad (1313)$$

In (1313) ist $c_{00} = 0$ und $c_{mn} = 1$ zu setzen.

207. Doppelreihen-Entwicklungen der Jacobischen elliptischen Funktionen

Die Doppelreihen-Entwicklungen der Funktionen $\mathrm{cs}(z,k)$, $\mathrm{ds}(z,k)$ und $\mathrm{ns}(z,k)$ lassen sich durch Einführen der für das Argument $\frac{1}{2}z$ angesetzten Gln. (1313) in die für $\frac{1}{2}\zeta$ bzw. $\frac{1}{2}z$ angesetzten Gln. (850) gewinnen. Da die Doppelreihen-Entwicklungen (1313) absolut und gleichmäßig konvergent sind, gilt auch hier wieder der große Vertauschungssatz. Man erhält daher:

$$\left.\begin{aligned}
\mathrm{cs}(z,k) &= -i\eta_2 K' + \sum_{-\infty}^{+\infty}{}_m \sum_{-\infty}^{+\infty}{}_n \left[\frac{1}{2(2m+1)K+2(2n+1)iK'-z} - \frac{1}{2(2m+1)K+4niK'-z} + \right.\\
&\quad \left. + \frac{1}{4mK+2(2n+1)iK'-z} - \frac{1}{4mK+4niK'-z} + \frac{c_{mn}\,iK'}{(2mK+2niK')^2}\right],\\
\mathrm{ds}(z,k) &= \qquad - \sum_{-\infty}^{+\infty}{}_m \sum_{-\infty}^{+\infty}{}_n \left[\frac{1}{2(2m+1)K+2(2n+1)iK'-z} - \frac{1}{2(2m+1)K+4niK'-z} - \right.\\
&\quad \left. - \frac{1}{4mK+2(2n+1)iK'-z} + \frac{1}{4mK+4niK'-z}\right], \qquad (c_{00}=0,\ c_{mn}=1)\\
\mathrm{ns}(z,k) &= -\eta_1 K + \sum_{-\infty}^{+\infty}{}_m \sum_{-\infty}^{+\infty}{}_n \left[\frac{1}{2(2m+1)K+2(2n+1)iK'-z} + \frac{1}{2(2m+1)K+4niK'-z} - \right.\\
&\quad \left. - \frac{1}{4mK+2(2n+1)iK'-z} - \frac{1}{4mK+4niK'-z} + \frac{c_{mn}K}{(2mK+2niK')^2}\right].
\end{aligned}\right\}\quad (1314)$$

Wird in (1314) z mit $z + K$ vertauscht, so folgt in Verbindung mit (793)

$$\left.\begin{aligned}
\operatorname{sc}(z, k) &= \frac{i\,\eta_2 K'}{k'} - \frac{1}{k'} \sum_{-\infty}^{+\infty}{}_m \sum_{-\infty}^{+\infty}{}_n \Big[\frac{1}{(4m+1)K + 2(2n+1)iK' - z} - \frac{1}{(4m+1)K + 4n\,iK' - z} + \\
&\quad + \frac{1}{(4m-1)K + 2(2n+1)iK' - z} - \frac{1}{(4m-1)K + 4n\,iK' - z} + \frac{c_{mn}\,iK'}{(2mK + 2n\,iK')^2}\Big], \\
\operatorname{nc}(z, k) &= -\frac{1}{k'} \sum_{-\infty}^{+\infty}{}_m \sum_{-\infty}^{+\infty}{}_n \Big[\frac{1}{(4m+1)K + 2(2n+1)iK' - z} - \frac{1}{(4m+1)K + 4n\,iK' - z} - \\
&\quad - \frac{1}{(4m-1)K + 2(2n+1)iK' - z} + \frac{1}{(4m-1)K + 4n\,iK' - z}\Big], \qquad (c_{00} = 0,\ c_{mn} = 1) \\
\operatorname{dc}(z, k) &= -\eta_1 K + \sum_{-\infty}^{+\infty}{}_m \sum_{-\infty}^{+\infty}{}_n \Big[\frac{1}{(4m+1)K + 2(2n+1)iK' - z} + \frac{1}{(4m+1)K + 4n\,iK' - z} - \\
&\quad - \frac{1}{(4m-1)K + 2(2n+1)iK' - z} - \frac{1}{(4m-1)K + 4n\,iK' - z} + \frac{c_{mn}K}{(2mK + 2n\,iK')^2}\Big].
\end{aligned}\right\} \quad (1315)$$

Entsprechend ergibt sich in Verbindung mit (794) bei Vertauschung von z mit $z + iK'$

$$\left.\begin{aligned}
\operatorname{dn}(z, k) &= +\eta_2 K' + i \sum_{-\infty}^{+\infty}{}_m \sum_{-\infty}^{+\infty}{}_n \Big[\frac{1}{2(2m+1)K + (4n+1)iK' - z} - \frac{1}{2(2m+1)K + (4n-1)iK' - z} + \\
&\quad + \frac{1}{4mK + (4n+1)iK' - z} - \frac{1}{4mK + (4n-1)iK' - z} + \frac{c_{mn}\,iK'}{(2mK + 2n\,iK')^2}\Big], \\
\operatorname{cn}(z, k) &= -\frac{i}{k} \sum_{-\infty}^{+\infty}{}_m \sum_{-\infty}^{+\infty}{}_n \Big[\frac{1}{2(2m+1)K + (4n+1)iK' - z} - \frac{1}{2(2m+1)K + (4n-1)iK' - z} - \\
&\quad - \frac{1}{4mK + (4n+1)iK' - z} + \frac{1}{4mK + (4n-1)iK' - z}\Big], \qquad (c_{00} = 0,\ c_{mn} = 1) \\
\operatorname{sn}(z, k) &= -\frac{\eta_1 K}{k} + \frac{1}{k} \sum_{-\infty}^{+\infty}{}_m \sum_{-\infty}^{+\infty}{}_n \Big[\frac{1}{2(2m+1)K + (4n+1)iK' - z} + \frac{1}{2(2m+1)K + (4n-1)iK' - z} - \\
&\quad - \frac{1}{4mK + (4n+1)iK' - z} - \frac{1}{4mK + (4n-1)iK' - z} + \frac{c_{mn}K}{(2mK + 2n\,iK')^2}\Big].
\end{aligned}\right\} \quad (1316)$$

Schließlich liefert die Vertauschung von z mit $z + K + iK'$ in Verbindung mit (795)

$$\left.\begin{aligned}
\operatorname{nd}(z, k) &= +\frac{\eta_2 K'}{k'} + \frac{i}{k'} \sum_{-\infty}^{+\infty}{}_m \sum_{-\infty}^{+\infty}{}_n \Big[\frac{1}{(4m+1)K + (4n+1)iK' - z} - \frac{1}{(4m+1)K + (4n-1)iK' - z} + \\
&\quad + \frac{1}{(4m-1)K + (4n+1)iK' - z} - \frac{1}{(4m-1)K + (4n-1)iK' - z} + \frac{c_{mn}\,iK'}{(2mK + 2n\,iK')^2}\Big], \\
\operatorname{sd}(z, k) &= +\frac{i}{k\,k'} \sum_{-\infty}^{+\infty}{}_m \sum_{-\infty}^{+\infty}{}_n \Big[\frac{1}{(4m+1)K + (4n+1)iK' - z} - \\
&\quad - \frac{1}{(4m+1)K + (4n-1)iK' - z} - \frac{1}{(4m-1)K + (4n+1)iK' - z} + \\
&\quad + \frac{1}{(4m-1)K + (4n-1)iK' - z}\Big], \qquad (c_{00} = 0,\ c_{mn} = 1) \\
\operatorname{cd}(z, k) &= -\frac{\eta_1 K}{k} + \frac{1}{k} \sum_{-\infty}^{+\infty}{}_m \sum_{-\infty}^{+\infty}{}_n \Big[\frac{1}{(4m+1)K + (4n+1)iK' - z} + \frac{1}{(4m+1)K + (4n-1)iK' - z} - \\
&\quad - \frac{1}{(4m-1)K + (4n+1)iK' - z} - \frac{1}{(4m-1)K + (4n-1)iK' - z} + \frac{c_{mn}K}{(2mK + 2n\,iK')^2}\Big].
\end{aligned}\right\} \quad (1317)$$

Kapitel 13

Die Ableitungen nach dem Parameter und dem Modul

208. Beziehungen zwischen Ableitungen nach dem Parameter und dem Modul

Nach (342) ist

$$\frac{dk^2}{d\varkappa} = -\frac{4}{\pi} k^2 k'^2 K^2, \qquad \frac{dk'^2}{d\varkappa} = +\frac{4}{\pi} k^2 k'^2 K^2, \qquad \frac{dk}{d\varkappa} = -\frac{2}{\pi} k k'^2 K^2, \qquad \frac{dk'}{d\varkappa} = +\frac{2}{\pi} k^2 k' K^2. \tag{1318}$$

In Verbindung mit (1318) folgt für eine Funktion $f(k^2)$ bzw. $f(k)$ bzw. $f(\varkappa)$

$$\frac{\partial f}{\partial k^2} = -\frac{\partial f}{\partial k'^2} = -\frac{\pi}{4k^2 k'^2 K^2}\frac{\partial f}{\partial \varkappa}, \qquad \frac{\partial f}{\partial k} = -\frac{\pi}{2k k'^2 K^2}\frac{\partial f}{\partial \varkappa}, \qquad \frac{\partial f}{\partial k'} = +\frac{\pi}{2k^2 k' K^2}\frac{\partial f}{\partial \varkappa}, \tag{1319}$$

$$\frac{\partial f}{\partial \varkappa} = -\frac{4}{\pi} k^2 k'^2 K^2 \frac{\partial f}{\partial k^2} = +\frac{4}{\pi} k^2 k'^2 K^2 \frac{\partial f}{\partial k'^2} = -\frac{2}{\pi} k k'^2 K^2 \frac{\partial f}{\partial k} = +\frac{2}{\pi} k^2 k' K^2 \frac{\partial f}{\partial k'}, \tag{1320}$$

so daß die Betrachtungen dieses Kapitels auf Ableitungen nach dem Parameter $\varkappa$ beschränkt werden können.

209. Zusammenstellung der Ableitungen der Parameterfunktionen

Nach (352), (356), (442) und (446) folgt bei Beachtung von (1318)

$$\frac{dK}{d\varkappa} = -\frac{2}{\pi} K^2 (E - K k'^2), \qquad \frac{dE}{d\varkappa} = -\frac{2}{\pi} K^2 k'^2 (E - K), \tag{1321}$$

$$\frac{de_1}{d\varkappa} = +\frac{4}{3\pi} k^2 k'^2 K^2, \qquad \frac{de_2}{d\varkappa} = -\frac{8}{3\pi} k^2 k'^2 K^2, \qquad \frac{de_3}{d\varkappa} = +\frac{4}{3\pi} k^2 k'^2 K^2, \tag{1322}$$

$$\begin{aligned} \frac{dg_2}{d\varkappa} &= \frac{16}{3\pi}(1 - 2k^2) k^2 k'^2 K^2, \qquad & \frac{dg_3}{d\varkappa} &= \frac{32}{9\pi}\left(\frac{1}{2} + k^2 k'^2\right) k^2 k'^2 K^2, \\ \frac{d\bar{g}_2}{d\varkappa} &= \frac{256}{3\pi}(1 - 2k^2) k^2 k'^2 K^2, \qquad & \frac{d\bar{g}_3}{d\varkappa} &= \frac{32}{9\pi}(-10 + 64 k^2 k'^2) k^2 k'^2 K^2. \end{aligned} \tag{1323}$$

Für η_1 und $\bar{\eta}_1$ liefert (449) bei Beachtung von (1321) und (1322)

$$\frac{d\eta_1}{d\varkappa} = +\frac{2}{3\pi} k^2 k'^2 K^2 + \frac{2}{\pi}(E - K k'^2)^2, \qquad \frac{d\bar{\eta}_1}{d\varkappa} = -\frac{4}{3\pi} k^2 k'^2 K^2 + \frac{4}{\pi}(E - K k'^2)^2. \tag{1324}$$

210. Ableitung der speziellen Weierstraßschen $\wp$-Funktionen nach dem Parameter

Die Ableitung der $\wp$-Funktionen nach dem Parameter wird zweckmäßig unter Bezugnahme auf die Gln. (169) entwickelt, indem diese nochmals nach ζ abgeleitet werden. Dies ergibt zunächst

$$\begin{aligned} &\frac{\partial^2}{\partial \zeta^2}\left(\frac{\partial^2}{\partial \zeta^2} \ln \vartheta_{\substack{1\\2\\3\\4}}\right) + 2\left(\frac{\partial^2}{\partial \zeta^2} \ln \vartheta_{\substack{1\\2\\3\\4}}\right)^2 + 2\left(\frac{\partial}{\partial \zeta} \ln \vartheta_{\substack{1\\2\\3\\4}}\right)\left(\frac{\partial^3}{\partial \zeta^3} \ln \vartheta_{\substack{1\\2\\3\\4}}\right) - 4\pi \frac{\partial}{\partial \varkappa}\left(\frac{\partial^2}{\partial \zeta^2} \ln \vartheta_{\substack{1\\2\\3\\4}}\right) = 0, \\ &\frac{\partial^2}{\partial \zeta^2}\left(\frac{\partial^2}{\partial \zeta^2} \ln \vartheta_{\substack{5\\6}}\right) + 2\left(\frac{\partial^2}{\partial \zeta^2} \ln \vartheta_{\substack{5\\6}}\right)^2 + 2\left(\frac{\partial}{\partial \zeta} \ln \vartheta_{\substack{5\\6}}\right)\left(\frac{\partial^3}{\partial \zeta^3} \ln \vartheta_{\substack{5\\6}}\right) - 8\pi \frac{\partial}{\partial \varkappa}\left(\frac{\partial^2}{\partial \zeta^2} \ln \vartheta_{\substack{5\\6}}\right) = 0. \end{aligned} \tag{1325}$$

Nun folgt aus (501) und (500)

$$\begin{aligned} \frac{\partial^2}{\partial \zeta^2} \ln \vartheta_{\substack{1\\2\\3\\4}} &= -4K^2(\eta_1 + \wp_{\substack{1\\2\\3\\4}}), \qquad & \frac{\partial^2}{\partial \zeta^2} \ln \vartheta_{\substack{5\\6}} &= -4K^2(\bar{\eta}_1 + \wp_{\substack{5\\6}}), \\ \frac{\partial^3}{\partial \zeta^3} \ln \vartheta_{\substack{1\\2\\3\\4}} &= -8K^3 \wp'_{\substack{1\\2\\3\\4}}, \qquad & \frac{\partial^3}{\partial \zeta^3} \ln \vartheta_{\substack{5\\6}} &= -8K^3 \wp'_{\substack{5\\6}}. \end{aligned} \tag{1326}$$

Die Einführung von (1326) in (1325) liefert nach Kürzen mit $16K^2$

$$\begin{aligned} &-K^2 \frac{\partial^2}{\partial z^2}\wp_{\substack{1\\2\\3\\4}} + 2K^2(\eta_1 + \wp_{\substack{1\\2\\3\\4}})^2 - 2K^2 \wp'_{\substack{1\\2\\3\\4}} \frac{\partial}{\partial z} \ln \vartheta_{\substack{1\\2\\3\\4}} + \frac{\pi}{K^2}\frac{\partial}{\partial \varkappa}\left(K^2(\eta_1 + \wp_{\substack{1\\2\\3\\4}})\right) = 0, \\ &-K^2 \frac{\partial^2}{\partial z^2}\wp_{\substack{5\\6}} + 2K^2(\bar{\eta}_1 + \wp_{\substack{5\\6}})^2 - 2K^2 \wp'_{\substack{5\\6}} \frac{\partial}{\partial z} \ln \vartheta_{\substack{5\\6}} + \frac{2\pi}{K^2}\frac{\partial}{\partial \varkappa}\left(K^2(\bar{\eta}_1 + \wp_{\substack{5\\6}})\right) = 0. \end{aligned} \tag{1327}$$

In (1327) kann nun mit Hilfe von (1321) und (1324) die Ableitung nach $\varkappa$ gebildet werden. In Verbindung mit (446), (449), (580) folgt:

$$\left.\begin{aligned}
\frac{\partial \wp_1}{\partial \varkappa} &= \frac{4}{\pi} K^2 \left(-\frac{g_2}{6} + e_2 \wp_1 + \wp_1^2 + \frac{1}{2} \wp_1' \frac{\partial}{\partial z} \ln \vartheta_1\right),\\
\frac{\partial \wp_2}{\partial \varkappa} &= \frac{4}{\pi} K^2 \left(-\frac{g_2}{6} + e_2 \wp_2 + \wp_2^2 + \frac{1}{2} \wp_2' \frac{\partial}{\partial z} \ln \vartheta_2\right),\\
\frac{\partial \wp_3}{\partial \varkappa} &= \frac{4}{\pi} K^2 \left(-\frac{g_2}{6} + e_2 \wp_3 + \wp_3^2 + \frac{1}{2} \wp_3' \frac{\partial}{\partial z} \ln \vartheta_3\right),\\
\frac{\partial \wp_4}{\partial \varkappa} &= \frac{4}{\pi} K^2 \left(-\frac{g_2}{6} + e_2 \wp_4 + \wp_4^2 + \frac{1}{2} \wp_4' \frac{\partial}{\partial z} \ln \vartheta_4\right),\\
\frac{\partial \wp_5}{\partial \varkappa} &= \frac{2}{\pi} K^2 \left(-\frac{\bar{g}_2}{6} + e_2 \wp_5 + \wp_5^2 + \frac{1}{2} \wp_5' \frac{\partial}{\partial z} \ln \vartheta_5\right),\\
\frac{\partial \wp_6}{\partial \varkappa} &= \frac{2}{\pi} K^2 \left(-\frac{\bar{g}_2}{6} + e_2 \wp_6 + \wp_6^2 + \frac{1}{2} \wp_6' \frac{\partial}{\partial z} \ln \vartheta_6\right).
\end{aligned}\right\} \tag{1328}$$

In (1328) lassen sich die logarithmischen Ableitungen der Theta-Funktionen nach (1022) auch durch spezielle WEIERSTRASSsche Zeta-Funktionen ausdrücken. Da die letzteren nicht mehr doppeltperiodisch sind, können auch die Ableitungen der $\wp$-Funktionen nach dem Parameter nur noch einfach periodische Funktionen sein.

211. Ableitung der logarithmischen Ableitungen der Jacobischen elliptischen Funktionen nach dem Parameter

Werden in der oberen Gruppe der Gln. (169) die Gleichungen sukzessive voneinander abgezogen und hierbei die Gln. (501) und (767) beachtet, so erhält man Darstellungen der Ableitungen der $2K$-fachen logarithmischen Ableitungen der JACOBIschen elliptischen Funktionen nach dem Parameter, die sich bei Beachtung der aus (1045) durch Ableitung nach z folgenden Beziehungen

$$\left.\begin{aligned}
&\frac{\partial^2 \overline{\mathrm{cs}}}{\partial z^2} = \wp_1' - \wp_2', \quad \frac{\partial^2 \overline{\mathrm{ds}}}{\partial z^2} = \wp_1' - \wp_3', \quad \frac{\partial^2 \overline{\mathrm{ns}}}{\partial z^2} = \wp_1' - \wp_4',\\
&\frac{\partial^2 \overline{\mathrm{nc}}}{\partial z^2} = \wp_2' - \wp_4', \quad \frac{\partial^2 \overline{\mathrm{dc}}}{\partial z^2} = \wp_2' - \wp_3', \quad \frac{\partial^2 \overline{\mathrm{nd}}}{\partial z^2} = \wp_3' - \wp_4',
\end{aligned}\right. \tag{1329}$$

durch die $\wp$- und $\wp'$-Funktionen und die logarithmischen Ableitungen der Theta-Funktionen ausdrücken lassen. Werden die Ableitungen nach $\varkappa$ noch in Verbindung mit (1321) aufgespalten, so folgt

$$\left.\begin{aligned}
\frac{\partial \overline{\mathrm{cs}}}{\partial \varkappa} &= \frac{K^2}{\pi} \left(2 e_2 \overline{\mathrm{cs}} + \wp_1' - \wp_2' + 2 \wp_1 \frac{\partial}{\partial z} \ln \vartheta_1 - 2 \wp_2 \frac{\partial}{\partial z} \ln \vartheta_2\right),\\
\frac{\partial \overline{\mathrm{ds}}}{\partial \varkappa} &= \frac{K^2}{\pi} \left(2 e_2 \overline{\mathrm{ds}} + \wp_1' - \wp_3' + 2 \wp_1 \frac{\partial}{\partial z} \ln \vartheta_1 - 2 \wp_3 \frac{\partial}{\partial z} \ln \vartheta_3\right),\\
\frac{\partial \overline{\mathrm{ns}}}{\partial \varkappa} &= \frac{K^2}{\pi} \left(2 e_2 \overline{\mathrm{ns}} + \wp_1' - \wp_4' + 2 \wp_1 \frac{\partial}{\partial z} \ln \vartheta_1 - 2 \wp_4 \frac{\partial}{\partial z} \ln \vartheta_4\right),\\
\frac{\partial \overline{\mathrm{nc}}}{\partial \varkappa} &= \frac{K^2}{\pi} \left(2 e_2 \overline{\mathrm{nc}} + \wp_2' - \wp_4' + 2 \wp_2 \frac{\partial}{\partial z} \ln \vartheta_2 - 2 \wp_4 \frac{\partial}{\partial z} \ln \vartheta_4\right),\\
\frac{\partial \overline{\mathrm{dc}}}{\partial \varkappa} &= \frac{K^2}{\pi} \left(2 e_2 \overline{\mathrm{dc}} + \wp_2' - \wp_3' + 2 \wp_2 \frac{\partial}{\partial z} \ln \vartheta_2 - 2 \wp_3 \frac{\partial}{\partial z} \ln \vartheta_3\right),\\
\frac{\partial \overline{\mathrm{nd}}}{\partial \varkappa} &= \frac{K^2}{\pi} \left(2 e_2 \overline{\mathrm{nd}} + \wp_3' - \wp_4' + 2 \wp_3 \frac{\partial}{\partial z} \ln \vartheta_3 - 2 \wp_4 \frac{\partial}{\partial z} \ln \vartheta_4\right),
\end{aligned}\right\} \tag{1330}$$

wobei die logarithmischen Ableitungen der Theta-Funktionen nach (1022) noch durch spezielle WEIERSTRASSsche Zeta-Funktionen ausgedrückt werden können.

212. Ableitung der Jacobischen elliptischen Funktionen nach dem Parameter

Um die Ableitungen der JACOBIschen elliptischen Funktionen nach dem Parameter darzustellen, bietet sich zunächst der Weg, diese nach (766) über die Theta-Funktionen auszudrücken. Für die Ableitung der dabei auftretenden Parameter-Funktionen ergibt sich in Verbindung mit (1318)

$$\left.\begin{aligned}
&\frac{\partial}{\partial\varkappa}\sqrt{k} = -\frac{\sqrt{k}}{\pi}k'^2K^2, && \frac{\partial}{\partial\varkappa}\sqrt{k'} = +\frac{\sqrt{k'}}{\pi}k^2K^2,\\
&\frac{\partial}{\partial\varkappa}\frac{1}{\sqrt{k}} = +\frac{1}{\pi\sqrt{k}}k'^2K^2, && \frac{\partial}{\partial\varkappa}\frac{1}{\sqrt{k'}} = -\frac{1}{\pi\sqrt{k'}}k^2K^2,\\
&\frac{\partial}{\partial\varkappa}\sqrt{\frac{k}{k'}} = -\frac{1}{\pi}\sqrt{\frac{k}{k'}}K^2, && \frac{\partial}{\partial\varkappa}\sqrt{\frac{k'}{k}} = +\frac{1}{\pi}\sqrt{\frac{k'}{k}}K^2,\\
&\frac{\partial}{\partial\varkappa}\sqrt{k\,k'} = \frac{\sqrt{k\,k'}}{\pi}(k^2-k'^2)K^2, && \frac{\partial}{\partial\varkappa}\frac{1}{\sqrt{k\,k'}} = \frac{1}{\pi\sqrt{k\,k'}}(k'^2-k^2)K^2.
\end{aligned}\right\} \quad (1331)$$

An (1331) ist bemerkenswert, daß die abgeleitete Parameterfunktion stets als Faktor auf der rechten Seite auftritt.

Die Ableitungen der JACOBIschen elliptischen Funktionen nach dem Parameter lassen sich sehr einfach bilden, wenn zuvor die logarithmischen Ableitungen dargestellt werden. Für diese erhält man bei Verbindung von (766), (1331), (168) und (1326) sowie (442)

$$\left.\begin{aligned}
\frac{\partial}{\partial\varkappa}\ln\mathrm{cs} &= -\frac{\partial}{\partial\varkappa}\ln\mathrm{sc} = \frac{K^2}{\pi}\left[k^2+\wp_1-\wp_2+\left(\frac{\partial\ln\vartheta_2}{\partial z}\right)^2-\left(\frac{\partial\ln\vartheta_1}{\partial z}\right)^2\right],\\
\frac{\partial}{\partial\varkappa}\ln\mathrm{ds} &= -\frac{\partial}{\partial\varkappa}\ln\mathrm{sd} = \frac{K^2}{\pi}\left[3e_2+\wp_1-\wp_3+\left(\frac{\partial\ln\vartheta_3}{\partial z}\right)^2-\left(\frac{\partial\ln\vartheta_1}{\partial z}\right)^2\right],\\
\frac{\partial}{\partial\varkappa}\ln\mathrm{ns} &= -\frac{\partial}{\partial\varkappa}\ln\mathrm{sn} = \frac{K^2}{\pi}\left[-k'^2+\wp_1-\wp_4+\left(\frac{\partial\ln\vartheta_4}{\partial z}\right)^2-\left(\frac{\partial\ln\vartheta_1}{\partial z}\right)^2\right],\\
\frac{\partial}{\partial\varkappa}\ln\mathrm{nc} &= -\frac{\partial}{\partial\varkappa}\ln\mathrm{cn} = \frac{K^2}{\pi}\left[-1+\wp_2-\wp_4+\left(\frac{\partial\ln\vartheta_4}{\partial z}\right)^2-\left(\frac{\partial\ln\vartheta_2}{\partial z}\right)^2\right],\\
\frac{\partial}{\partial\varkappa}\ln\mathrm{dc} &= -\frac{\partial}{\partial\varkappa}\ln\mathrm{cd} = \frac{K^2}{\pi}\left[-k'^2+\wp_2-\wp_3+\left(\frac{\partial\ln\vartheta_3}{\partial z}\right)^2-\left(\frac{\partial\ln\vartheta_2}{\partial z}\right)^2\right],\\
\frac{\partial}{\partial\varkappa}\ln\mathrm{nd} &= -\frac{\partial}{\partial\varkappa}\ln\mathrm{dn} = \frac{K^2}{\pi}\left[-k^2+\wp_3-\wp_4+\left(\frac{\partial\ln\vartheta_4}{\partial z}\right)^2-\left(\frac{\partial\ln\vartheta_3}{\partial z}\right)^2\right].
\end{aligned}\right\} \quad (1332)$$

Aus (1332) folgt nach Ausdifferenzieren der Logarithmen

$$\left.\begin{aligned}
\frac{\partial\,\mathrm{cs}}{\partial\varkappa} &= \frac{K^2}{\pi}\left[k^2+\wp_1-\wp_2+\left(\frac{\partial\ln\vartheta_2}{\partial z}\right)^2-\left(\frac{\partial\ln\vartheta_1}{\partial z}\right)^2\right]\mathrm{cs}(z,k),\\
\frac{\partial\,\mathrm{ds}}{\partial\varkappa} &= \frac{K^2}{\pi}\left[3e_2+\wp_1-\wp_3+\left(\frac{\partial\ln\vartheta_3}{\partial z}\right)^2-\left(\frac{\partial\ln\vartheta_1}{\partial z}\right)^2\right]\mathrm{ds}(z,k),\\
\frac{\partial\,\mathrm{ns}}{\partial\varkappa} &= \frac{K^2}{\pi}\left[-k'^2+\wp_1-\wp_4+\left(\frac{\partial\ln\vartheta_4}{\partial z}\right)^2-\left(\frac{\partial\ln\vartheta_1}{\partial z}\right)^2\right]\mathrm{ns}(z,k),\\
\frac{\partial\,\mathrm{sc}}{\partial\varkappa} &= \frac{K^2}{\pi}\left[-k^2+\wp_2-\wp_1+\left(\frac{\partial\ln\vartheta_1}{\partial z}\right)^2-\left(\frac{\partial\ln\vartheta_2}{\partial z}\right)^2\right]\mathrm{sc}(z,k),\\
\frac{\partial\,\mathrm{nc}}{\partial\varkappa} &= \frac{K^2}{\pi}\left[-1+\wp_2-\wp_4+\left(\frac{\partial\ln\vartheta_4}{\partial z}\right)^2-\left(\frac{\partial\ln\vartheta_2}{\partial z}\right)^2\right]\mathrm{nc}(z,k),\\
\frac{\partial\,\mathrm{dc}}{\partial\varkappa} &= \frac{K^2}{\pi}\left[-k'^2+\wp_2-\wp_3+\left(\frac{\partial\ln\vartheta_3}{\partial z}\right)^2-\left(\frac{\partial\ln\vartheta_2}{\partial z}\right)^2\right]\mathrm{dc}(z,k),\\
\frac{\partial\,\mathrm{nd}}{\partial\varkappa} &= \frac{K^2}{\pi}\left[-k^2+\wp_3-\wp_4+\left(\frac{\partial\ln\vartheta_4}{\partial z}\right)^2-\left(\frac{\partial\ln\vartheta_3}{\partial z}\right)^2\right]\mathrm{nd}(z,k),\\
\frac{\partial\,\mathrm{sd}}{\partial\varkappa} &= \frac{K^2}{\pi}\left[-3e_2+\wp_3-\wp_1+\left(\frac{\partial\ln\vartheta_1}{\partial z}\right)^2-\left(\frac{\partial\ln\vartheta_3}{\partial z}\right)^2\right]\mathrm{sd}(z,k),\\
\frac{\partial\,\mathrm{cd}}{\partial\varkappa} &= \frac{K^2}{\pi}\left[k'^2+\wp_3-\wp_2+\left(\frac{\partial\ln\vartheta_2}{\partial z}\right)^2-\left(\frac{\partial\ln\vartheta_3}{\partial z}\right)^2\right]\mathrm{cd}(z,k),\\
\frac{\partial\,\mathrm{dn}}{\partial\varkappa} &= \frac{K^2}{\pi}\left[k^2+\wp_4-\wp_3+\left(\frac{\partial\ln\vartheta_3}{\partial z}\right)^2-\left(\frac{\partial\ln\vartheta_4}{\partial z}\right)^2\right]\mathrm{dn}(z,k),\\
\frac{\partial\,\mathrm{cn}}{\partial\varkappa} &= \frac{K^2}{\pi}\left[1+\wp_4-\wp_2+\left(\frac{\partial\ln\vartheta_2}{\partial z}\right)^2-\left(\frac{\partial\ln\vartheta_4}{\partial z}\right)^2\right]\mathrm{cn}(z,k),\\
\frac{\partial\,\mathrm{sn}}{\partial\varkappa} &= \frac{K^2}{\pi}\left[k'^2+\wp_4-\wp_1+\left(\frac{\partial\ln\vartheta_1}{\partial z}\right)^2-\left(\frac{\partial\ln\vartheta_4}{\partial z}\right)^2\right]\mathrm{sn}(z,k).
\end{aligned}\right\} \quad (1333)$$

In (1333) können die logarithmischen Ableitungen der Theta-Funktionen gemäß (1022) durch spezielle WEIERSTRASSsche Zeta-Funktionen ausgedrückt werden.

In Verbindung mit (121) und (767) besitzen die Gln. $(1332)^{2+4}$ und $(1333)^{2+5+8+11}$ noch eine die Quadrate vermeidende Parallelform. Man erhält zunächst die Beziehungen

$$\left(\frac{\partial \ln \vartheta_3}{\partial z}\right)^2 - \left(\frac{\partial \ln \vartheta_1}{\partial z}\right)^2 = \frac{\partial}{\partial z} \ln \frac{\vartheta_3}{\vartheta_1} \frac{\partial}{\partial z} \ln \vartheta_3\, \vartheta_1 = \overline{\mathrm{ds}}\, \frac{\partial \ln \vartheta_5}{\partial z} = -\overline{\mathrm{sd}}\, \frac{\partial \ln \vartheta_5}{\partial z},$$
$$\left(\frac{\partial \ln \vartheta_4}{\partial z}\right)^2 - \left(\frac{\partial \ln \vartheta_2}{\partial z}\right)^2 = \frac{\partial}{\partial z} \ln \frac{\vartheta_4}{\vartheta_2} \frac{\partial}{\partial z} \ln \vartheta_4\, \vartheta_2 = \overline{\mathrm{nc}}\, \frac{\partial \ln \vartheta_6}{\partial z} = -\overline{\mathrm{cn}}\, \frac{\partial \ln \vartheta_6}{\partial z} \tag{1334}$$

und damit

$$\frac{\partial}{\partial \varkappa} \ln \mathrm{ds} = -\frac{\partial}{\partial \varkappa} \ln \mathrm{sd} = \frac{K^2}{\pi}\left[3e_2 + \wp_1 - \wp_3 + \overline{\mathrm{ds}}\, \frac{\partial \ln \vartheta_5}{\partial z}\right],$$
$$\frac{\partial}{\partial \varkappa} \ln \mathrm{nc} = -\frac{\partial}{\partial \varkappa} \ln \mathrm{cn} = \frac{K^2}{\pi}\left[-1 + \wp_2 - \wp_4 + \overline{\mathrm{nc}}\, \frac{\partial \ln \vartheta_6}{\partial z}\right] \tag{1335}$$

bzw.

$$\left.\begin{aligned}
\frac{\partial\, \mathrm{ds}}{\partial \varkappa} &= \frac{K^2}{\pi}\left[3e_2 + \wp_1 - \wp_3 + \overline{\mathrm{ds}}\, \frac{\partial \ln \vartheta_5}{\partial z}\right] \mathrm{ds}(z, k),\\
\frac{\partial\, \mathrm{nc}}{\partial \varkappa} &= \frac{K^2}{\pi}\left[-1 + \wp_2 - \wp_4 + \overline{\mathrm{nc}}\, \frac{\partial \ln \vartheta_6}{\partial z}\right] \mathrm{nc}(z, k),\\
\frac{\partial\, \mathrm{sd}}{\partial \varkappa} &= \frac{K^2}{\pi}\left[-3e_2 + \wp_3 - \wp_1 + \overline{\mathrm{sd}}\, \frac{\partial \ln \vartheta_5}{\partial z}\right] \mathrm{sd}(z, k),\\
\frac{\partial\, \mathrm{cn}}{\partial \varkappa} &= \frac{K^2}{\pi}\left[+1 + \wp_4 - \wp_2 + \overline{\mathrm{cn}}\, \frac{\partial \ln \vartheta_6}{\partial z}\right] \mathrm{cn}(z, k),
\end{aligned}\right\} \tag{1336}$$

wobei die logarithmischen Ableitungen nach (1022) noch durch spezielle WEIERSTRASSsche Zeta-Funktionen ausgedrückt werden können.

213. Die elliptischen Funktionen im (ζ, k)-System

Zur Abrundung der Untersuchungen dieses Kapitels sollen die elliptischen Funktionen noch als Feldfunktionen im (ζ, k)-System betrachtet werden, einem System, welches den Vorteil von $\varkappa$ unabhängiger Perioden mit demjenigen einer stets endlich bleibenden, zwischen 0 und 1 schwankenden Parameterfunktion verbindet.

Die zwischen den Werten $\frac{1}{3}$ und ∞ schwankende WEIERSTRASSsche $\wp_1$-Funktion zeigt als Feldfunktion den aus Abb. 300 ersichtlichen Verlauf. Bis zu dem Wert $\wp_1 = \frac{2}{3}$ sind die Linien

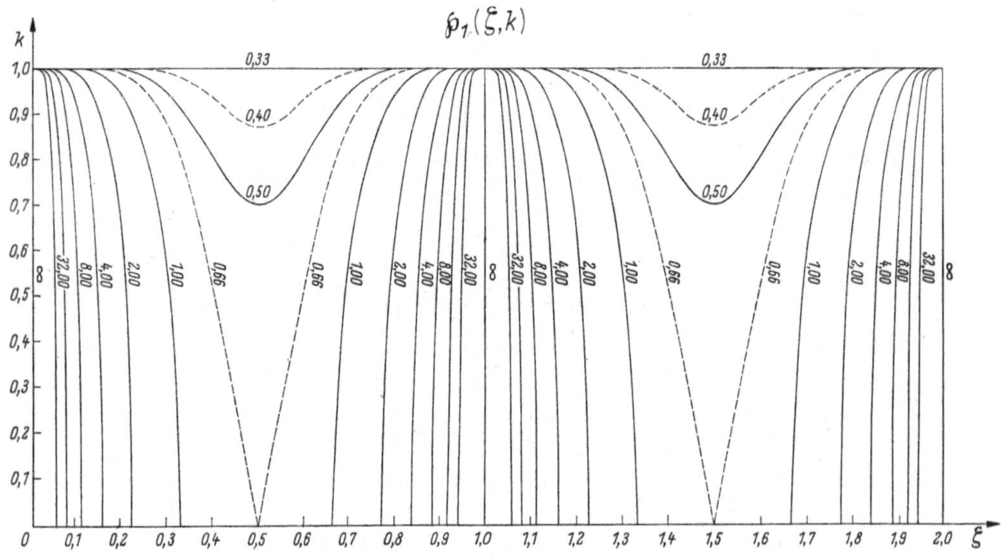

Abb. 300. Verlauf der WEIERSTRASSschen $\wp_1$-Funktion im (ζ, k)-System

$\wp_1 = \text{const}$ in der ζ-Richtung periodische, stetige Kurven, während sie darüber hinaus streckenweise unterbrochen sind, und zwar um so mehr, je größere Werte $\wp_1$ annimmt. Die dem Wert $\wp_1 = \frac{1}{3}$ zugeordnete Gerade $k = 1$ ist gleichzeitig eine allen Kurven gemeinsame Asymptote.

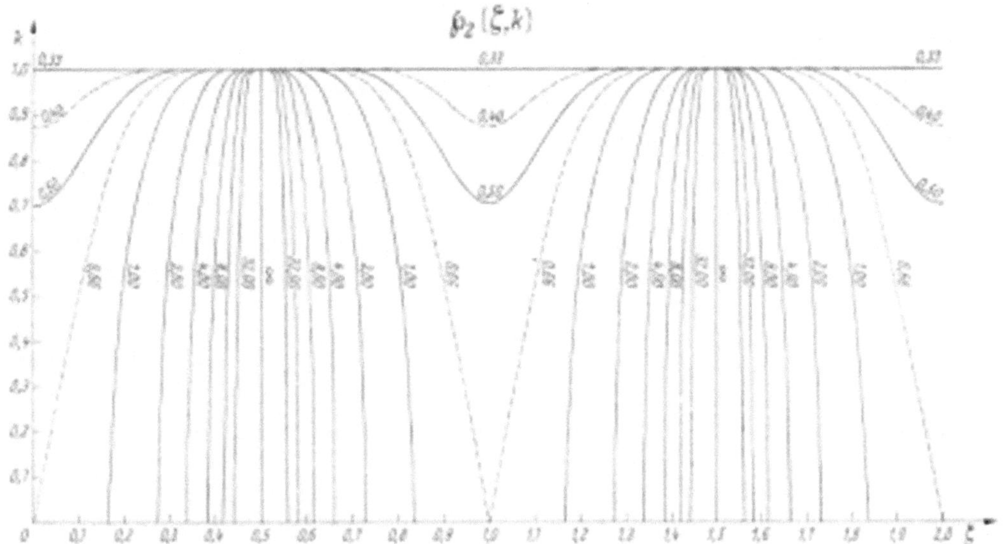

Abb. 301. Verlauf der WEIERSTRASSschen $\wp_2$-Funktion im (ζ, k)-System

Das Feld der $\wp_2$-Funktion (Abb. 301) folgt aus demjenigen der $\wp_1$-Funktion durch eine Abszissenverschiebung um das Maß $\Delta\zeta = \frac{1}{2}$.

Den Verlauf der zwischen den Werten $-\frac{2}{3}$ und $+\frac{1}{3}$ sich bewegenden $\wp_3$-Funktion zeigt Abb. 302. Hier erstreckt sich der Bereich der periodisch durchlaufenden Feldlinien auf $-\frac{1}{3} < \wp_3 < +\frac{1}{3}$. Unterhalb desselben liegt eine periodische Folge von Eilinien vor, die für $\wp_3 = -\frac{2}{3}$ in isolierte

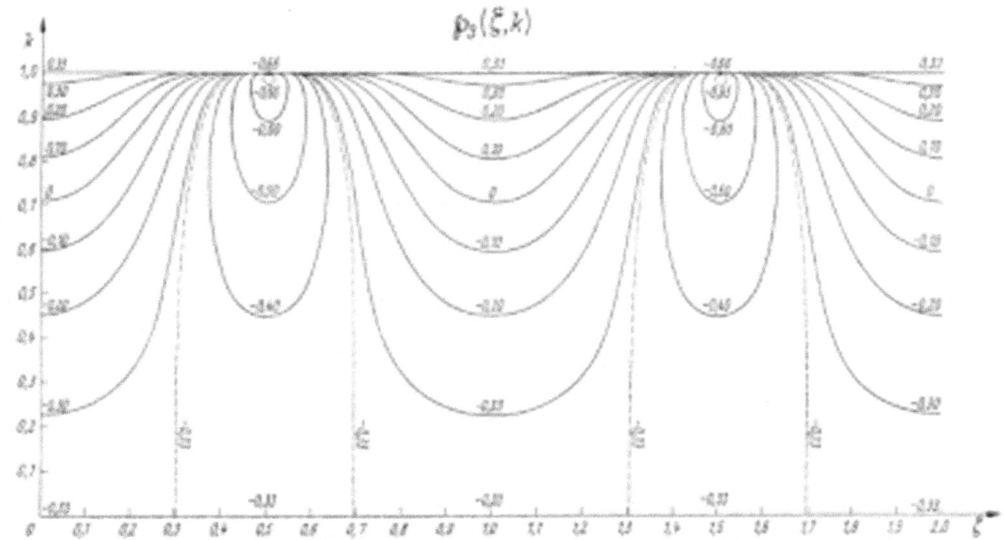

Abb. 302. Verlauf der WEIERSTRASSschen $\wp_3$-Funktion im (ζ, k)-System

Punkte ausarten. Auch hier stellt die dem Wert $\wp_3 = \frac{1}{3}$ zugeordnete Gerade eine allen Kurven gemeinsame Asymptote dar. Das durch Abszissenverschiebung um $\Delta\zeta = \frac{1}{2}$ entstehende Feld der $\wp_4$-Funktion ist aus Abb. 303 ersichtlich.

Bei der zwischen $-\frac{2}{3}$ und ∞ verlaufenden $\wp_5$-Funktion (Abb. 304) werden durch $\wp_5 = \frac{1}{3}$ und $\wp_5 = \frac{2}{3}$ drei Bereiche gegeneinander abgegrenzt, von denen die oberhalb von $\wp_5 = \frac{1}{3}$ liegenden ähnliche Merkmale wie $\wp_1$ zeigen, während der unterhalb von $\wp_5 = \frac{1}{3}$ liegende Bereich durch

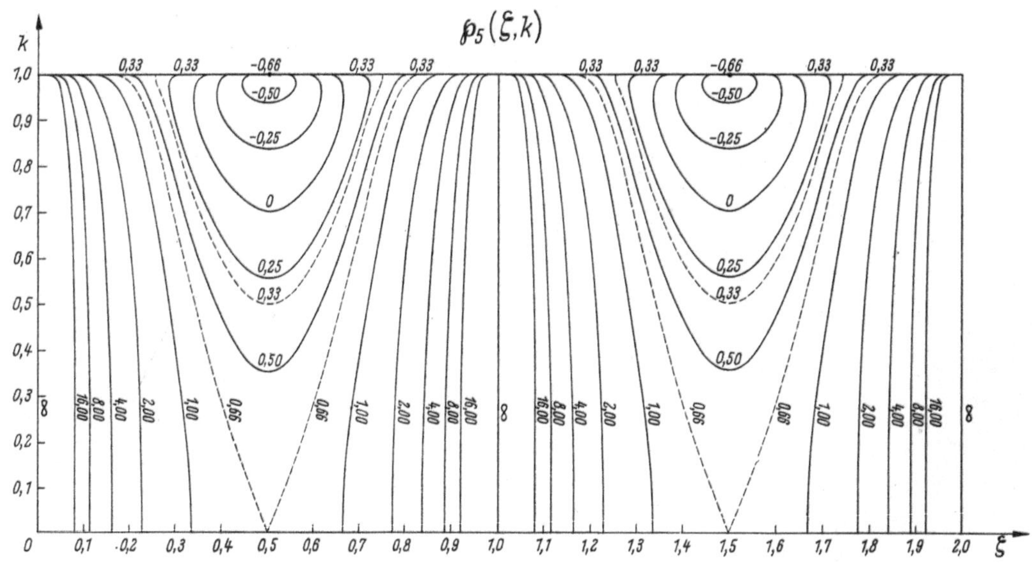

Abb. 303. Verlauf der WEIERSTRASSschen $\wp_4$-Funktion im (ζ, k)-System

eine periodische Folge von Eilinien ähnlich denjenigen von $\wp_3$ gekennzeichnet ist. Das entsprechende Feld von $\wp_6$, das sich wieder durch Abszissenverschiebung um $\Delta\zeta = \frac{1}{2}$ ergibt, kann der Abb. 305 entnommen werden.

Im Gegensatz zu den sechs speziellen WEIERSTRASSschen Funktionen zeigen die Felder der logarithmischen Ableitungen der JACOBIschen elliptischen Funktionen, die in den Abb. 306

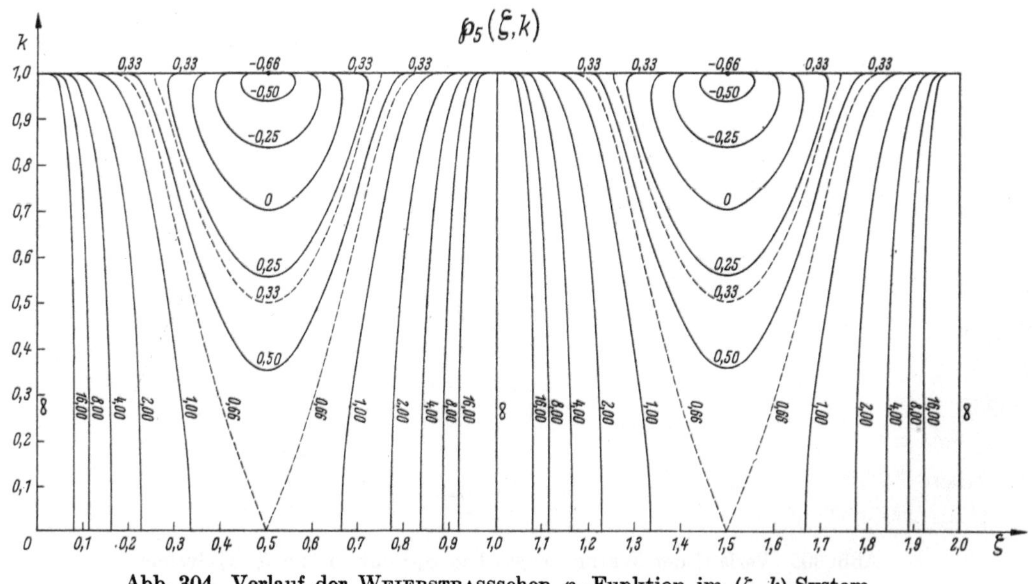

Abb. 304. Verlauf der WEIERSTRASSschen $\wp_5$-Funktion im (ζ, k)-System

bis 311 dargestellt sind, einen konservativen Verlauf. Das gleiche gilt in noch stärkerem Maße von den JACOBIschen elliptischen Funktionen selbst (Abb. 312 bis 317).

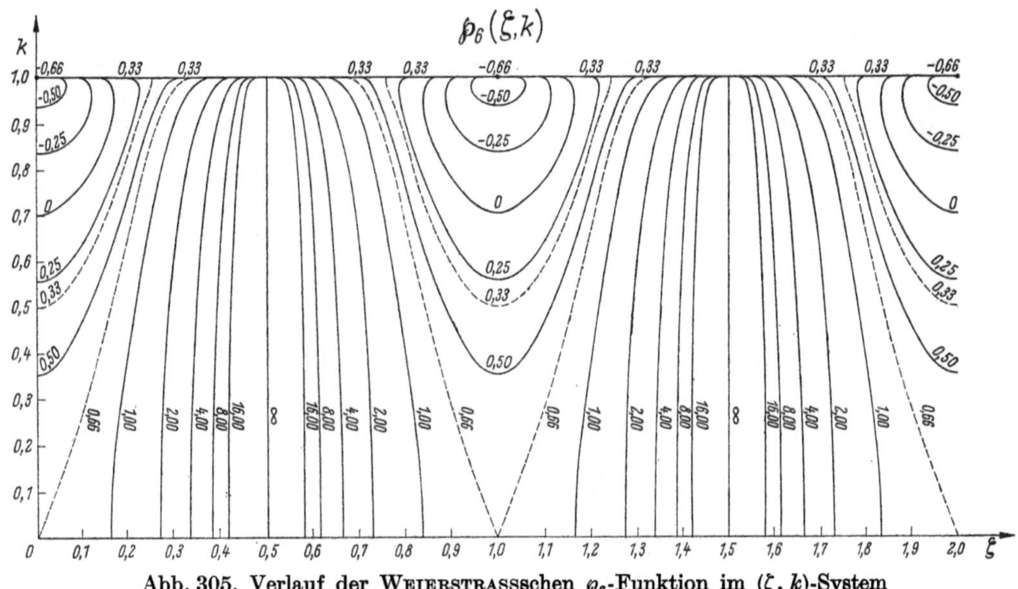

Abb. 305. Verlauf der WEIERSTRASSschen $\wp_6$-Funktion im (ζ, k)-System

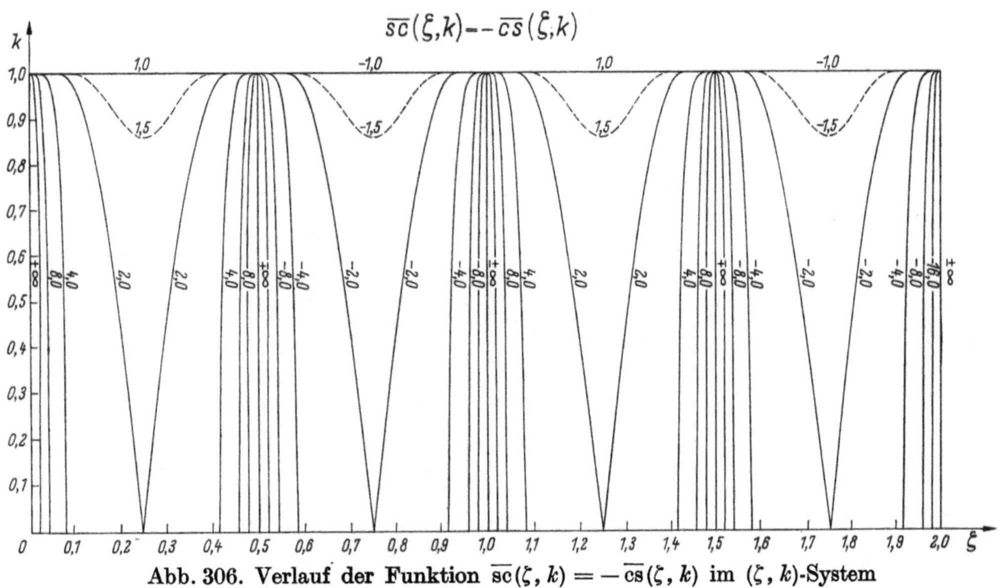

Abb. 306. Verlauf der Funktion $\overline{\mathrm{sc}}(\zeta, k) = -\overline{\mathrm{cs}}(\zeta, k)$ im (ζ, k)-System

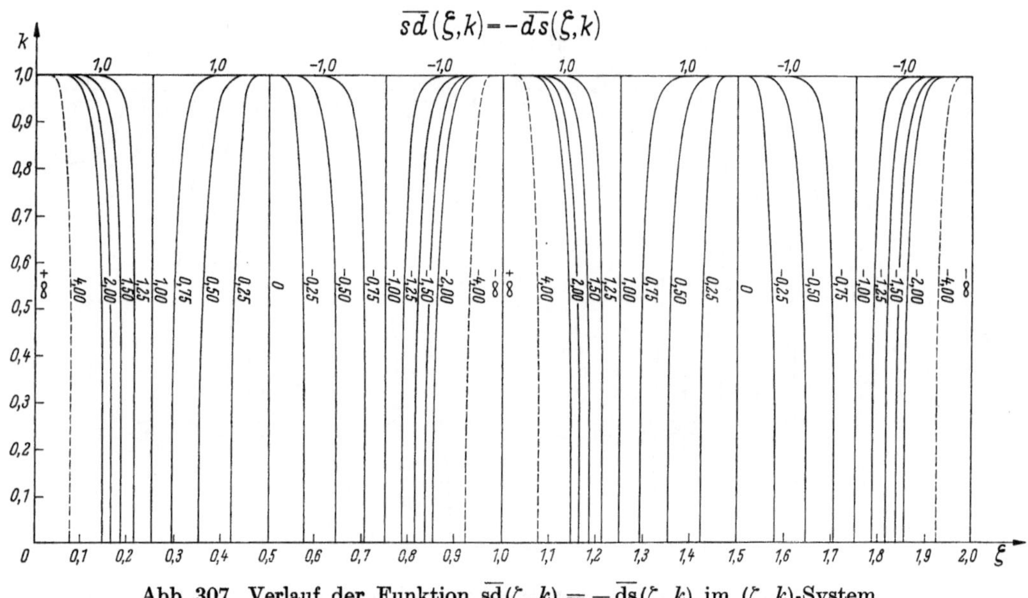

Abb. 307. Verlauf der Funktion $\overline{\mathrm{sd}}(\zeta, k) = -\overline{\mathrm{ds}}(\zeta, k)$ im (ζ, k)-System

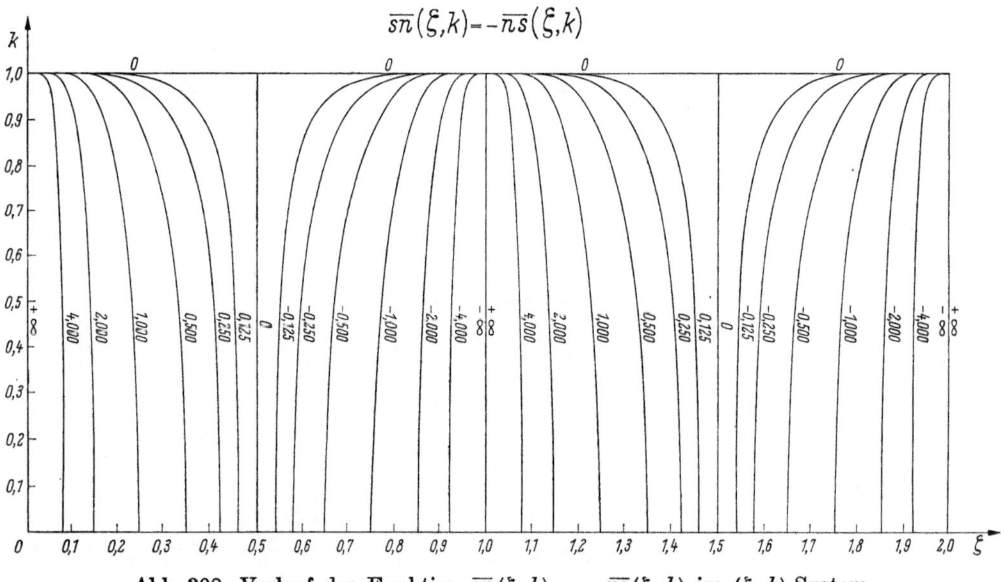

Abb. 308. Verlauf der Funktion $\overline{\mathrm{sn}}(\zeta, k) = -\overline{\mathrm{ns}}(\zeta, k)$ im (ζ, k)-System

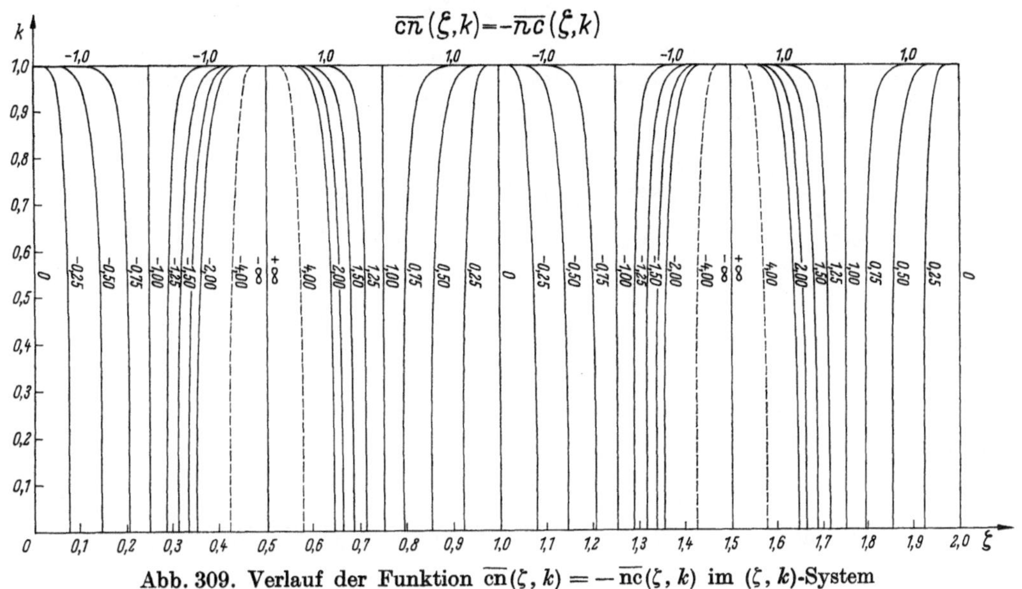

Abb. 309. Verlauf der Funktion $\overline{\mathrm{cn}}(\zeta, k) = -\overline{\mathrm{nc}}(\zeta, k)$ im (ζ, k)-System

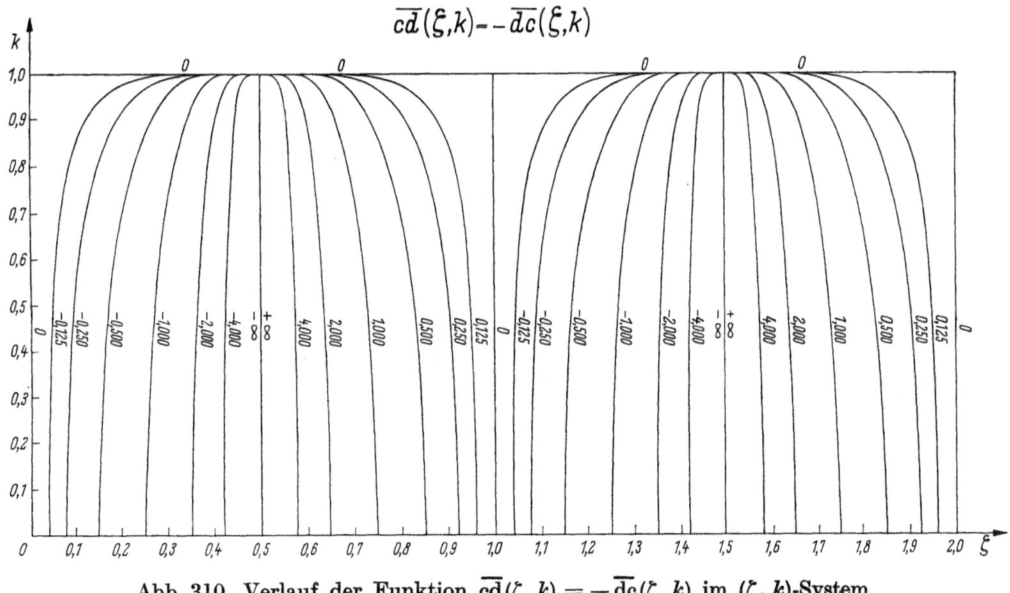

Abb. 310. Verlauf der Funktion $\overline{\mathrm{cd}}(\zeta, k) = -\overline{\mathrm{dc}}(\zeta, k)$ im (ζ, k)-System

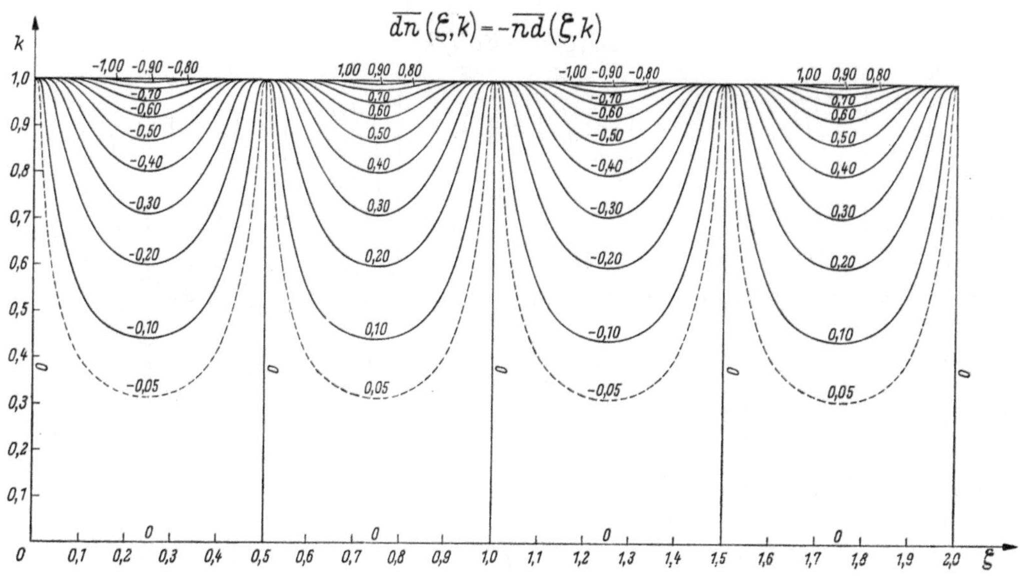

Abb. 311. Verlauf der Funktion $\overline{\mathrm{dn}}(\zeta, k) = -\overline{\mathrm{nd}}(\zeta, k)$ im (ζ, k)-System

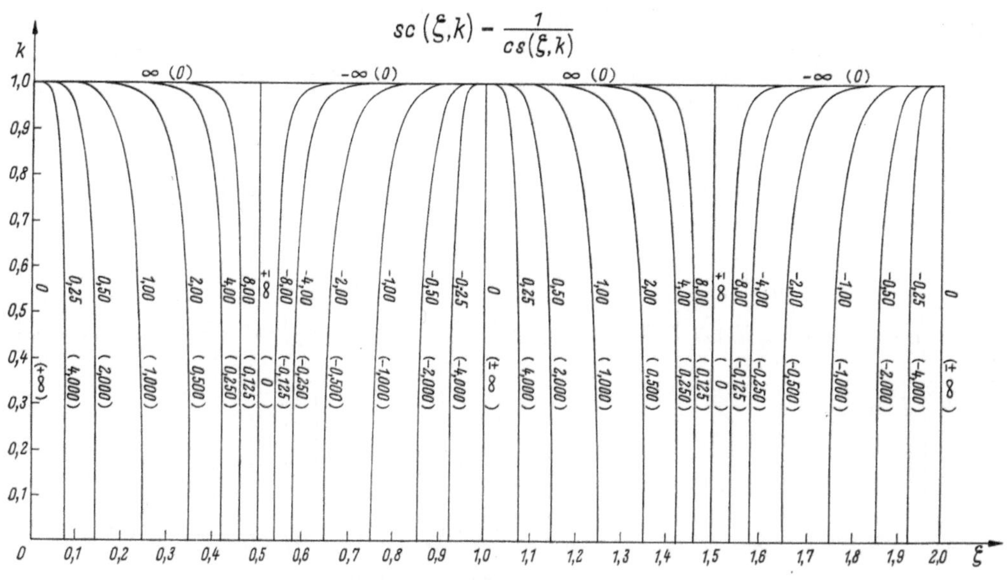

Abb. 312. Verlauf der JACOBIschen Funktion $\mathrm{sc}(\zeta, k) = \dfrac{1}{\mathrm{cs}(\zeta, k)}$ im (ζ, k)-System
(Die Werte in Klammern gelten für $\mathrm{cs}(\zeta, k)$)

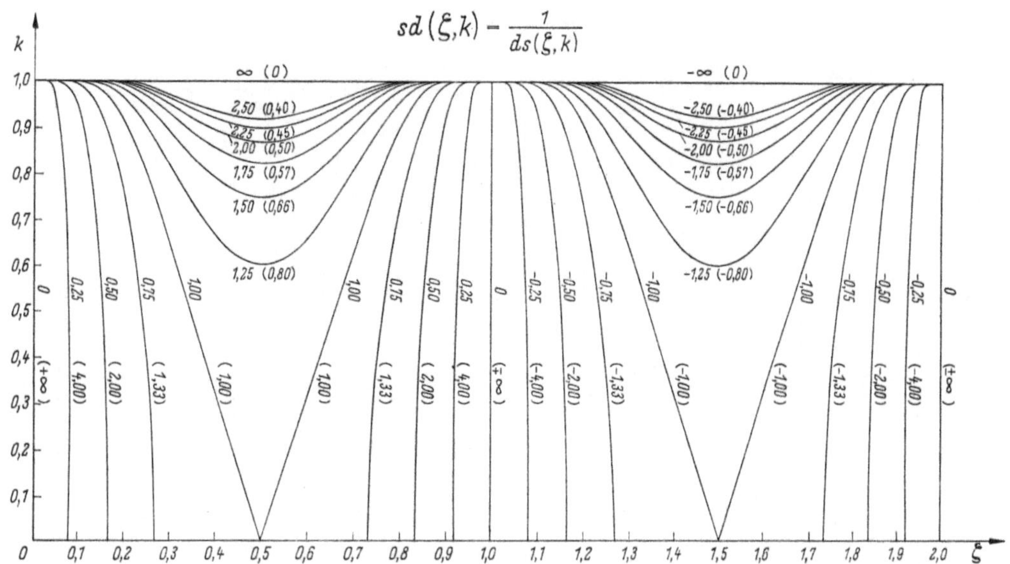

Abb. 313. Verlauf der Jacobischen Funktion $\mathrm{sd}(\zeta, k) = \dfrac{1}{\mathrm{ds}(\zeta, k)}$ im (ζ, k)-System (Die Werte in Klammern gelten für $\mathrm{ds}(\zeta, k)$)

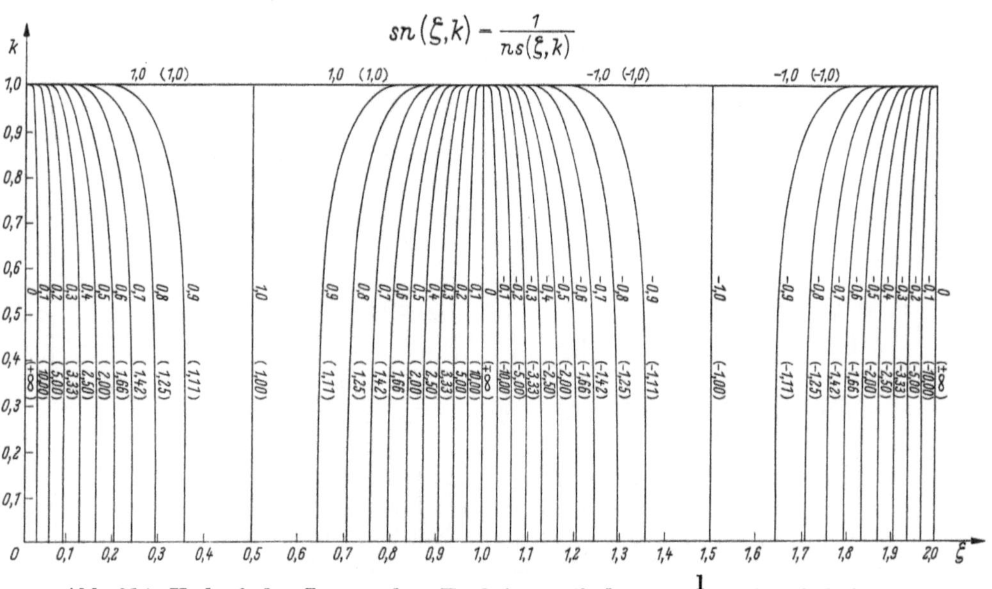

Abb. 314. Verlauf der Jacobischen Funktion $\mathrm{sn}(\zeta, k) = \dfrac{1}{\mathrm{ns}(\zeta, k)}$ im (ζ, k)-System (Die Werte in Klammern gelten für $\mathrm{ns}(\zeta, k)$)

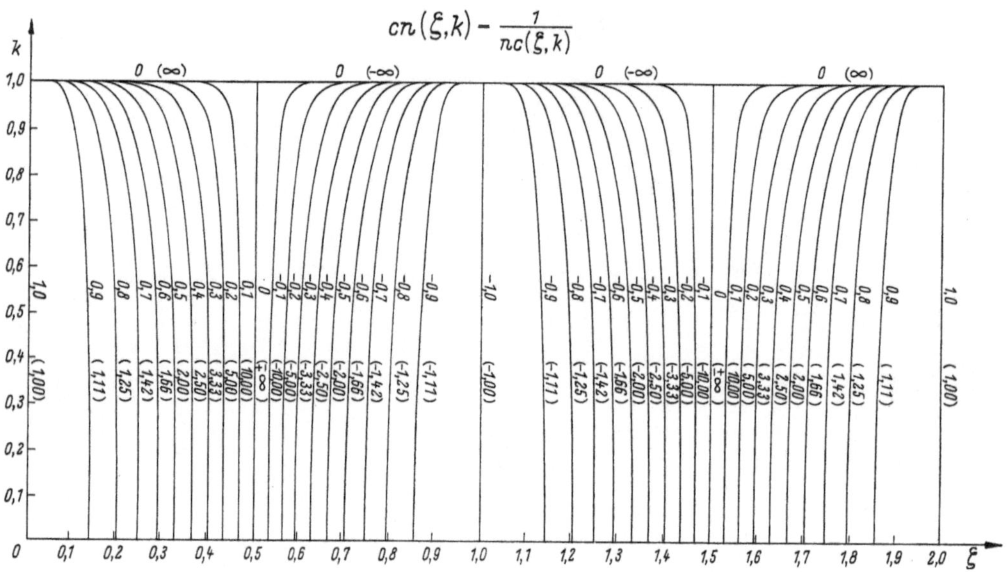

Abb. 315. Verlauf der JACOBIschen Funktion $\mathrm{cn}(\zeta, k) = \dfrac{1}{\mathrm{nc}(\zeta, k)}$ im (ζ, k)-System (Die Werte in Klammern gelten für $\mathrm{nc}(\zeta, k)$)

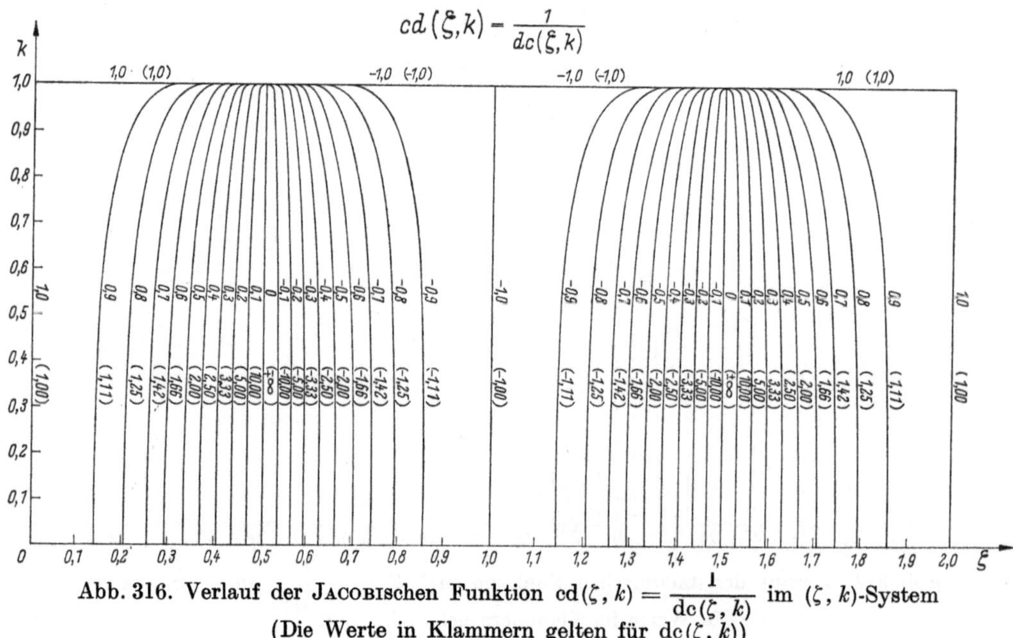

Abb. 316. Verlauf der JACOBIschen Funktion $\mathrm{cd}(\zeta, k) = \dfrac{1}{\mathrm{dc}(\zeta, k)}$ im (ζ, k)-System (Die Werte in Klammern gelten für $\mathrm{dc}(\zeta, k)$)

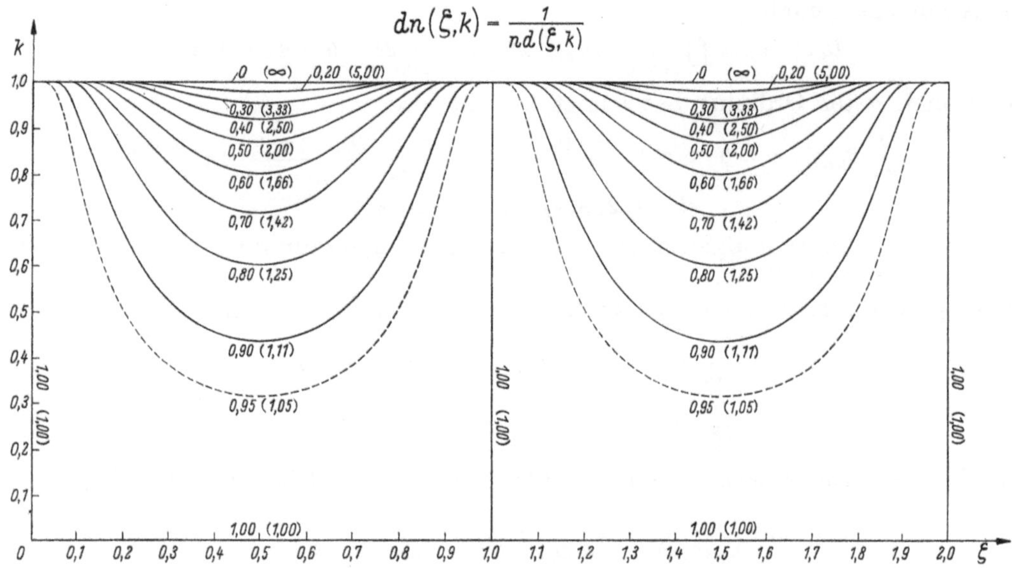

Abb. 317. Verlauf der JACOBIschen Funktion $\mathrm{dn}(\zeta, k) = \frac{1}{\mathrm{nd}(\zeta, k)}$ im (ζ, k)-System (Die Werte in Klammern gelten für $\mathrm{nd}(\zeta, k)$)

Kapitel 14

Integrale von Theta-Funktionen (D-Funktionen)

214. Theta-Funktionen als D-Funktionen nullter Ordnung und D-Funktionen m-ter Ordnung als deren m-fache Integrale nach dem Argument

Als D-Funktionen nullter Ordnung sollen Funktionen definiert werden, die in den Charakteristiken 1 und 2 mit den Theta-Funktionen von (6) übereinstimmen, während sie in den Charakteristiken 3 und 4 den um -1 verminderten Theta-Funktionen von (6) entsprechen. Demzufolge lauten die Definitionsgleichungen

$$\left.\begin{aligned}
D_{1,0}(\zeta, \varkappa) &= \qquad\qquad \vartheta_1(\zeta, \varkappa) = 2 \sum_{0}^{\infty}{}_{n} (-1)^n e^{-(n+\frac{1}{2})^2 \pi \varkappa} \sin(2n+1)\pi\zeta, \\
D_{2,0}(\zeta, \varkappa) &= \qquad\qquad \vartheta_2(\zeta, \varkappa) = 2 \sum_{0}^{\infty}{}_{n} e^{-(n+\frac{1}{2})^2 \pi \varkappa} \cos(2n+1)\pi\zeta, \\
D_{3,0}(\zeta, \varkappa) &= -1 + \vartheta_3(\zeta, \varkappa) = 2 \sum_{1}^{\infty}{}_{n} e^{-n^2 \pi \varkappa} \cos 2n\pi\zeta, \\
D_{4,0}(\zeta, \varkappa) &= -1 + \vartheta_4(\zeta, \varkappa) = 2 \sum_{1}^{\infty}{}_{n} (-1)^n e^{-n^2 \pi \varkappa} \cos 2n\pi\zeta.
\end{aligned}\right\} \tag{1337}$$

Integriert man die Entwicklungen (1337), was wegen ihrer gleichmäßigen Konvergenz erlaubt ist, gliedweise nach ζ oder $\varkappa$, so entstehen, wie oft die Integration auch vorgenommen wird, stets Entwicklungen, welche Spezialfälle der allgemeinen Entwicklung (4) darstellen und damit den homogenen FOURIERschen Differentialgleichungen (3) genügen. Werden die m-fachen Integrale nach dem Argument gemäß

$$D_{i,m}(\zeta,\varkappa)=\underbrace{\int\int\cdots\int}_{(m\text{-fach})} D_{i,0}(\zeta,\varkappa)\,\underbrace{d\zeta\,d\zeta\ldots d\zeta}_{(m\text{-fach})}\qquad(i=1,2,3,4)\tag{1338}$$

als D-Funktionen m-ter Ordnung bezeichnet, so gilt also

$$\frac{\partial^2}{\partial\zeta^2}D_{i,m}(\zeta,\varkappa)-4\pi\frac{\partial}{\partial\varkappa}D_{i,m}(\zeta,\varkappa)=0\quad\text{bzw.}\quad\frac{\partial^2}{\partial\zeta^2}\frac{D_{i,m}(\zeta,\varkappa)}{\zeta}+\frac{2}{\zeta}\frac{\partial}{\partial\zeta}\frac{D_{i,m}(\zeta,\varkappa)}{\zeta}-4\pi\frac{\partial}{\partial\varkappa}\frac{D_{i,m}(\zeta,\varkappa)}{\zeta}=0,$$
$$(i=1,2,3,4)\quad(m=0,1,2,3,\ldots)\tag{1339}$$

wobei die vordere Differentialgleichung auf kartesische Koordinaten, die hintere auf zonale Kugelkoordinaten abgestellt ist.

Aus (1338) folgt für die erste und zweite Ableitung nach dem Argument

$$\frac{\partial}{\partial\zeta}D_{i,m}(\zeta,\varkappa)=D_{i,m-1}(\zeta,\varkappa)\quad\text{für}\quad m\geqq 1,\tag{1340}$$

$$\frac{\partial^2}{\partial\zeta^2}D_{i,m}(\zeta,\varkappa)=D_{i,m-2}(\zeta,\varkappa)\quad\text{für}\quad m\geqq 2.\tag{1341}$$

Mit der zweiten Ableitung nach ζ ist nach (1339) auch die Ableitung nach $\varkappa$ bekannt. Hierfür erhält man

$$\frac{\partial}{\partial\varkappa}D_{i,m}(\zeta,\varkappa)=\frac{1}{4\pi}D_{i,m-2}(\zeta,\varkappa)\quad\text{für}\quad m\geqq 2.\tag{1342}$$

Die Integration von (1340) nach ζ und von (1342) nach $\varkappa$ liefert

$$\int D_{i,m-1}(\zeta,\varkappa)\,d\zeta=D_{i,m}(\zeta,\varkappa)\qquad\text{für}\quad m\geqq 1,\tag{1343}$$

$$\int D_{i,m-2}(\zeta,\varkappa)\,d\varkappa=4\pi\,D_{i,m}(\zeta,\varkappa)\quad\text{für}\quad m\geqq 2.\tag{1344}$$

Durch sukzessive Anwendung von (1343) und (1344) ergibt sich

$$D_{i,1}=\int D_{i,0}\,d\zeta,\quad D_{i,2}=\int\int D_{i,0}\,d\zeta\,d\zeta=\frac{1}{4\pi}\int D_{i,0}\,d\varkappa,\quad D_{i,3}=\int\int\int D_{i,0}\,d\zeta\,d\zeta\,d\zeta=\frac{1}{4\pi}\int\int D_{i,0}\,d\zeta\,d\varkappa,$$
$$D_{i,4}=\int\int\int\int D_{i,0}\,d\zeta\,d\zeta\,d\zeta\,d\zeta=\frac{1}{4\pi}\int\int\int D_{i,0}\,d\zeta\,d\zeta\,d\varkappa=\frac{1}{16\pi^2}\int\int D_{i,0}\,d\varkappa\,d\varkappa,\quad\ldots.\tag{1345}$$

215. Trigonometrische Reihenentwicklungen der D-Funktionen

Durch Einführung von (1337) in (1338) erhält man die für $\varkappa>0$ in der gesamten komplexen Zahlenebene gleichmäßig konvergenten Entwicklungen

$$D_{1,2m}(\zeta,\varkappa)=\frac{2(-1)^m}{\pi^{2m}}\sum_0^\infty{}_n\frac{(-1)^n}{(2n+1)^{2m}}e^{-(n+\frac12)^2\pi\varkappa}\sin(2n+1)\pi\zeta,$$
$$D_{1,2m+1}(\zeta,\varkappa)=\frac{2(-1)^{m+1}}{\pi^{2m+1}}\sum_0^\infty{}_n\frac{(-1)^n}{(2n+1)^{2m+1}}e^{-(n+\frac12)^2\pi\varkappa}\cos(2n+1)\pi\zeta.\tag{1346}$$

$$D_{2,2m}(\zeta,\varkappa)=\frac{2(-1)^m}{\pi^{2m}}\sum_0^\infty{}_n\frac{1}{(2n+1)^{2m}}e^{-(n+\frac12)^2\pi\varkappa}\cos(2n+1)\pi\zeta,$$
$$D_{2,2m+1}(\zeta,\varkappa)=\frac{2(-1)^m}{\pi^{2m+1}}\sum_0^\infty{}_n\frac{1}{(2n+1)^{2m+1}}e^{-(n+\frac12)^2\pi\varkappa}\sin(2n+1)\pi\zeta.\tag{1347}$$

$$D_{3,2m}(\zeta,\varkappa)=\frac{2(-1)^m}{\pi^{2m}}\sum_1^\infty\frac{1}{(2n)^{2m}}e^{-n^2\pi\varkappa}\cos 2n\pi\zeta,$$
$$D_{3,2m+1}(\zeta,\varkappa)=\frac{2(-1)^m}{\pi^{2m+1}}\sum_1^\infty{}_n\frac{1}{(2n)^{2m+1}}e^{-n^2\pi\varkappa}\sin 2n\pi\zeta.\tag{1348}$$

$$D_{4,2m}(\zeta,\varkappa)=\frac{2(-1)^m}{\pi^{2m}}\sum_1^\infty{}_n\frac{(-1)^n}{(2n)^{2m}}e^{-n^2\pi\varkappa}\cos 2n\pi\zeta,$$
$$D_{4,2m+1}(\zeta,\varkappa)=\frac{2(-1)^m}{\pi^{2m+1}}\sum_1^\infty{}_n\frac{(-1)^n}{(2n)^{2m+1}}e^{-n^2\pi\varkappa}\sin 2n\pi\zeta.\tag{1349}$$

216. Die D-Funktionen für den Parameterwert $\varkappa = 0$

Bei Beschränkung auf den Bereich $-\frac{1}{2} \leqq \zeta \leqq +\frac{1}{2}$ bzw. $0 \leqq \zeta \leqq 1$ ergeben sich beim Grenzübergang für $\varkappa \to 0$ geschlossene Darstellungen der FOURIER-Entwicklungen von (1346) bis (1349). Sie lauten für die Ordnungen 1 bis 6:

$$
\left.
\begin{array}{lll}
D_{1,1}(\zeta, 0) = -\frac{1}{2}, & D_{1,2}(\zeta, 0) = -\frac{\zeta}{2}, & \left(-\frac{1}{2} \leqq \zeta \leqq \frac{1}{2}\right), \\
D_{2,1}(\zeta, 0) = +\frac{1}{2}, & D_{2,2}(\zeta, 0) = -\frac{1}{2}\left(\frac{1}{2} - \zeta\right), & (0 \leqq \zeta \leqq 1), \\
D_{3,1}(\zeta, 0) = \frac{1}{2} - \zeta, & D_{3,2}(\zeta, 0) = -\frac{1}{12} + \frac{1}{2}\zeta(1-\zeta), & (0 \leqq \zeta \leqq 1), \\
D_{4,1}(\zeta, 0) = -\zeta, & D_{4,2}(\zeta, 0) = -\frac{1}{12} + \frac{1}{2}\left(\frac{1}{4} - \zeta^2\right), & \left(-\frac{1}{2} \leqq \zeta \leqq \frac{1}{2}\right), \\
D_{1,3}(\zeta, 0) = \frac{1}{4}\left(\frac{1}{4} - \zeta^2\right), & D_{1,4}(\zeta, 0) = \frac{1}{12}\zeta\left(\frac{3}{4} - \zeta^2\right), & \left(-\frac{1}{2} \leqq \zeta \leqq \frac{1}{2}\right), \\
D_{2,3}(\zeta, 0) = -\frac{1}{4}\zeta(1-\zeta), & D_{2,4}(\zeta, 0) = \frac{1}{12}\left(\frac{1}{2} - \zeta\right)\left[\frac{1}{2} + \zeta(1-\zeta)\right], & (0 \leqq \zeta \leqq 1), \\
D_{3,3}(\zeta, 0) = -\frac{1}{6}\zeta(1-\zeta)\left(\frac{1}{2} - \zeta\right), & D_{3,4}(\zeta, 0) = \frac{1}{720} - \frac{1}{24}\zeta^2(1-\zeta)^2, & (0 \leqq \zeta \leqq 1), \\
D_{4,3}(\zeta, 0) = \frac{1}{6}\zeta\left(\frac{1}{4} - \zeta^2\right), & D_{4,4}(\zeta, 0) = \frac{1}{720} - \frac{1}{24}\left(\frac{1}{4} - \zeta^2\right)^2, & \left(-\frac{1}{2} \leqq \zeta \leqq \frac{1}{2}\right), \\
\multicolumn{2}{l}{D_{1,5}(\zeta, 0) = -\frac{1}{48}\left(\frac{1}{4} - \zeta^2\right)\left(\frac{5}{4} - \zeta^2\right),} & \left(-\frac{1}{2} \leqq \zeta \leqq \frac{1}{2}\right), \\
\multicolumn{2}{l}{D_{2,5}(\zeta, 0) = +\frac{1}{48}\zeta(1-\zeta)\,[1 + \zeta(1-\zeta)],} & (0 \leqq \zeta \leqq 1), \\
\multicolumn{2}{l}{D_{3,5}(\zeta, 0) = +\frac{1}{360}\zeta(1-\zeta)\left(\frac{1}{2} - \zeta\right)[1 + 3\zeta(1-\zeta)],} & (0 \leqq \zeta \leqq 1), \\
\multicolumn{2}{l}{D_{4,5}(\zeta, 0) = -\frac{1}{360}\zeta\left(\frac{1}{4} - \zeta^2\right)\left(\frac{7}{4} - 3\zeta^2\right),} & \left(-\frac{1}{2} \leqq \zeta \leqq \frac{1}{2}\right), \\
\multicolumn{2}{l}{D_{1,6}(\zeta, 0) = -\frac{1}{240}\zeta\left(\frac{5}{4} - \zeta^2\right)^2,} & \left(-\frac{1}{2} \leqq \zeta \leqq \frac{1}{2}\right), \\
\multicolumn{2}{l}{D_{2,6}(\zeta, 0) = -\frac{1}{240}\left(\frac{1}{2} - \zeta\right)[1 + \zeta(2-\zeta)(1-\zeta^2)],} & (0 \leqq \zeta \leqq 1), \\
\multicolumn{2}{l}{D_{3,6}(\zeta, 0) = -\frac{1}{30240} + \frac{1}{1440}\zeta^2(1-\zeta)^2[1 + 2\zeta(1-\zeta)],} & (0 \leqq \zeta \leqq 1), \\
\multicolumn{2}{l}{D_{4,6}(\zeta, 0) = -\frac{1}{30240} + \frac{1}{1440}\left(\frac{1}{4} - \zeta^2\right)\left[\frac{3}{8} - 2\zeta^2(1-\zeta^2)\right].} & \left(-\frac{1}{2} \leqq \zeta \leqq \frac{1}{2}\right).
\end{array}
\right\} \quad (1350)
$$

217. Über die Fehlerfunktion und Integrale mit Fehlerfunktionen

Die Fehlerfunktion, die durch das Integral

$$\Phi(x) = \frac{2}{\sqrt{\pi}} \int_0^x e^{-t^2}\, dt \quad \text{mit} \quad \Phi(-x) = -\Phi(x), \quad \Phi(0) = 0 \qquad (1351)$$

definiert wird, stellt nach Abb. 318 eine zwischen -1 und 1 schwankende antimetrische Funktion dar, die ein durch die Gleichungen

$$x \to \infty\colon\ \Phi \to +1, \qquad x \to -\infty\colon\ \Phi \to -1$$

gekennzeichnetes asymptotisches Verhalten aufweist. Die Integrale der mit x^n multiplizierten Fehlerfunktion lassen sich für ganzzahlige positive n-Werte geschlossen darstellen. Man erhält

$$\left.\begin{aligned}
\int \Phi(x)\,dx &= \frac{1}{\sqrt{\pi}}\,e^{-x^2} + x\,\Phi(x),\\
\int x\,\Phi(x)\,dx &= \frac{x}{2\sqrt{\pi}}\,e^{-x^2} + \left(\frac{1}{2}x^2 - \frac{1}{4}\right)\Phi(x),\\
\int x^2\,\Phi(x)\,dx &= \frac{x^2+1}{3\sqrt{\pi}}\,e^{-x^2} + \frac{1}{3}x^3\,\Phi(x),\\
\int x^3\,\Phi(x)\,dx &= \frac{x^3+\frac{3}{2}x}{4\sqrt{\pi}}\,e^{-x^2} + \left(\frac{1}{4}x^4 - \frac{3}{16}\right)\Phi(x),\\
&\ldots\ldots\ldots\ldots\ldots\ldots
\end{aligned}\right\} \tag{1352}$$

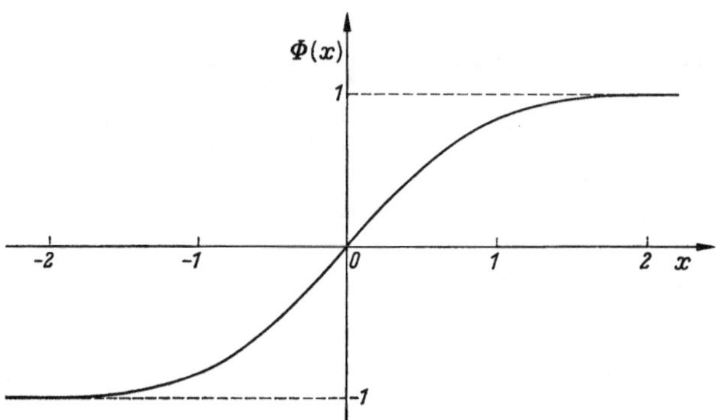

Abb. 318. Verlauf der GAUSSschen Fehlerfunktion $\Phi(x)$

Für negative n-Werte mit Ausnahme von $n = -1$ ergeben sich ebenfalls geschlossene Darstellungen. Hierfür müssen jedoch einige mit dem Integral der Fehlerfunktion verwandte Integrale vorangestellt werden. Es sind dies

$$\left.\begin{aligned}
&\int \frac{1}{x}\,e^{-x^2}\,dx = \frac{1}{2}\int \frac{1}{x^2}\,e^{-x^2}\,dx^2 = \frac{1}{2}\,Ei(-x^2),\\
&\int \frac{1}{x^2}\,e^{-x^2}\,dx = -\frac{1}{x}\,e^{-x^2} - 2\int e^{-x^2}\,dx = -\frac{1}{x}\,e^{-x^2} - \sqrt{\pi}\,\Phi(x),\\
&\int \frac{1}{x^3}\,e^{-x^2}\,dx = -\frac{1}{2x^2}\,e^{-x^2} - \frac{1}{2}\int \frac{1}{x^2}\,e^{-x^2}\,dx^2 = -\frac{1}{2x^2}\,e^{-x^2} - \frac{1}{2}\,Ei(-x^2),\\
&\int \frac{1}{x^4}\,e^{-x^2}\,dx = -\frac{1}{3x^3}\,e^{-x^2} - \frac{2}{3}\int \frac{1}{x^2}\,e^{-x^2}\,dx = \frac{2x^2-1}{3x^3}\,e^{-x^2} + \frac{2}{3}\sqrt{\pi}\,\Phi(x),\\
&\ldots\ldots\ldots\ldots\ldots\ldots
\end{aligned}\right\} \tag{1353}$$

Hiermit ergibt sich

$$\left.\begin{aligned}
&\int \frac{1}{x^2}\,\Phi(x)\,dx = -\frac{1}{x}\,\Phi(x) + \frac{2}{\sqrt{\pi}}\int \frac{1}{x}\,e^{-x^2}\,dx = -\frac{1}{x}\,\Phi(x) + \frac{1}{\sqrt{\pi}}\,Ei(-x^2),\\
&\int \frac{1}{x^3}\,\Phi(x)\,dx = -\frac{1}{2x^2}\,\Phi(x) + \frac{1}{\sqrt{\pi}}\int \frac{1}{x^2}\,e^{-x^2}\,dx = -\frac{1}{\sqrt{\pi}\,x}\,e^{-x^2} - \left(1 + \frac{1}{2x^2}\right)\Phi(x),\\
&\int \frac{1}{x^4}\,\Phi(x)\,dx = -\frac{1}{3x^3}\,\Phi(x) + \frac{2}{3\sqrt{\pi}}\int \frac{1}{x^3}\,e^{-x^2}\,dx = -\frac{1}{3\sqrt{\pi}\,x^2}\,e^{-x^2} - \frac{1}{3x^3}\,\Phi(x) - \frac{1}{3\sqrt{\pi}}\,Ei(-x^2),\\
&\int \frac{1}{x^5}\,\Phi(x)\,dx = -\frac{1}{4x^4}\,\Phi(x) + \frac{1}{2\sqrt{\pi}}\int \frac{1}{x^4}\,e^{-x^2}\,dx = \frac{2x^2-1}{6\sqrt{\pi}\,x^3}\,e^{-x^2} + \left(\frac{1}{3} - \frac{1}{4x^4}\right)\Phi(x),\\
&\ldots\ldots\ldots\ldots\ldots\ldots
\end{aligned}\right\} \tag{1354}$$

218. Entwicklungen der D-Funktionen für die Umgebung von $\varkappa = 0$

Die in Abschnitt 215 betrachteten trigonometrischen Entwicklungen der D-Funktionen konvergieren um so schneller, je größere Werte der Parameter $\varkappa$ annimmt; sie können daher als Entwicklungen für die Umgebung von $\varkappa \to \infty$ bezeichnet werden. Für die Umgebung von $\varkappa = 0$ bestehen ebenfalls gut konvergierende Entwicklungen, die sich aus den entsprechenden Entwicklungen der Theta-Funktionen durch gliedweise Integration ergeben, was wegen der gleichmäßigen Konvergenz erlaubt ist. Von den drei Darstellungen der hyperbolischen Entwicklungen der Theta-Funktionen in Abschnitt 2 eignet sich diejenige von (16) für eine Integration am besten. Bei Bezugnahme auf die $D_{i,0}$-Funktionen gemäß (1337) lauten die zu integrierenden Entwicklungen:

$$\left.\begin{aligned} D_{1,0}(\zeta,\varkappa) &= \sum_{-\infty}^{+\infty}{}_n \frac{(-1)^n}{\sqrt{\varkappa}} e^{-\frac{\pi}{\varkappa}\left(\zeta-\frac{1}{2}-n\right)^2}, & D_{3,0}(\zeta,\varkappa) &= -1+\sum_{-\infty}^{+\infty}{}_n \frac{1}{\sqrt{\varkappa}} e^{-\frac{\pi}{\varkappa}(\zeta-n)^2}, \\ D_{2,0}(\zeta,\varkappa) &= \sum_{-\infty}^{+\infty}{}_n \frac{(-1)^n}{\sqrt{\varkappa}} e^{-\frac{\pi}{\varkappa}(\zeta-n)^2}, & D_{4,0}(\zeta,\varkappa) &= -1+\sum_{-\infty}^{+\infty}{}_n \frac{1}{\sqrt{\varkappa}} e^{-\frac{\pi}{\varkappa}\left(\zeta-\frac{1}{2}-n\right)^2}. \end{aligned}\right\} \quad (1355)$$

Nach der ersten der Gln. (1345) folgen die D-Funktionen der ersten Ordnung aus (1355) durch Integration nach ζ. Hierfür wird zweckmäßig

$$t = \sqrt{\frac{\pi}{\varkappa}}\left(\zeta - \frac{1}{2} - n\right) \quad \text{in den Fällen von } D_{1,0} \text{ und } D_{4,0}$$

bzw.

$$t = \sqrt{\frac{\pi}{\varkappa}}(\zeta - n) \quad \text{in den Fällen von } D_{2,0} \text{ und } D_{3,0}$$

als Integrationsveränderliche substituiert, wodurch die Integrale unmittelbar auf Fehlerfunktionen zurückgeführt werden. Da gemäß (1351) die Fehlerfunktion ein bestimmtes Integral darstellt, kann man hier im Gegensatz zu den vorher untersuchten trigonometrischen Entwicklungen nicht unbestimmt integrieren.

Nach (1337) und (1338) sind die unbestimmten Integrale der $D_{i,0}$-Funktionen nach ζ in den Fällen von $D_{1,0}$ und $D_{4,0}$ gleichbedeutend mit einer Integration von $\frac{1}{2}$ bis ζ und in den Fällen von $D_{2,0}$ und $D_{3,0}$ gleichbedeutend mit einer solchen von 0 bis ζ, wie es auch (1346) bis (1349) erkennen lassen. Die untere Grenze, die sich hierbei für t ergibt, ist in allen vier Fällen die gleiche, nämlich

$$t_u = -n\sqrt{\frac{\pi}{\varkappa}}.$$

Demgemäß folgt

$$D_{1,1} = \sum_{-\infty}^{+\infty}{}_n \frac{(-1)^n}{\sqrt{\pi}} \int\limits_{-n\sqrt{\frac{\pi}{\varkappa}}}^{\sqrt{\frac{\pi}{\varkappa}}\left(\zeta-\frac{1}{2}-n\right)} e^{-t^2}\,dt, \qquad D_{3,1} = -\zeta + \sum_{-\infty}^{+\infty}{}_n \frac{1}{\sqrt{\pi}} \int\limits_{-n\sqrt{\frac{\pi}{\varkappa}}}^{\sqrt{\frac{\pi}{\varkappa}}(\zeta-n)} e^{-t^2}\,dt,$$

$$D_{2,1} = \sum_{-\infty}^{+\infty}{}_n \frac{(-1)^n}{\sqrt{\pi}} \int\limits_{-n\sqrt{\frac{\pi}{\varkappa}}}^{\sqrt{\frac{\pi}{\varkappa}}(\zeta-n)} e^{-t^2}\,dt, \qquad D_{4,1} = \frac{1}{2} - \zeta + \sum_{-\infty}^{+\infty}{}_n \frac{1}{\sqrt{\pi}} \int\limits_{-n\sqrt{\frac{\pi}{\varkappa}}}^{\sqrt{\frac{\pi}{\varkappa}}\left(\zeta-\frac{1}{2}-n\right)} e^{-t^2}\,dt,$$

oder ausgewertet, in Verbindung mit (1351),

$$D_{1,1}(\zeta,\varkappa)=\frac{1}{2}\sum_{-\infty}^{+\infty}{}_n(-1)^n\left[\Phi\left(\sqrt{\frac{\pi}{\varkappa}}\left(\zeta-\frac{1}{2}-n\right)\right)+\Phi\left(n\sqrt{\frac{\pi}{\varkappa}}\right)\right],$$

$$D_{2,1}(\zeta,\varkappa)=\frac{1}{2}\sum_{-\infty}^{+\infty}{}_n(-1)^n\left[\Phi\left(\sqrt{\frac{\pi}{\varkappa}}(\zeta-n)\right)+\Phi\left(n\sqrt{\frac{\pi}{\varkappa}}\right)\right],$$

$$D_{3,1}(\zeta,\varkappa)=-\zeta+\frac{1}{2}\sum_{-\infty}^{+\infty}{}_n\left[\Phi\left(\sqrt{\frac{\pi}{\varkappa}}(\zeta-n)\right)+\Phi\left(n\sqrt{\frac{\pi}{\varkappa}}\right)\right],$$

$$D_{4,1}(\zeta,\varkappa)=\frac{1}{2}-\zeta+\frac{1}{2}\sum_{-\infty}^{+\infty}{}_n\left[\Phi\left(\sqrt{\frac{\pi}{\varkappa}}\left(\zeta-\frac{1}{2}-n\right)\right)+\Phi\left(n\sqrt{\frac{\pi}{\varkappa}}\right)\right].$$

Da die Fehlerfunktion nach (1351) für negatives Argument das Vorzeichen wechselt, entsprechen sich in den von $-\infty$ bis $+\infty$ zu erstreckenden Summen bezüglich $\Phi\left(n\sqrt{\frac{\pi}{\varkappa}}\right)$ immer ein gleich großes positives und negatives Glied. Diese Glieder heben sich daher gegenseitig auf. Das zu $n=0$ gehörige Glied verschwindet nach (1351) ebenfalls. So erhält man

$$\begin{aligned}D_{1,1}(\zeta,\varkappa)&=\frac{1}{2}\sum_{-\infty}^{+\infty}{}_n(-1)^n\,\Phi\left(\sqrt{\frac{\pi}{\varkappa}}\left(\zeta-\frac{1}{2}-n\right)\right), & D_{3,1}(\zeta,\varkappa)&=-\zeta+\frac{1}{2}\sum_{-\infty}^{+\infty}{}_n\Phi\left(\sqrt{\frac{\pi}{\varkappa}}(\zeta-n)\right),\\ D_{2,1}(\zeta,\varkappa)&=\frac{1}{2}\sum_{-\infty}^{+\infty}{}_n(-1)^n\,\Phi\left(\sqrt{\frac{\pi}{\varkappa}}(\zeta-n)\right), & D_{4,1}(\zeta,\varkappa)&=\frac{1}{2}-\zeta+\frac{1}{2}\sum_{-\infty}^{+\infty}{}_n\Phi\left(\sqrt{\frac{\pi}{\varkappa}}\left(\zeta-\frac{1}{2}-n\right)\right).\end{aligned}\tag{1356}$$

Die Konvergenz dieser Entwicklungen läßt sich sehr verbessern, wenn die den Ausartungen für $\varkappa=0$ entsprechenden Identitätsbeziehungen berücksichtigt werden. Für diesen Parameterwert folgt in Verbindung mit (1350) für $0\leqq\zeta\leqq\frac{1}{2}$ wegen $\Phi(\pm\infty)=\pm 1$

$$\begin{aligned}D_{1,1}(\zeta,0)&=-\frac{1}{2}=\frac{1}{2}\sum_{-\infty}^{+\infty}{}_n(-1)^n\frac{\zeta-\frac{1}{2}-n}{|\zeta-\frac{1}{2}-n|}, & D_{3,1}(\zeta,0)&=\frac{1}{2}-\zeta=-\zeta+\frac{1}{2}\sum_{-\infty}^{+\infty}{}_n\frac{\zeta-n}{|\zeta-n|},\\ D_{2,1}(\zeta,0)&=\frac{1}{2}=\frac{1}{2}\sum_{-\infty}^{+\infty}{}_n(-1)^n\frac{\zeta-n}{|\zeta-n|}, & D_{4,1}(\zeta,0)&=-\zeta=\frac{1}{2}-\zeta+\frac{1}{2}\sum_{-\infty}^{+\infty}{}_n\frac{\zeta-\frac{1}{2}-n}{|\zeta-\frac{1}{2}-n|}\end{aligned}$$

oder

$$\begin{aligned}-\frac{1}{2}-\frac{1}{2}\sum_{-\infty}^{+\infty}{}_n(-1)^n\frac{\zeta-\frac{1}{2}-n}{|\zeta-\frac{1}{2}-n|}&\equiv 0, & +\frac{1}{2}-\frac{1}{2}\sum_{-\infty}^{+\infty}{}_n\frac{\zeta-n}{|\zeta-n|}&\equiv 0,\\ +\frac{1}{2}-\frac{1}{2}\sum_{-\infty}^{+\infty}{}_n(-1)^n\frac{\zeta-n}{|\zeta-n|}&\equiv 0, & -\frac{1}{2}-\frac{1}{2}\sum_{-\infty}^{+\infty}{}_n\frac{\zeta-\frac{1}{2}-n}{|\zeta-\frac{1}{2}-n|}&\equiv 0.\end{aligned}\tag{1357}$$

Die Berücksichtigung der Identitätsgleichungen (1357) in den Entwicklungen der $D_{i,1}$-Funktionen liefert

$$\left.\begin{aligned}D_{1,1}(\zeta,\varkappa)&=-\frac{1}{2}-\frac{1}{2}\sum_{-\infty}^{+\infty}{}_n(-1)^n\left[\frac{\zeta-\frac{1}{2}-n}{|\zeta-\frac{1}{2}-n|}-\Phi\left(\sqrt{\frac{\pi}{\varkappa}}\left(\zeta-\frac{1}{2}-n\right)\right)\right],\\ D_{2,1}(\zeta,\varkappa)&=+\frac{1}{2}-\frac{1}{2}\sum_{-\infty}^{+\infty}{}_n(-1)^n\left[\frac{\zeta-n}{|\zeta-n|}-\Phi\left(\sqrt{\frac{\pi}{\varkappa}}(\zeta-n)\right)\right],\\ D_{3,1}(\zeta,\varkappa)&=\frac{1}{2}-\zeta-\frac{1}{2}\sum_{-\infty}^{+\infty}{}_n\left[\frac{\zeta-n}{|\zeta-n|}-\Phi\left(\sqrt{\frac{\pi}{\varkappa}}(\zeta-n)\right)\right],\\ D_{4,1}(\zeta,\varkappa)&=-\zeta-\frac{1}{2}\sum_{-\infty}^{+\infty}{}_n\left[\frac{\zeta-\frac{1}{2}-n}{|\zeta-\frac{1}{2}-n|}-\Phi\left(\sqrt{\frac{\pi}{\varkappa}}\left(\zeta-\frac{1}{2}-n\right)\right)\right].\end{aligned}\right\}\quad(0\leqq\zeta\leqq\tfrac{1}{2})\tag{1358}$$

In (1358) stellen die Glieder vor dem Summenzeichen die Ausartungen für $\varkappa\to 0$ dar.

Zu den Entwicklungen der $D_{i,2}$-Funktionen gelangt man am schnellsten über die Integrale nach $\varkappa$ gemäß (1345). In Verbindung mit (1355) folgt

$$\left.\begin{aligned}
D_{1,2}(\zeta, \varkappa) &= -\frac{\zeta}{2} + \sum_{-\infty}^{+\infty} \frac{(-1)^n}{4\pi} \int_0^{\varkappa} e^{-\frac{\pi}{\bar\varkappa}\left(\zeta - \frac{1}{2} - n\right)^2} \frac{d\bar\varkappa}{\sqrt{\bar\varkappa}},\\
D_{2,2}(\zeta, \varkappa) &= -\frac{1}{4} + \frac{\zeta}{2} + \sum_{-\infty}^{+\infty} \frac{(-1)^n}{4\pi} \int_0^{\varkappa} e^{-\frac{\pi}{\bar\varkappa}(\zeta - n)^2} \frac{d\bar\varkappa}{\sqrt{\bar\varkappa}},\\
D_{3,2}(\zeta, \varkappa) &= -\frac{1}{12} + \frac{1}{2}\zeta(1-\zeta) - \frac{\varkappa}{4\pi} + \frac{1}{4\pi} \sum_{-\infty}^{+\infty} \int_0^{\varkappa} e^{-\frac{\pi}{\bar\varkappa}(\zeta - n)^2} \frac{d\bar\varkappa}{\sqrt{\bar\varkappa}},\\
D_{4,2}(\zeta, \varkappa) &= \frac{1}{24} - \frac{\zeta^2}{2} - \frac{\varkappa}{4\pi} + \frac{1}{4\pi} \sum_{-\infty}^{+\infty} \int_0^{\varkappa} e^{-\frac{\pi}{\bar\varkappa}\left(\zeta - \frac{1}{2} - n\right)^2} \frac{d\bar\varkappa}{\sqrt{\bar\varkappa}},
\end{aligned}\right\} \quad (0 \leq \zeta \leq \tfrac{1}{2})$$

wobei die vor dem Summenzeichen stehenden Funktionen von ζ den Funktionen $D_{i,2}(\zeta, 0)$ gemäß (1350) entsprechen.

Werden in den Integralen nach $\varkappa$ die neuen Integrationsveränderlichen

$$x = \sqrt{\frac{\pi}{\varkappa}}\left(\zeta - \frac{1}{2} - n\right) \quad \text{bzw.} \quad x = \sqrt{\frac{\pi}{\varkappa}}\,(\zeta - n)$$

substituiert, so entstehen Integrale der Form

$$\int \frac{1}{x^2} e^{-x^2}\, dx,$$

deren Werte aus (1353) entnommen werden können, und man erhält

$$\left.\begin{aligned}
D_{1,2}(\zeta, \varkappa) &= -\frac{\zeta}{2} + \frac{1}{2} \sum_{-\infty}^{+\infty} (-1)^n \left\{ \sqrt{\frac{\varkappa}{\pi}}\, e^{-\frac{\pi}{\varkappa}(\zeta - \frac{1}{2} - n)^2} - \left|\zeta - \frac{1}{2} - n\right| \left[1 - \Phi\left(\sqrt{\frac{\pi}{\varkappa}}\left|\zeta - \frac{1}{2} - n\right|\right)\right]\right\},\\
D_{2,2}(\zeta, \varkappa) &= -\frac{1}{4} + \frac{\zeta}{2} + \frac{1}{2} \sum_{-\infty}^{+\infty} (-1)^n \left\{ \sqrt{\frac{\varkappa}{\pi}}\, e^{-\frac{\pi}{\varkappa}(\zeta - n)^2} - |\zeta - n| \left[1 - \Phi\left(\sqrt{\frac{\pi}{\varkappa}}|\zeta - n|\right)\right]\right\},\\
D_{3,2}(\zeta, \varkappa) &= -\frac{1}{12} + \frac{1}{2}\zeta(1-\zeta) - \frac{\varkappa}{4\pi} + \frac{1}{2} \sum_{-\infty}^{+\infty} \left\{ \sqrt{\frac{\varkappa}{\pi}}\, e^{-\frac{\pi}{\varkappa}(\zeta - n)^2} - |\zeta - n| \left[1 - \Phi\left(\sqrt{\frac{\pi}{\varkappa}}|\zeta - n|\right)\right]\right\},\\
D_{4,2}(\zeta, \varkappa) &= \frac{1}{24} - \frac{\zeta^2}{2} - \frac{\varkappa}{4\pi} + \frac{1}{2} \sum_{-\infty}^{+\infty} \left\{ \sqrt{\frac{\varkappa}{\pi}}\, e^{-\frac{\pi}{\varkappa}(\zeta - \frac{1}{2} - n)^2} - \left|\zeta - \frac{1}{2} - n\right| \left[1 - \Phi\left(\sqrt{\frac{\pi}{\varkappa}}\left|\zeta - \frac{1}{2} - n\right|\right)\right]\right\}.\\
&(0 \leq \zeta \leq \tfrac{1}{2})
\end{aligned}\right\} \quad (1359)$$

Die D-Funktionen der dritten Ordnung werden zweckmäßig nach (1344) aus den D-Funktionen der ersten Ordnung durch Integration nach $\varkappa$ dargestellt. Legt man hierbei die bestimmten Grenzen 0 und $\varkappa$ zugrunde, so tritt anstelle von $(1345)^3$

$$D_{i,3}(\zeta, \varkappa) = D_{i,3}(\zeta, 0) + \frac{1}{4\pi} \int_0^{\varkappa} D_{i,1}(\zeta, \bar\varkappa)\, d\bar\varkappa. \qquad (i = 1, 2, 3, 4)$$

Werden nun die $D_{i,1}(\zeta, \varkappa)$ nach (1356) in diese Integraldarstellung eingeführt, so folgt, wenn

$$x_1 = \sqrt{\frac{\pi}{\varkappa}}\left(\zeta - \frac{1}{2} - n\right) \quad \text{bzw.} \quad x_2 = \sqrt{\frac{\pi}{\varkappa}}\,(\zeta - n)$$

als neue Integrationsveränderliche substituiert und die $D_{i,3}(\zeta, 0)$ gemäß (1350) zugrunde gelegt, d. h. auf den Bereich $0 \leqq \zeta \leqq \frac{1}{2}$ bezogen werden,

$$\left.\begin{aligned}
D_{1,3}(\zeta, \varkappa) &= \frac{1}{16} - \frac{\zeta^2}{4} - \frac{1}{4} \sum_{-\infty}^{+\infty} {}_n (-1)^n \left(\zeta - \frac{1}{2} - n\right)^2 \int\limits_{(0)}^{(\varkappa)} \frac{\Phi(x_1)}{x_1^3}\, dx_1, \\
D_{2,3}(\zeta, \varkappa) &= -\frac{1}{4} \zeta(1-\zeta) - \frac{1}{4} \sum_{-\infty}^{+\infty} {}_n (-1)^n (\zeta - n)^2 \int\limits_{(0)}^{(\varkappa)} \frac{\Phi(x_2)}{x_2^3}\, dx_2, \\
D_{3,3}(\zeta, \varkappa) &= -\frac{1}{12} \zeta(1-\zeta)(1-2\zeta) - \frac{\zeta \varkappa}{4\pi} - \frac{1}{4} \sum_{-\infty}^{+\infty} {}_n (\zeta - n)^2 \int\limits_{(0)}^{(\varkappa)} \frac{\Phi(x_2)}{x_2^3}\, dx_2, \\
D_{4,3}(\zeta, \varkappa) &= \frac{\zeta}{24}(1-2\zeta)(1+2\zeta) + \left(\frac{1}{2} - \zeta\right) \frac{\varkappa}{4\pi} - \frac{1}{4} \sum_{-\infty}^{+\infty} {}_n \left(\zeta - \frac{1}{2} - n\right)^2 \int\limits_{(0)}^{(\varkappa)} \frac{\Phi(x_1)}{x_1^3}\, dx_1.
\end{aligned}\right\} \quad (0 \leqq \zeta \leqq \tfrac{1}{2})$$

Werden hierin noch die Integrale in Verbindung mit (1354) ausgewertet, so ergibt sich

$$\left.\begin{aligned}
D_{1,3}(\zeta, \varkappa) &= \frac{1}{16} - \frac{\zeta^2}{4} + \frac{1}{4} \sum_{-\infty}^{+\infty} {}_n (-1)^n \Bigg\{ \left|\zeta - \frac{1}{2} - n\right| \frac{\sqrt{\varkappa}}{\pi} e^{-\frac{\pi}{\varkappa}\left(\zeta - \frac{1}{2} - n\right)^2} - \\
&\quad - \left(\zeta - \frac{1}{2} - n\right)^2 \left[1 - \left(1 + \frac{1}{\frac{2\pi}{\varkappa}\left(\zeta - \frac{1}{2} - n\right)^2}\right) \Phi\left(\sqrt{\frac{\pi}{\varkappa}} \left|\zeta - \frac{1}{2} - n\right|\right)\right]\Bigg\}, \\
D_{2,3}(\zeta, \varkappa) &= -\frac{1}{4} \zeta(1-\zeta) + \frac{1}{4} \sum_{-\infty}^{+\infty} {}_n (-1)^n \Bigg\{ |\zeta - n| \frac{\sqrt{\varkappa}}{\pi} e^{-\frac{\pi}{\varkappa}(\zeta - n)^2} - \\
&\quad - (\zeta - n)^2 \left[1 - \left(1 + \frac{1}{\frac{2\pi}{\varkappa}(\zeta - n)^2}\right) \Phi\left(\sqrt{\frac{\pi}{\varkappa}} |\zeta - n|\right)\right]\Bigg\}, \\
D_{3,3}(\zeta, \varkappa) &= -\frac{1}{12} \zeta(1-\zeta)(1-2\zeta) - \frac{\zeta \varkappa}{4\pi} + \frac{1}{4} \sum_{-\infty}^{+\infty} {}_n \Bigg\{ |\zeta - n| \frac{\sqrt{\varkappa}}{\pi} e^{-\frac{\pi}{\varkappa}(\zeta - n)^2} - \\
&\quad - (\zeta - n)^2 \left[1 - \left(1 + \frac{1}{\frac{2\pi}{\varkappa}(\zeta - n)^2}\right) \Phi\left(\sqrt{\frac{\pi}{\varkappa}} |\zeta - n|\right)\right]\Bigg\}, \\
D_{4,3}(\zeta, \varkappa) &= \frac{1}{24} \zeta(1 - 4\zeta^2) + \left(\frac{1}{2} - \zeta\right) \frac{\varkappa}{4\pi} + \frac{1}{4} \sum_{-\infty}^{+\infty} {}_n \Bigg\{ \left|\zeta - \frac{1}{2} - n\right| \frac{\sqrt{\varkappa}}{\pi} e^{-\frac{\pi}{\varkappa}\left(\zeta - \frac{1}{2} - n\right)^2} - \\
&\quad - \left(\zeta - \frac{1}{2} - n\right)^2 \left[1 - \left(1 + \frac{1}{\frac{2\pi}{\varkappa}\left(\zeta - \frac{1}{2} - n\right)^2}\right) \Phi\left(\sqrt{\frac{\pi}{\varkappa}} \left|\zeta - \frac{1}{2} - n\right|\right)\right]\Bigg\}. \\
&\qquad (0 \leqq \zeta \leqq \tfrac{1}{2})
\end{aligned}\right\} \quad (1360)$$

Für die Darstellung der D-Funktionen vierter Ordnung liefert (1344) entsprechend

$$D_{i,4}(\zeta, \varkappa) = D_{,4}(\zeta, 0) + \frac{1}{4\pi} \int\limits_{0}^{\varkappa} D_{i,2}(\zeta, \bar{\varkappa})\, d\bar{\varkappa},$$

wobei die $D_{i,2}(\zeta, \varkappa)$ nach (1359) und die $D_{i,4}(\zeta, 0)$ nach (1350) einzusetzen sind, wenn die Darstellung auf den Bereich $0 \leqq \zeta \leqq \frac{1}{2}$ beschränkt wird. Werden auch hier wieder

$$x_1 = \sqrt{\frac{\pi}{\varkappa}} \left(\zeta - \frac{1}{2} - n\right) \quad \text{bzw.} \quad x_2 = \sqrt{\frac{\pi}{\varkappa}} (\zeta - n)$$

als neue Integrationsveränderliche substituiert sowie (1353) und (1354) beachtet, so erhält man:

$$\left.\begin{aligned}
D_{1,4}(\zeta,\varkappa) &= \frac{\zeta}{48}(3-4\zeta^2) - \frac{\varkappa\zeta}{8\pi} + \frac{1}{12}\sum_{-\infty}^{+\infty}{}^{n}(-1)^n\left\{\frac{\sqrt{\varkappa}}{\pi}\left[\frac{\varkappa}{\pi}+\left(\zeta-\frac{1}{2}-n\right)^2\right]e^{-\frac{\pi}{\varkappa}\left(\zeta-\frac{1}{2}-n\right)^2} - \right.\\
&\left. - \left|\zeta-\frac{1}{2}-n\right|\left[\frac{3\varkappa}{2\pi}+\left(\zeta-\frac{1}{2}-n\right)^2\right]\left[1-\Phi\left(\sqrt{\frac{\pi}{\varkappa}}\left|\zeta-\frac{1}{2}-n\right|\right)\right]\right\},\\
D_{2,4}(\zeta,\varkappa) &= \frac{1}{48}(1-2\zeta)(1+2\zeta-2\zeta^2) + \frac{\varkappa}{4\pi}\left(-\frac{1}{4}+\frac{\zeta}{2}\right) + \\
&+ \frac{1}{12}\sum_{-\infty}^{+\infty}{}^{n}(-1)^n\left\{\frac{\sqrt{\varkappa}}{\pi}\left[\frac{\varkappa}{\pi}+(\zeta-n)^2\right]e^{-\frac{\pi}{\varkappa}(\zeta-n)^2} - \right.\\
&\left. - |\zeta-n|\left[\frac{3\varkappa}{2\pi}+(\zeta-n)^2\right]\left[1-\Phi\left(\sqrt{\frac{\pi}{\varkappa}}|\zeta-n|\right)\right]\right\},\\
D_{3,4}(\zeta,\varkappa) &= \frac{1}{720} - \frac{1}{24}\zeta^2(1-\zeta)^2 + \frac{\varkappa}{4\pi}\left[-\frac{1}{12}+\frac{1}{2}\zeta(1-\zeta)\right] - \\
&- \frac{\varkappa^2}{32\pi^2} + \frac{1}{12}\sum_{-\infty}^{+\infty}{}^{n}\left\{\frac{\sqrt{\varkappa}}{\pi}\left[\frac{\varkappa}{\pi}+(\zeta-n)^2\right]e^{-\frac{\pi}{\varkappa}(\zeta-n)^2} - \right.\\
&\left. - |\zeta-n|\left[\frac{3\varkappa}{2\pi}+(\zeta-n)^2\right]\left[1-\Phi\left(\sqrt{\frac{\pi}{\varkappa}}|\zeta-n|\right)\right]\right\},\\
D_{4,4}(\zeta,\varkappa) &= \frac{1}{720} - \frac{1}{24}\left(\frac{1}{4}-\zeta^2\right)^2 + \frac{\varkappa}{4\pi}\left(\frac{1}{24}-\frac{\zeta^2}{2}\right) - \frac{\varkappa^2}{32\pi^2} + \\
&+ \frac{1}{12}\sum_{-\infty}^{+\infty}{}^{n}\left\{\frac{\sqrt{\varkappa}}{\pi}\left[\frac{\varkappa}{\pi}+\left(\zeta-\frac{1}{2}-n\right)^2\right]e^{-\frac{\pi}{\varkappa}\left(\zeta-\frac{1}{2}-n\right)^2} - \right.\\
&\left. - \left|\zeta-\frac{1}{2}-n\right|\left[\frac{3\varkappa}{2\pi}+\left(\zeta-\frac{1}{2}-n\right)^2\right]\left[1-\Phi\left(\sqrt{\frac{\pi}{\varkappa}}\left|\zeta-\frac{1}{2}-n\right|\right)\right]\right\}.\\
&\qquad (0 \leqq \zeta \leqq \tfrac{1}{2})
\end{aligned}\right\} \quad (1361)$$

Durch Heranziehung des Quotientenkriteriums kann bewiesen werden, daß die Entwicklungen (1358) bis (1361) konvergent sind, solange $\varkappa > 0$ bleibt. In Verbindung mit dem Verhalten der in (1358) bis (1361) auftretenden algebraischen Funktionen, Exponentialfunktionen und Fehlerfunktionen läßt sich zeigen, daß sie auch gleichmäßig konvergent sind.

219. Periodenverhalten der D-Funktionen und Substitutionen

Aus den trigonometrischen Entwicklungen (1346) bis (1349) der D-Funktionen ist ersichtlich, daß diese das gleiche Periodenverhalten wie die entsprechenden Theta-Funktionen aufweisen, d. h., es gilt

$$\left.\begin{aligned}
D_{1,m}(\zeta\pm1,\varkappa) &= -D_{1,m}(\zeta,\varkappa),\\
D_{2,m}(\zeta\pm1,\varkappa) &= -D_{2,m}(\zeta,\varkappa),\\
D_{3,m}(\zeta\pm1,\varkappa) &= +D_{3,m}(\zeta,\varkappa),\\
D_{4,m}(\zeta\pm1,\varkappa) &= +D_{4,m}(\zeta,\varkappa),
\end{aligned}\quad D_{i,m}(\zeta\pm2,\varkappa) = D_{i,m}(\zeta,\varkappa).\right\} \quad (1362)$$

Ferner folgt aus den trigonometrischen Entwicklungen

$$\left.\begin{aligned}
D_{1,2n+1}(-\zeta,\varkappa) &= +D_{1,2n+1}(\zeta,\varkappa), & D_{1,2n}(-\zeta,\varkappa) &= -D_{1,2n}(\zeta,\varkappa),\\
D_{2,2n+1}(-\zeta,\varkappa) &= -D_{2,2n+1}(\zeta,\varkappa), & D_{2,2n}(-\zeta,\varkappa) &= +D_{2,2n}(\zeta,\varkappa),\\
D_{3,2n+1}(-\zeta,\varkappa) &= -D_{3,2n+1}(\zeta,\varkappa), & D_{3,2n}(-\zeta,\varkappa) &= +D_{3,2n}(\zeta,\varkappa),\\
D_{4,2n+1}(-\zeta,\varkappa) &= -D_{4,2n+1}(\zeta,\varkappa), & D_{4,2n}(-\zeta,\varkappa) &= +D_{4,2n}(\zeta,\varkappa).
\end{aligned}\right\} \quad (1363)$$

Hiernach sind die D-Funktionen der ersten Charakteristik und ungerader Ordnung sowie der zweiten, dritten und vierten Charakteristik und gerader Ordnung gerade Funktionen, während die D-Funktionen der zweiten, dritten und vierten Charakteristik und ungerader Ordnung sowie der ersten Charakteristik und gerader Ordnung ungerade Funktionen darstellen.

Schließlich lassen sich aus den trigonometrischen Entwicklungen die nachfolgend zusammengestellten Substitutionsformeln beweisen:

$$\left.\begin{aligned}
D_{1,2n+1}(\zeta+\tfrac{1}{2},\varkappa) &= -D_{1,2n+1}(\zeta-\tfrac{1}{2},\varkappa) = -D_{1,2n+1}(\tfrac{1}{2}-\zeta,\varkappa) = +D_{2,2n+1}(\zeta,\varkappa),\\
D_{2,2n+1}(\zeta+\tfrac{1}{2},\varkappa) &= -D_{2,2n+1}(\zeta-\tfrac{1}{2},\varkappa) = +D_{2,2n+1}(\tfrac{1}{2}-\zeta,\varkappa) = -D_{1,2n+1}(\zeta,\varkappa),\\
D_{3,2n+1}(\zeta+\tfrac{1}{2},\varkappa) &= +D_{3,2n+1}(\zeta-\tfrac{1}{2},\varkappa) = -D_{3,2n+1}(\tfrac{1}{2}-\zeta,\varkappa) = +D_{4,2n+1}(\zeta,\varkappa),\\
D_{4,2n+1}(\zeta+\tfrac{1}{2},\varkappa) &= +D_{4,2n+1}(\zeta-\tfrac{1}{2},\varkappa) = -D_{4,2n+1}(\tfrac{1}{2}-\zeta,\varkappa) = +D_{3,2n+1}(\zeta,\varkappa);\\
D_{1,2n}(\zeta+\tfrac{1}{2},\varkappa) &= -D_{1,2n}(\zeta-\tfrac{1}{2},\varkappa) = +D_{1,2n}(\tfrac{1}{2}-\zeta,\varkappa) = +D_{2,2n}(\zeta,\varkappa),\\
D_{2,2n}(\zeta+\tfrac{1}{2},\varkappa) &= -D_{2,2n}(\zeta-\tfrac{1}{2},\varkappa) = -D_{2,2n}(\tfrac{1}{2}-\zeta,\varkappa) = -D_{1,2n}(\zeta,\varkappa),\\
D_{3,2n}(\zeta+\tfrac{1}{2},\varkappa) &= +D_{3,2n}(\zeta-\tfrac{1}{2},\varkappa) = +D_{3,2n}(\tfrac{1}{2}-\zeta,\varkappa) = +D_{4,2n}(\zeta,\varkappa),\\
D_{4,2n}(\zeta+\tfrac{1}{2},\varkappa) &= +D_{4,2n}(\zeta-\tfrac{1}{2},\varkappa) = +D_{4,2n}(\tfrac{1}{2}-\zeta,\varkappa) = +D_{3,2n}(\zeta,\varkappa).
\end{aligned}\right\}\qquad(1364)$$

220. Lineare Beziehungen zwischen D-Funktionen der gleichen Ordnung

Die Umschreibung der Gln. (33) auf D-Funktionen gemäß (1337) liefert

$$\left.\begin{aligned}
D_{1,0}(\zeta,\varkappa) &= \frac{1}{2}D_{4,0}\left(\frac{\zeta}{2}+\frac{1}{4},\frac{\varkappa}{4}\right)-\frac{1}{2}D_{3,0}\left(\frac{\zeta}{2}+\frac{1}{4},\frac{\varkappa}{4}\right),\\
D_{2,0}(\zeta,\varkappa) &= \frac{1}{2}D_{3,0}\left(\frac{\zeta}{2},\frac{\varkappa}{4}\right)-\frac{1}{2}D_{4,0}\left(\frac{\zeta}{2},\frac{\varkappa}{4}\right),\\
D_{3,0}(\zeta,\varkappa) &= \frac{1}{2}D_{3,0}\left(\frac{\zeta}{2},\frac{\varkappa}{4}\right)+\frac{1}{2}D_{4,0}\left(\frac{\zeta}{2},\frac{\varkappa}{4}\right),\\
D_{4,0}(\zeta,\varkappa) &= \frac{1}{2}D_{4,0}\left(\frac{\zeta}{2}+\frac{1}{4},\frac{\varkappa}{4}\right)+\frac{1}{2}D_{3,0}\left(\frac{\zeta}{2}+\frac{1}{4},\frac{\varkappa}{4}\right).
\end{aligned}\right\}\qquad(1365)$$

Werden nun die Gln. (1365) zwischen ∞ und $\varkappa$ unter Bezugnahme auf $(1345)^2$ nach $\varkappa$ integriert, so gehen die D-Funktionen der nullten Ordnung in solche der zweiten Ordnung über. Außerdem sind die rechten Seiten wegen

$$\int f\left(\frac{\varkappa}{4}\right)d\varkappa = 4\int f\left(\frac{\varkappa}{4}\right)d\,\frac{\varkappa}{4} = 2^2\int f\left(\frac{\varkappa}{4}\right)d\,\frac{\varkappa}{4}$$

mit 2^2 zu multiplizieren. Die untere Grenze ∞ liefert keine Beiträge, da sämtliche D-Funktionen mit wachsendem $\varkappa$ nach Null gehen, wie die trigonometrischen Entwicklungen (1346) bis (1349) erkennen lassen. Es gilt also für alle Charakteristiken und alle Ordnungen

$$\lim_{\varkappa\to\infty} D_{i,m}(\zeta,\varkappa) = 0. \qquad(1366)$$

Wird das gleiche Verfahren sukzessive fortgesetzt, so ergeben sich die entsprechenden Beziehungen zwischen den D-Funktionen $2n$-ter Ordnung ($n = 1, 2, 3, \ldots$) mit dem Multiplikator 2^{2n} auf den rechten Seiten. Werden diese nun nach ζ abgeleitet, so erhält man wegen (1340) gleichartige Beziehungen für die D-Funktionen $(2n-1)$-ter Ordnung, die wegen

$$\frac{df\left(\frac{\zeta}{2}\right)}{d\zeta} = \frac{1}{2}\,\frac{df\left(\frac{\zeta}{2}\right)}{d\left(\frac{\zeta}{2}\right)}$$

auf den rechten Seiten mit 2^{2n-1} zu multiplizieren sind. Hieraus ergibt sich, daß sich eine Unterscheidung nach geraden und ungeraden m-Werten erübrigt und daß aus (1365) allgemein folgt:

$$\left.\begin{aligned}
D_{1,m}(\zeta,\varkappa) &= 2^{m-1}D_{4,m}\left(\frac{\zeta}{2}+\frac{1}{4},\frac{\varkappa}{4}\right)-2^{m-1}D_{3,m}\left(\frac{\zeta}{2}+\frac{1}{4},\frac{\varkappa}{4}\right),\\
D_{2,m}(\zeta,\varkappa) &= 2^{m-1}D_{3,m}\left(\frac{\zeta}{2},\frac{\varkappa}{4}\right)-2^{m-1}D_{4,m}\left(\frac{\zeta}{2},\frac{\varkappa}{4}\right),\\
D_{3,m}(\zeta,\varkappa) &= 2^{m-1}D_{3,m}\left(\frac{\zeta}{2},\frac{\varkappa}{4}\right)+2^{m-1}D_{4,m}\left(\frac{\zeta}{2},\frac{\varkappa}{4}\right),\\
D_{4,m}(\zeta,\varkappa) &= 2^{m-1}D_{4,m}\left(\frac{\zeta}{2}+\frac{1}{4},\frac{\varkappa}{4}\right)+2^{m-1}D_{3,m}\left(\frac{\zeta}{2}+\frac{1}{4},\frac{\varkappa}{4}\right).
\end{aligned}\right\}\qquad(1367)$$

Die Auflösungen der ersten und vierten sowie zweiten und dritten der Gln. (1367) lauten

$$D_{3,m}\left(\frac{\zeta}{2}+\frac{1}{4}, \frac{\varkappa}{4}\right) = 2^{-m} D_{4,m}(\zeta, \varkappa) - 2^{-m} D_{1,m}(\zeta, \varkappa),$$
$$D_{4,m}\left(\frac{\zeta}{2}+\frac{1}{4}, \frac{\varkappa}{4}\right) = 2^{-m} D_{4,m}(\zeta, \varkappa) + 2^{-m} D_{1,m}(\zeta, \varkappa), \quad (1368)$$

bzw.

$$D_{3,m}\left(\frac{\zeta}{2}, \frac{\varkappa}{4}\right) = 2^{-m} D_{3,m}(\zeta, \varkappa) + 2^{-m} D_{2,m}(\zeta, \varkappa),$$
$$D_{4,m}\left(\frac{\zeta}{2}, \frac{\varkappa}{4}\right) = 2^{-m} D_{3,m}(\zeta, \varkappa) - 2^{-m} D_{2,m}(\zeta, \varkappa). \quad (1369)$$

Wird in (1368) und (1369) ζ mit 2ζ und $\varkappa$ mit $4\varkappa$ vertauscht, so folgt

$$D_{3,m}\left(\zeta+\frac{1}{4}, \varkappa\right) = 2^{-m} D_{4,m}(2\zeta, 4\varkappa) - 2^{-m} D_{1,m}(2\zeta, 4\varkappa),$$
$$D_{4,m}\left(\zeta+\frac{1}{4}, \varkappa\right) = 2^{-m} D_{4,m}(2\zeta, 4\varkappa) + 2^{-m} D_{1,m}(2\zeta, 4\varkappa), \quad (1370)$$

bzw.

$$D_{3,m}(\zeta, \varkappa) = 2^{-m} D_{3,m}(2\zeta, 4\varkappa) + 2^{-m} D_{2,m}(2\zeta, 4\varkappa),$$
$$D_{4,m}(\zeta, \varkappa) = 2^{-m} D_{3,m}(2\zeta, 4\varkappa) - 2^{-m} D_{2,m}(2\zeta, 4\varkappa). \quad (1371)$$

Der Vergleich von (1367) und (1371) liefert

$$D_{3,m}\left(\frac{\zeta}{2}, \frac{\varkappa}{4}\right) + D_{4,m}\left(\frac{\zeta}{2}, \frac{\varkappa}{4}\right) = 2^{-2m+1} D_{3,m}(2\zeta, 4\varkappa) + 2^{-2m+1} D_{2,m}(2\zeta, 4\varkappa),$$
$$D_{3,m}\left(\frac{\zeta}{2}+\frac{1}{4}, \frac{\varkappa}{4}\right) + D_{4,m}\left(\frac{\zeta}{2}+\frac{1}{4}, \frac{\varkappa}{4}\right) = 2^{-2m+1} D_{3,m}(2\zeta, 4\varkappa) - 2^{-2m+1} D_{2,m}(2\zeta, 4\varkappa). \quad (1372)$$

221. Die zu $\vartheta_5(\zeta, \varkappa)$ und $\vartheta_6(\zeta, \varkappa)$ gehörenden D-Funktionen

Die bisherigen Betrachtungen galten den Integralen der Theta-Funktionen erster Ordnung, den sogenannten JACOBIschen Funktionen. Unter den Theta-Funktionen zweiter Ordnung, zu denen u. a. die mit einer passend gewählten Parameterfunktion multiplizierten Produkte und Quadrate der Theta-Funktionen erster Ordnung gehören, befinden sich weitere Funktionen, deren Integrale der Betrachtung wert sind. Hierzu gehören z. B. die nach (117) und (118) in den GAUSSschen und LANDENschen Transformationsgleichungen auftretenden Funktionen

$$\left.\begin{aligned}
\frac{\vartheta_1(\zeta, \varkappa)\,\vartheta_2(\zeta, \varkappa)}{\vartheta_4(0, 2\varkappa)} &= \vartheta_1(2\zeta, 2\varkappa) = D_{1,0}(2\zeta, 2\varkappa),\\
\frac{\vartheta_1(\zeta, \varkappa)\,\vartheta_4(\zeta, \varkappa)}{\frac{1}{2}\,\vartheta_2\left(0, \frac{\varkappa}{2}\right)} &= \vartheta_1\left(\zeta, \frac{\varkappa}{2}\right) = D_{1,0}\left(\zeta, \frac{\varkappa}{2}\right),\\
\frac{\vartheta_2(\zeta, \varkappa)\,\vartheta_3(\zeta, \varkappa)}{\frac{1}{2}\,\vartheta_2\left(0, \frac{\varkappa}{2}\right)} &= \vartheta_2\left(\zeta, \frac{\varkappa}{2}\right) = D_{2,0}\left(\zeta, \frac{\varkappa}{2}\right),\\
\frac{\vartheta_3(\zeta, \varkappa)\,\vartheta_4(\zeta, \varkappa)}{\vartheta_4(0, 2\varkappa)} &= \vartheta_4(2\zeta, 2\varkappa) = 1 + D_{4,0}(2\zeta, 2\varkappa),
\end{aligned}\right\} \quad (1373)$$

deren Integrale nach (1373) jedoch sofort auf D-Funktionen der bisher betrachteten Art zurückgeführt werden können.

Neue Funktionsgruppen ergeben sich, wenn man von den durch (129) eingeführten Funktionen

$$\frac{\vartheta_1(\zeta, \varkappa)\,\vartheta_3(\zeta, \varkappa)}{\frac{1}{2}\,\vartheta_1\left(\frac{1}{4}, \frac{\varkappa}{2}\right)} = \vartheta_1\left(\zeta+\frac{1}{4}, \frac{\varkappa}{2}\right) + \vartheta_1\left(\zeta-\frac{1}{4}, \frac{\varkappa}{2}\right) = \vartheta_5(\zeta, \varkappa) = D_{5,0}(\zeta, \varkappa),$$
$$\frac{\vartheta_2(\zeta, \varkappa)\,\vartheta_4(\zeta, \varkappa)}{\frac{1}{2}\,\vartheta_1\left(\frac{1}{4}, \frac{\varkappa}{2}\right)} = \vartheta_1\left(\zeta+\frac{1}{4}, \frac{\varkappa}{2}\right) - \vartheta_1\left(\zeta-\frac{1}{4}, \frac{\varkappa}{2}\right) = \vartheta_6(\zeta, \varkappa) = D_{6,0}(\zeta, \varkappa) \quad (1374)$$

ausgeht, die gemäß (1374) als D-Funktionen nullter Ordnung angesehen werden können. Für diese bestehen nach (135) die trigonometrischen Entwicklungen

$$\begin{aligned} D_{5,0}(\zeta,\varkappa) &= 2\sqrt{2}\sum_0^\infty{}^n\left(\cos\frac{n\pi}{2}+\sin\frac{n\pi}{2}\right)e^{-\frac{1}{2}(n+\frac{1}{2})^2\pi\varkappa}\sin(2n+1)\pi\zeta,\\ D_{6,0}(\zeta,\varkappa) &= 2\sqrt{2}\sum_0^\infty{}^n\left(\cos\frac{n\pi}{2}-\sin\frac{n\pi}{2}\right)e^{-\frac{1}{2}(n+\frac{1}{2})^2\pi\varkappa}\cos(2n+1)\pi\zeta. \end{aligned} \tag{1375}$$

In Analogie zu den D-Funktionen der vier ersten Charakteristiken sollen die Funktionen, die durch m-fache Integration nach ζ aus den Funktionen $D_{5,0}$ und $D_{6,0}$ hervorgehen, mit $D_{5,m}$ und $D_{6,m}$ bezeichnet werden. Diese D-Funktionen m-ter Ordnung genügen den gleichen Fourierschen Differentialgleichungen wie die Ausgangsfunktionen $\vartheta_5(\zeta,\varkappa)$ und $\vartheta_6(\zeta,\varkappa)$. Es folgt daher aus (137)

$$\left(\frac{\partial^2}{\partial\zeta^2}-8\pi\frac{\partial}{\partial\varkappa}\right)D_{\substack{5,m\\6,m}}(\zeta,\varkappa)=0 \text{ bzw. } \left(\frac{\partial^2}{\partial\zeta^2}+\frac{2}{\zeta}\frac{\partial}{\partial\zeta}-8\pi\frac{\partial}{\partial\varkappa}\right)\frac{D_{\substack{5,m\\6,m}}(\zeta,\varkappa)}{\zeta}=0, \quad (m=0,1,2,3,\ldots) \tag{1376}$$

bezogen auf kartesische bzw. zonale Kugelkoordinaten.

An die Stelle von (1340) bis (1342) tritt

$$\begin{aligned} \frac{\partial}{\partial\zeta}D_{\substack{5,m\\6,m}}(\zeta,\varkappa) &= D_{\substack{5,m-1\\6,m-1}}(\zeta,\varkappa) \quad \text{für } m\geqq 1,\\ \frac{\partial^2}{\partial\zeta^2}D_{\substack{5,m\\6,m}}(\zeta,\varkappa) &= D_{\substack{5,m-2\\6,m-2}}(\zeta,\varkappa) \quad \text{für } m\geqq 2, \end{aligned} \tag{1377}$$

$$\frac{\partial}{\partial\varkappa}D_{\substack{5,m\\6,m}}(\zeta,\varkappa)=\frac{1}{8\pi}D_{\substack{5,m-2\\6,m-2}}(\zeta,\varkappa) \quad \text{für } m\geqq 2. \tag{1378}$$

Die (1343) und (1344) entsprechenden Integralformeln lauten

$$\begin{aligned} \int D_{\substack{5,m-1\\6,m-1}}(\zeta,\varkappa)\,d\zeta &= D_{\substack{5,m\\6,m}}(\zeta,\varkappa) \quad \text{für } m\geqq 1,\\ \int D_{\substack{5,m-2\\6,m-2}}(\zeta,\varkappa)\,d\varkappa &= 8\pi D_{\substack{5,m\\6,m}}(\zeta,\varkappa) \quad \text{für } m\geqq 2. \end{aligned} \tag{1379}$$

Durch sukzessive Anwendung von (1379) erhält man

$$\begin{gathered} D_{\substack{5,1\\6,1}}=\int D_{\substack{5,0\\6,0}}\,d\zeta,\quad D_{\substack{5,2\\6,2}}=\iint D_{\substack{5,0\\6,0}}\,d\zeta\,d\zeta=\frac{1}{8\pi}\int D_{\substack{5,0\\6,0}}\,d\varkappa,\quad D_{\substack{5,3\\6,3}}=\iiint D_{\substack{5,0\\6,0}}\,d\zeta\,d\zeta\,d\zeta=\frac{1}{8\pi}\iint D_{\substack{5,0\\6,0}}\,d\zeta\,d\varkappa,\\ D_{\substack{5,4\\6,4}}=\iiiint D_{\substack{5,0\\6,0}}\,d\zeta\,d\zeta\,d\zeta\,d\zeta=\frac{1}{8\pi}\iiint D_{\substack{5,0\\6,0}}\,d\zeta\,d\zeta\,d\varkappa=\frac{1}{64\pi^2}\iint D_{\substack{5,0\\6,0}}\,d\varkappa\,d\varkappa,\ \ldots. \end{gathered} \tag{1380}$$

Werden in die vorstehenden Integrale die Entwicklungen (1375) für $D_{5,0}$ und $D_{6,0}$ eingeführt, so erhält man die entsprechenden Entwicklungen für $D_{5,m}$ und $D_{6,m}$. Aufgespalten nach geraden und ungeraden Ordnungen ergibt sich:

$$\left.\begin{aligned} D_{5,2m}(\zeta,\varkappa) &= \frac{2\sqrt{2}(-1)^m}{\pi^{2m}}\sum_0^\infty{}^n\frac{\cos\frac{n\pi}{2}+\sin\frac{n\pi}{2}}{(2n+1)^{2m}}e^{-\frac{1}{2}(n+\frac{1}{2})^2\pi\varkappa}\sin(2n+1)\pi\zeta,\\ D_{5,2m+1}(\zeta,\varkappa) &= \frac{2\sqrt{2}(-1)^{m+1}}{\pi^{2m+1}}\sum_0^\infty{}^n\frac{\cos\frac{n\pi}{2}+\sin\frac{n\pi}{2}}{(2n+1)^{2m+1}}e^{-\frac{1}{2}(n+\frac{1}{2})^2\pi\varkappa}\cos(2n+1)\pi\zeta,\\ D_{6,2m}(\zeta,\varkappa) &= \frac{2\sqrt{2}(-1)^m}{\pi^{2m}}\sum_0^\infty{}^n\frac{\cos\frac{n\pi}{2}-\sin\frac{n\pi}{2}}{(2n+1)^{2m}}e^{-\frac{1}{2}(n+\frac{1}{2})^2\pi\varkappa}\cos(2n+1)\pi\zeta,\\ D_{6,2m+1}(\zeta,\varkappa) &= \frac{2\sqrt{2}(-1)^m}{\pi^{2m+1}}\sum_0^\infty{}^n\frac{\cos\frac{n\pi}{2}-\sin\frac{n\pi}{2}}{(2n+1)^{2m+1}}e^{-\frac{1}{2}(n+\frac{1}{2})^2\pi\varkappa}\sin(2n+1)\pi\zeta. \end{aligned}\right\} \tag{1381}$$

Die Gln. (1381) schließen die Gln. (1375) mit ein, wie der Vergleich der für $m = 0$ angesetzten ersten und dritten der Gln. (1381) mit (1375) zeigt.

Weiterhin kann aus (1381) entnommen werden, daß $D_{5,2m}(\zeta, \varkappa)$ und $D_{6,2m+1}(\zeta, \varkappa)$ für $\zeta = 0$ und $D_{5,2m+1}$ und $D_{6,2m}$ für $\zeta = \frac{1}{2}$ identisch verschwinden.

Das Verhalten der Funktionen $D_{5,m}$ und $D_{6,m}$ an den Stellen $\zeta = 0$ und $\zeta = \frac{1}{2}$ läßt sich benutzen, um aus den durch Verbindung der Gln. (1374) und (1337) sich ergebenden Beziehungen

$$\begin{aligned} D_{5,0}(\zeta, \varkappa) &= D_{1,0}\left(\zeta + \frac{1}{4}, \frac{\varkappa}{2}\right) + D_{1,0}\left(\zeta - \frac{1}{4}, \frac{\varkappa}{2}\right), \\ D_{6,0}(\zeta, \varkappa) &= D_{1,0}\left(\zeta + \frac{1}{4}, \frac{\varkappa}{2}\right) - D_{1,0}\left(\zeta - \frac{1}{4}, \frac{\varkappa}{2}\right) \end{aligned} \tag{1382}$$

durch sukzessive Integration zwischen $\zeta = \frac{1}{2}$ und ζ bzw. $\zeta = 0$ und ζ entsprechende Beziehungen zwischen den D-Funktionen höherer Ordnung abzuleiten. Man erhält, wenn das aus (1346) bis (1349) ersichtliche Antimetrie-und Symmetrieverhalten in bezug auf die Argumentwerte $\zeta = \frac{1}{2}$ und $\zeta = 0$ berücksichtigt wird,

$$\begin{aligned} D_{5,m}(\zeta, \varkappa) &= D_{1,m}\left(\zeta + \frac{1}{4}, \frac{\varkappa}{2}\right) + D_{1,m}\left(\zeta - \frac{1}{4}, \frac{\varkappa}{2}\right), \\ D_{6,m}(\zeta, \varkappa) &= D_{1,m}\left(\zeta + \frac{1}{4}, \frac{\varkappa}{2}\right) - D_{1,m}\left(\zeta - \frac{1}{4}, \frac{\varkappa}{2}\right). \end{aligned} \tag{1383}$$

Aus (1383) folgt für $\varkappa = 0$

$$\begin{aligned} D_{5,m}(\zeta, 0) &= D_{1,m}(\zeta + \tfrac{1}{4}, 0) + D_{1,m}(\zeta - \tfrac{1}{4}, 0), \\ D_{6,m}(\zeta, 0) &= D_{1,m}(\zeta + \tfrac{1}{4}, 0) - D_{1,m}(\zeta - \tfrac{1}{4}, 0). \end{aligned} \tag{1384}$$

Nach (1384) folgen die Ausartungen der $D_{5,m}$- und $D_{6,m}$-Funktionen aus denjenigen der $D_{1,m}$-Funktionen durch Superposition. Sie sind daher wie die $D_{1,m}$-Funktionen streckenweise algebraische Funktionen.

Werden in (1383) die Entwicklungen (1358) bis (1361) der $D_{1,m}$-Funktionen eingeführt, so ergeben sich für die Umgebung von $\varkappa = 0$ gut konvergierende Entwicklungen für die $D_{5,m}$- und $D_{6,m}$-Funktionen, deren explizite Darstellung hier übergangen werden kann.

Für das Periodenverhalten der $D_{5,m}$- und $D_{6,m}$-Funktionen liefert (1381)

$$\begin{aligned} D_{5,m}(\zeta \pm 1, \varkappa) &= -D_{5,m}(\zeta, \varkappa), & D_{5,m}(\zeta \pm 2, \varkappa) &= D_{5,m}(\zeta, \varkappa), \\ D_{6,m}(\zeta \pm 1, \varkappa) &= -D_{6,m}(\zeta, \varkappa), & D_{6,m}(\zeta \pm 2, \varkappa) &= D_{6,m}(\zeta, \varkappa). \end{aligned} \tag{1385}$$

Ferner folgt für negative Argumentwerte

$$\begin{aligned} D_{5,2n+1}(-\zeta, \varkappa) &= +D_{5,2n+1}(\zeta, \varkappa), & D_{5,2n}(-\zeta, \varkappa) &= -D_{5,2n}(\zeta, \varkappa), \\ D_{6,2n+1}(-\zeta, \varkappa) &= -D_{6,2n+1}(\zeta, \varkappa), & D_{6,2n}(-\zeta, \varkappa) &= +D_{6,2n}(\zeta, \varkappa), \end{aligned} \tag{1386}$$

und für das Substitutionsverhalten

$$\left.\begin{aligned} D_{5,2n+1}(\zeta + \tfrac{1}{2}, \varkappa) &= -D_{5,2n+1}(\zeta - \tfrac{1}{2}, \varkappa) = -D_{5,2n+1}(\tfrac{1}{2} - \zeta, \varkappa) = +D_{6,2n+1}(\zeta, \varkappa), \\ D_{6,2n+1}(\zeta + \tfrac{1}{2}, \varkappa) &= -D_{6,2n+1}(\zeta - \tfrac{1}{2}, \varkappa) = +D_{6,2n+1}(\tfrac{1}{2} - \zeta, \varkappa) = -D_{5,2n+1}(\zeta, \varkappa), \\ D_{5,2n}(\zeta + \tfrac{1}{2}, \varkappa) &= -D_{5,2n}(\zeta - \tfrac{1}{2}, \varkappa) = +D_{5,2n}(\tfrac{1}{2} - \zeta, \varkappa) = +D_{6,2n}(\zeta, \varkappa), \\ D_{6,2n}(\zeta + \tfrac{1}{2}, \varkappa) &= -D_{6,2n}(\zeta - \tfrac{1}{2}, \varkappa) = -D_{6,2n}(\tfrac{1}{2} - \zeta, \varkappa) = -D_{5,2n}(\zeta, \varkappa). \end{aligned}\right\} \tag{1387}$$

222. Funktionsverlauf der D-Funktionen und der $1/\zeta$-fachen D-Funktionen

Die Abb. 319 bis 336 zeigen den Verlauf der D-Funktionen der ersten sechs Ordnungen für ζ als Argument und $\varkappa$ als Parameter, wobei die zusammengehörenden Charakteristiken 1 und 2 bzw. 3 und 4 bzw. 5 und 6 in je einer Abbildung zusammengefaßt wurden. Auf eine Darstellung des Funktionsverlaufs mit $\varkappa$ als Argument und ζ als Parameter wurde verzichtet, da es sich um Funktionen handelt, die mit wachsendem $\varkappa$ monoton auf Null abfallen.

Die *D*-Funktionen nehmen für $\varkappa = 0$ ihre größten Werte an und gehen mit wachsendem $\varkappa$ für jeden ζ-Wert monolythisch nach Null. Die Abszissenachse nimmt dabei den Charakter einer

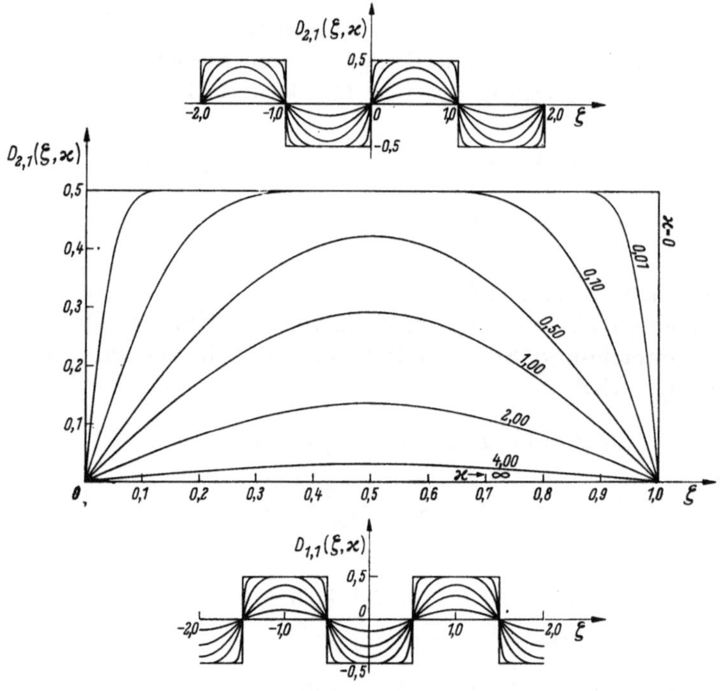

Abb. 319. Verlauf der Funktionen $D_{1,1}(\zeta, \varkappa)$ und $D_{2,1}(\zeta, \varkappa)$

Asymptote an. Bei der hier geübten Beschränkung auf reelle $\varkappa$-Werte sind die *D*-Funktionen stetige Funktionen. Eine Ausnahme bildet lediglich der Wert $\varkappa = 0$, für welchen die Funktionen entweder selbst oder von einer bestimmten Ableitung ab periodische Sprünge aufweisen.

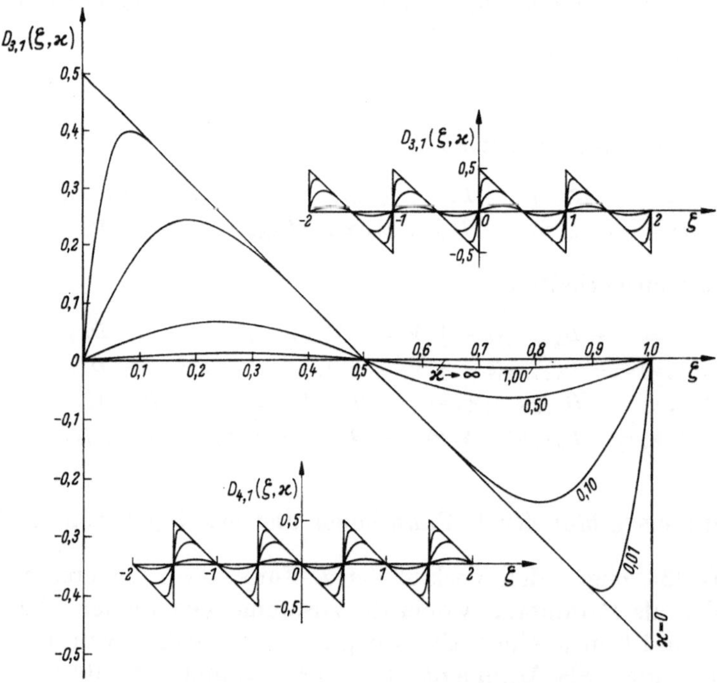

Abb. 320. Verlauf der Funktionen $D_{3,1}(\zeta, \varkappa)$ und $D_{4,1}(\zeta, \varkappa)$

Hinsichtlich ihrer Abhängigkeit von ζ sind die D-Funktionen periodisch. Bei den Charakteristiken 1, 2, 5, 6 besitzt die Periode den Wert 2, während sie bei den Charakteristiken 3 und 4 den Wert 1 aufweist.

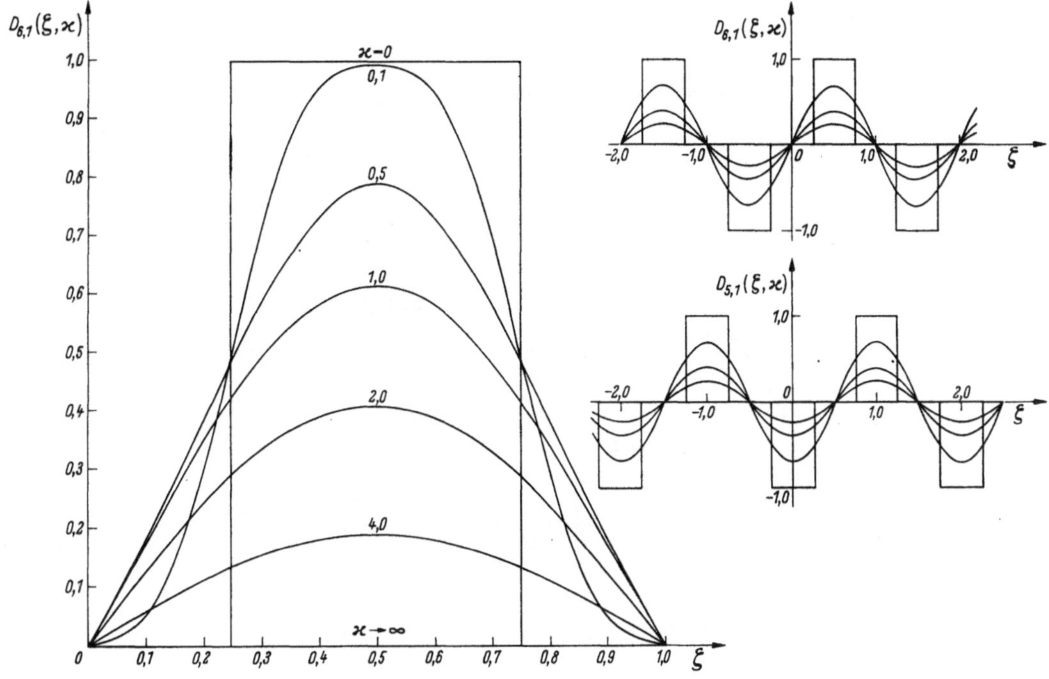

Abb. 321. Verlauf der Funktionen $D_{5,1}(\zeta, \varkappa)$ und $D_{6,1}(\zeta, \varkappa)$

Der Verlauf der $1/\zeta$-fachen D-Funktionen kann unter Beschränkung auf die Ordnungen $m = 1$ und $m = 2$ für die sechs Charakteristiken den Abb. 337 bis 348 entnommen werden.

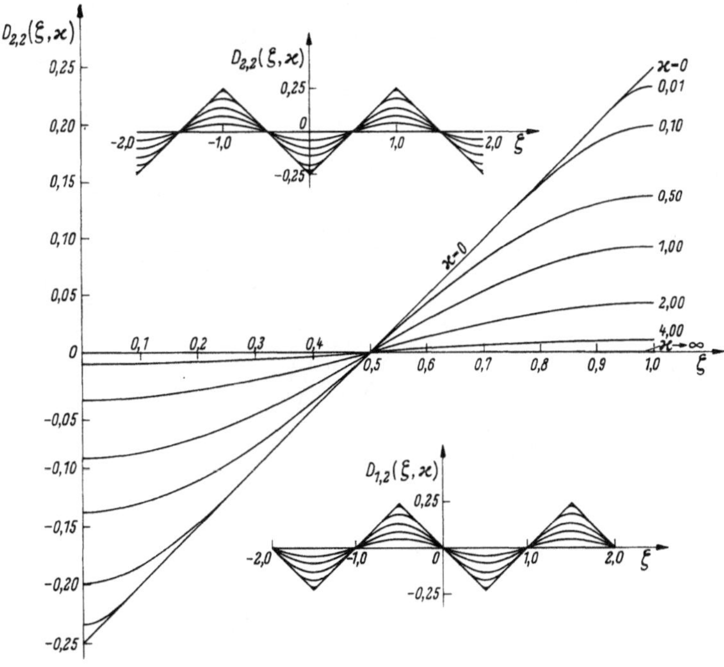

Abb. 322. Verlauf der Funktionen $D_{1,2}(\zeta, \varkappa)$ und $D_{2,2}(\zeta, \varkappa)$

Nach (1339) und (1376) stellen die *D*-Funktionen Integrale normierter, homogener, linearer FOURIERscher Differentialgleichungen dar, während die $1/\zeta$-fachen *D*-Funktionen FOURIERschen

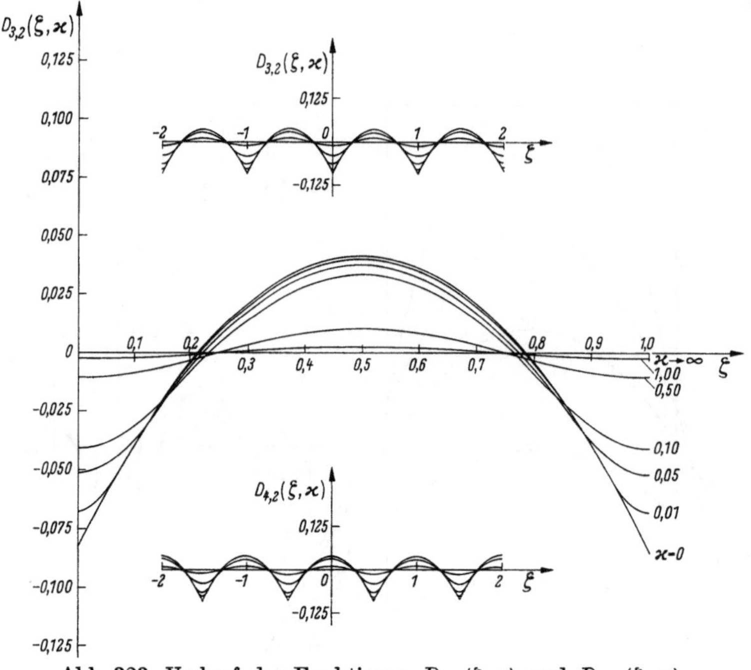

Abb. 323. Verlauf der Funktionen $D_{3,2}(\zeta, \varkappa)$ und $D_{4,2}(\zeta, \varkappa)$

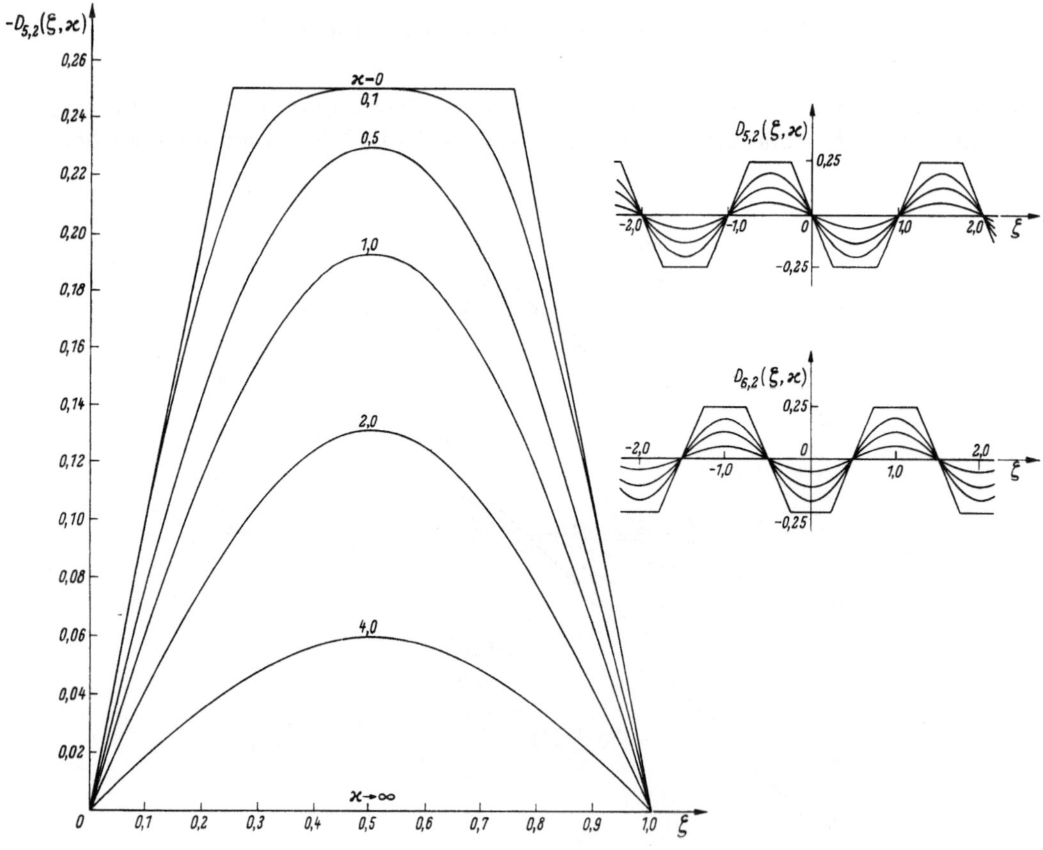

Abb. 324. Verlauf der Funktionen $D_{5,2}(\zeta, \varkappa)$ und $D_{6,2}(\zeta, \varkappa)$

Differentialgleichungen in zonalen Kugelkoordinaten entsprechen. Sie beschreiben daher, bei Einführung geeigneter Kennfunktionen, Wärmeleitungserscheinungen, Konsolidationsverhalten

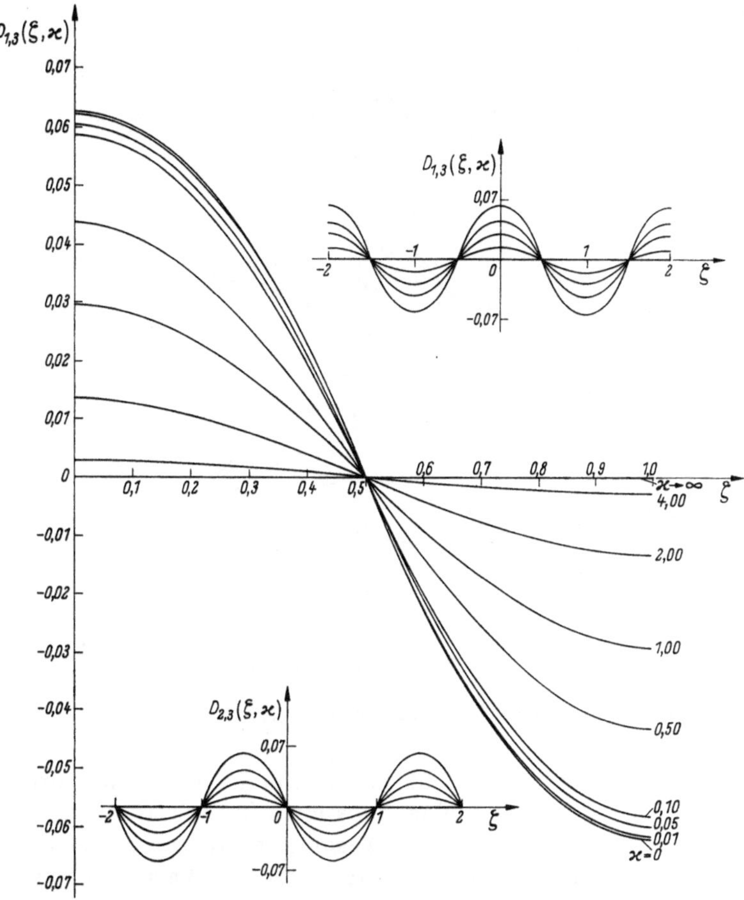

Abb. 325. Verlauf der Funktionen $D_{1,3}(\zeta, \varkappa)$ und $D_{2,3}(\zeta, \varkappa)$

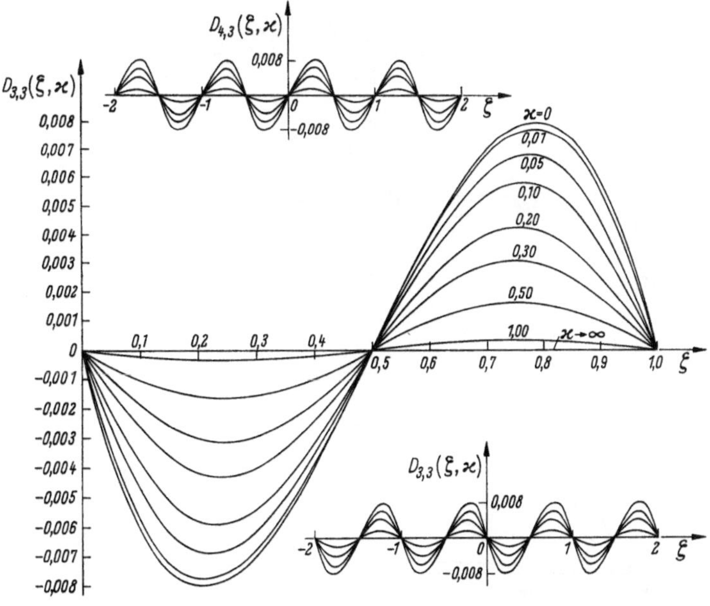

Abb. 326. Verlauf der Funktionen $D_{3,3}(\zeta, \varkappa)$ und $D_{4,3}(\zeta, \varkappa)$

Diffusionsvorgänge und viele andere physikalische Erscheinungen in (unendlich ausgedehnten) plattenförmigen bzw. kugeligen Körpern.

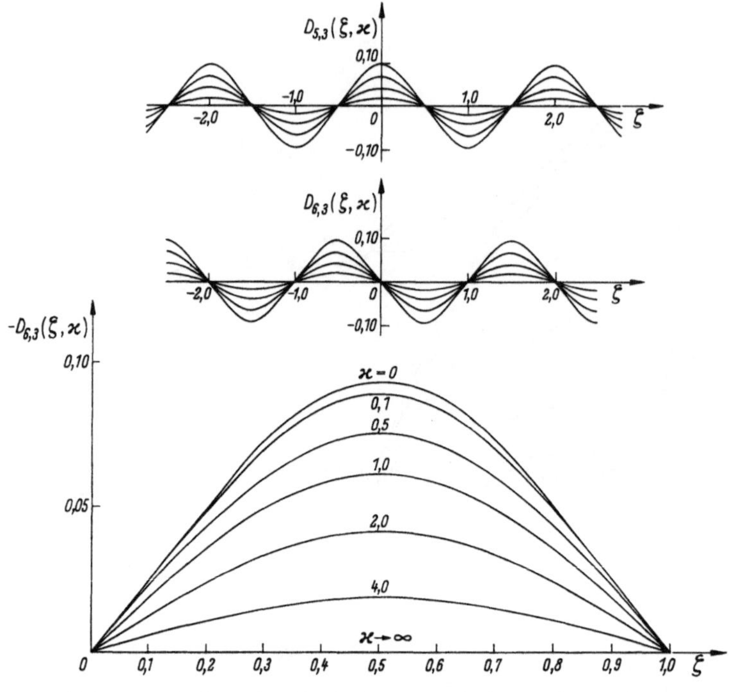

Abb. 327. Verlauf der Funktionen $D_{5,3}(\zeta, \varkappa)$ und $D_{6,3}(\zeta, \varkappa)$

Der Funktion $D_{1,1}$ (Abb. 319) entspricht ein Temperaturausgleichvorgang, bei dessen Beginn der plattenförmige Körper überall eine konstante Temperatur aufweist und bei dem die Plattenränder ständig unter einer, von der Ausgangstemperatur verschiedenen, konstanten Temperatur gehalten werden (was nur bei unendlich großer Wärmeübergangszahl möglich ist).

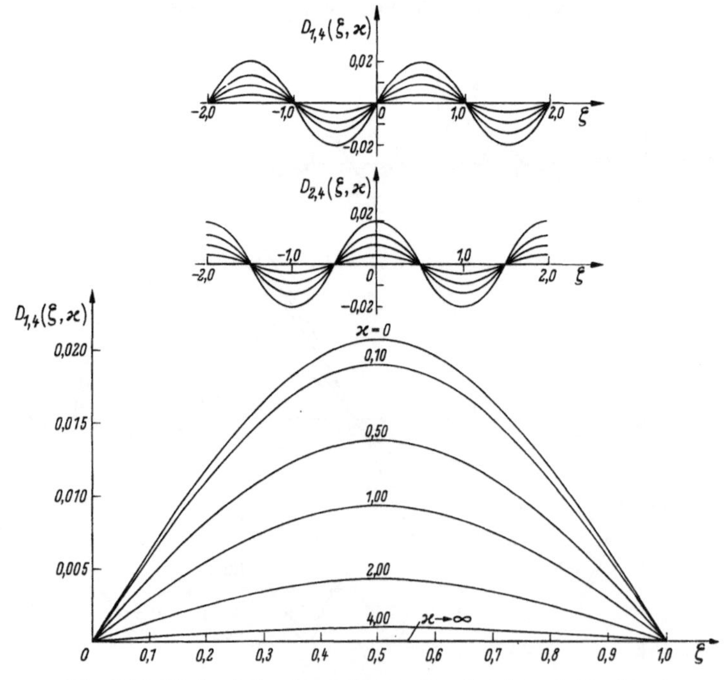

Abb. 328. Verlauf der Funktionen $D_{1,4}(\zeta, \varkappa)$ und $D_{2,4}(\zeta, \varkappa)$

Wie Abb. 319 im einzelnen erkennen läßt, entsprechen den Plattenrändern die Argumente $\zeta = 0$ und $\zeta = 1$, der Ausgangstemperatur der Wert 0,5 und der Randtemperatur der Wert Null.

Wird die Abb. 319 zu einem Konsolidationsvorgang in Beziehung gesetzt, so hat man es mit einer beiderseits in kiesiges Bodenmaterial eingebetteten Tonschicht zu tun, deren Porenwasser gegenüber dem Ton überall gleichmäßig gespannt ist. Nimmt der Porenwasserüberdruck

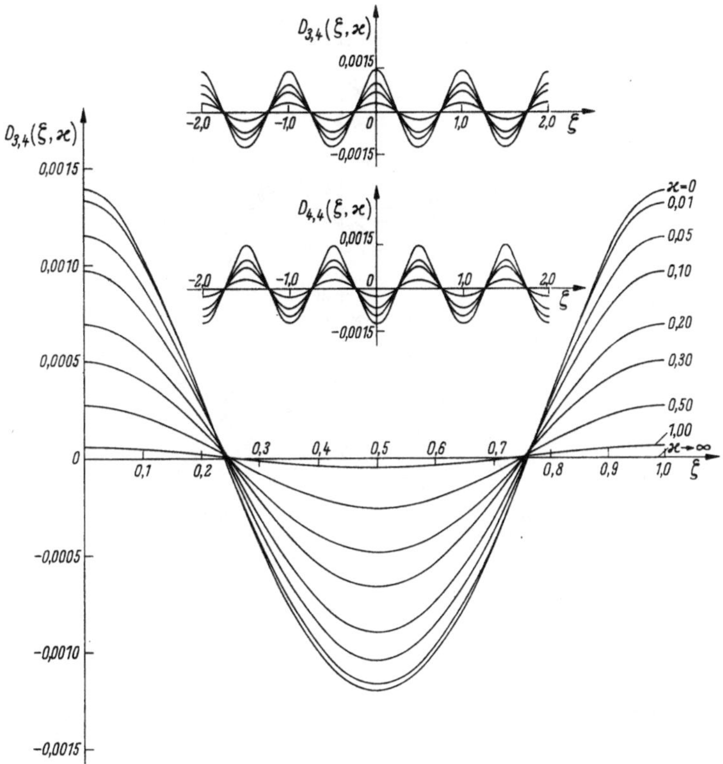

Abb. 329. Verlauf der Funktionen $D_{3,4}(\zeta, \varkappa)$ und $D_{4,4}(\zeta, \varkappa)$

innerhalb der Tonschicht von dem Wert Null am unteren Rande auf den Wert $\frac{1}{2}$ am oberen Rande gleichmäßig zu, so entspricht diesem Fall die Abb. 320 zwischen den Argumentwerten $\zeta = 0$ und $\zeta = \frac{1}{2}$.

Betrachtet man die Abb. 321 in dem Argumentbereich zwischen $\zeta = 0$ und $\zeta = 1$ als Temperaturausgleichvorgang, so liegt der Fall einer Ausgangstemperatur vor, die in der mittleren Hälfte des plattenförmigen Körpers konstant und im übrigen Null ist.

Die Abbildungen, in welchen der zu $\varkappa = 0$ gehörige Funktionsverlauf geradlinig ist, lassen auch relative Deutungen zu. So beschreibt beispielsweise die mit Abb. 320 in Beziehung stehende relative Funktion

$$D_{3,1}(\zeta, 0) - D_{3,1}(\zeta, \varkappa)$$

zwischen $\zeta = 0$ und $\zeta = \frac{1}{2}$ nach entsprechender Normierung den Temperaturverlauf im Betonschild eines Kernreaktors.

Den Abb. 337 bis 348 entsprechen Kugelprobleme. Wird beispielsweise dem Argument $\zeta = 0$ der Mittelpunkt und dem Argument $\zeta = \frac{1}{2}$ der Rand eines kugeligen Körpers zugeordnet, so läßt sich Abb. 343 als ein Temperaturausgleichvorgang deuten, bei dessen Beginn die konstante Ausgangstemperatur 1 vorherrscht und bei dem der Rand ständig auf der Temperatur Null gehalten wird.

Bringt man die Abb. 343 mit einem Konsolidationsvorgang in Verbindung, so beschreibt sie den Verlauf des Porenwasserüberdruckes in einer in kiesiges Bodenmaterial gebetteten kugeligen Tonmasse, deren Porenwasserüberdruck zu Beginn des Konsolidationsvorganges konstant ist.

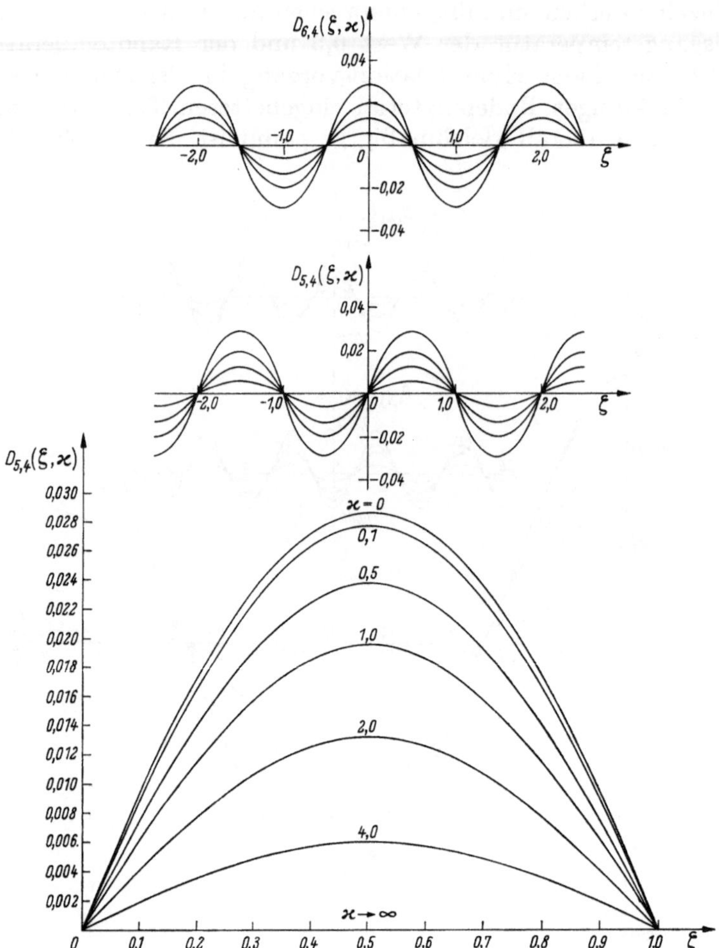

Abb. 330. Verlauf der Funktionen $D_{5,4}(\zeta, \varkappa)$ und $D_{6,4}(\zeta, \varkappa)$

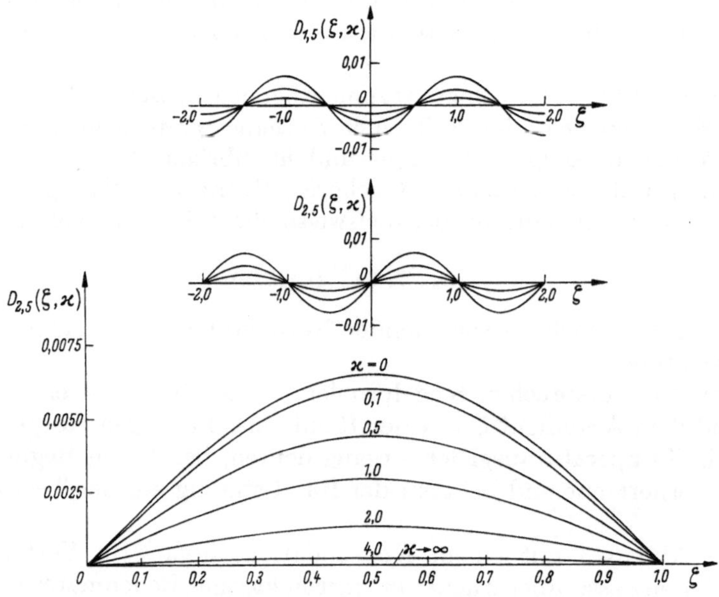

Abb. 331. Verlauf der Funktionen $D_{1,5}(\zeta, \varkappa)$ und $D_{2,5}(\zeta, \varkappa)$

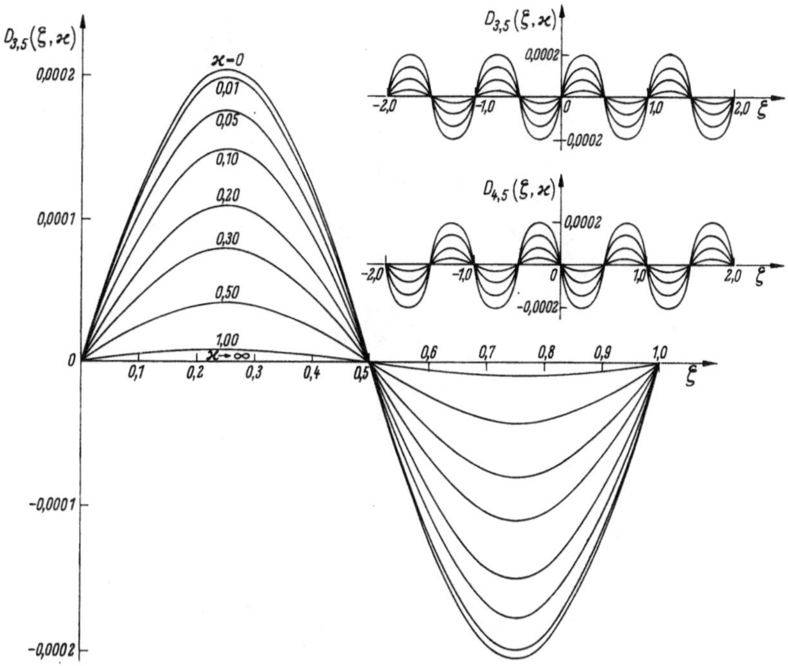

Abb. 332. Verlauf der Funktionen $D_{3,5}(\zeta,\varkappa)$ und $D_{4,5}(\zeta,\varkappa)$

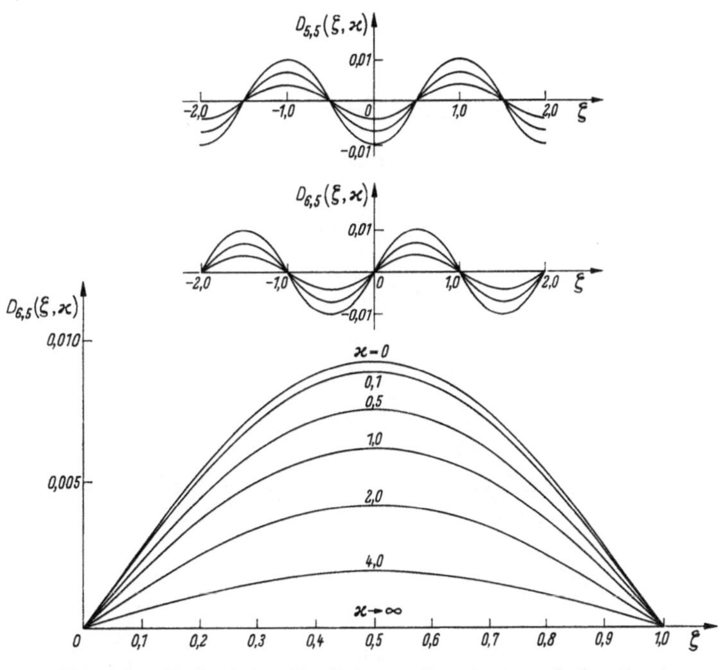

Abb. 333. Verlauf der Funktionen $D_{5,5}(\zeta,\varkappa)$ und $D_{6,5}(\zeta,\varkappa)$

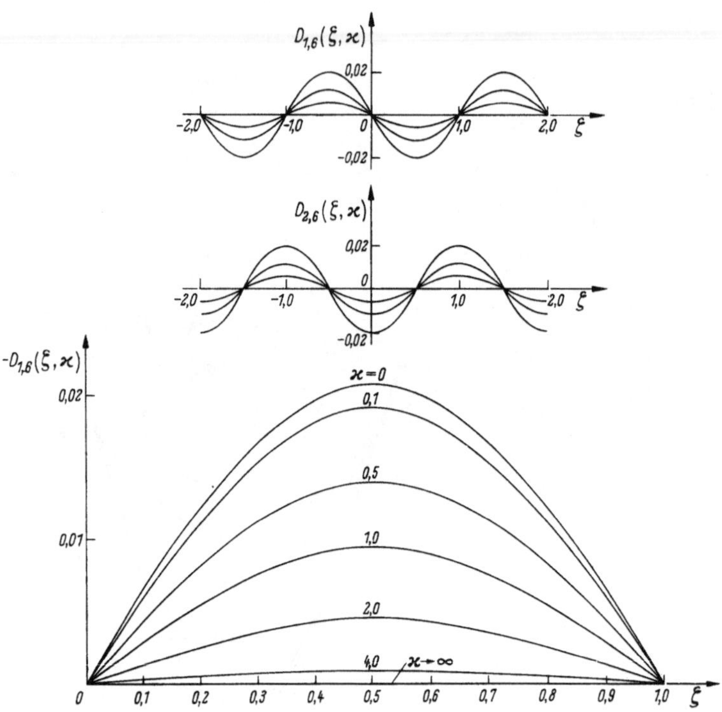

Abb. 334. Verlauf der Funktionen $D_{1,6}(\zeta, \varkappa)$ und $D_{2,6}(\zeta, \varkappa)$

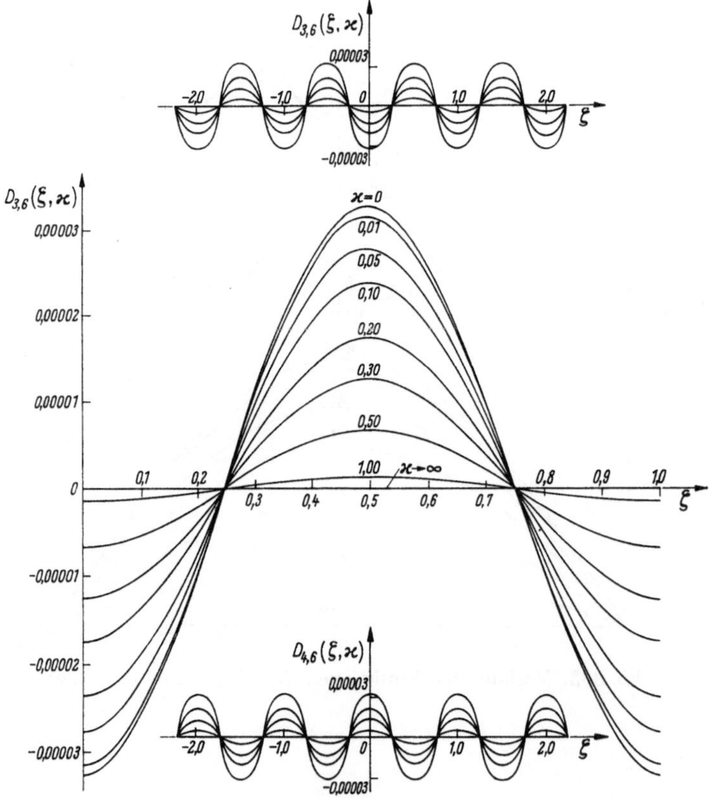

Abb. 335. Verlauf der Funktionen $D_{3,6}(\zeta, \varkappa)$ und $D_{4,6}(\zeta, \varkappa)$

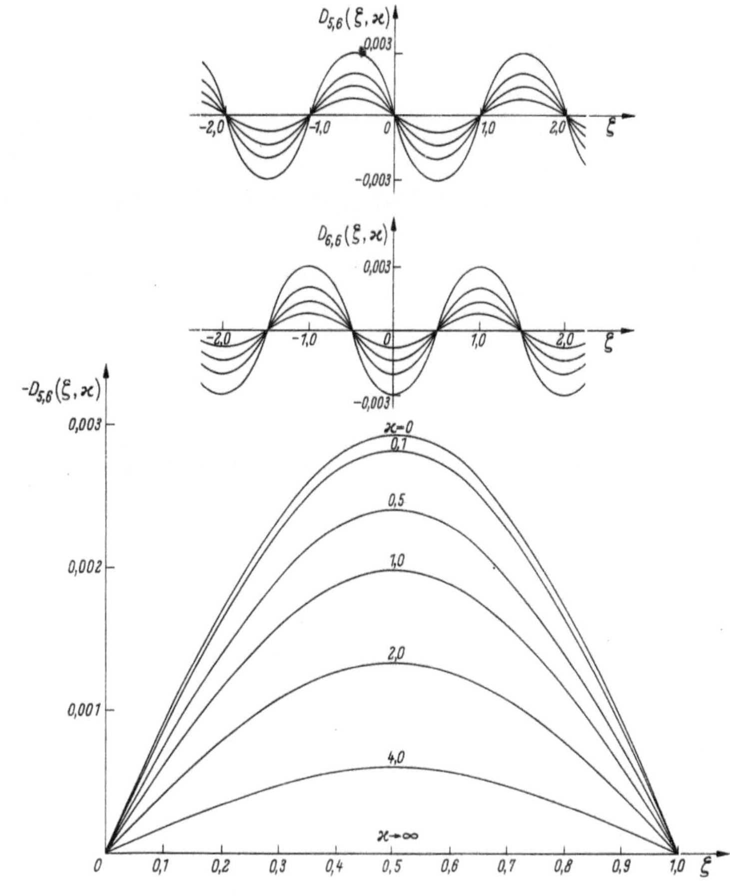

Abb. 336. Verlauf der Funktionen $D_{5,6}(\zeta, \varkappa)$ und $D_{6,6}(\zeta, \varkappa)$

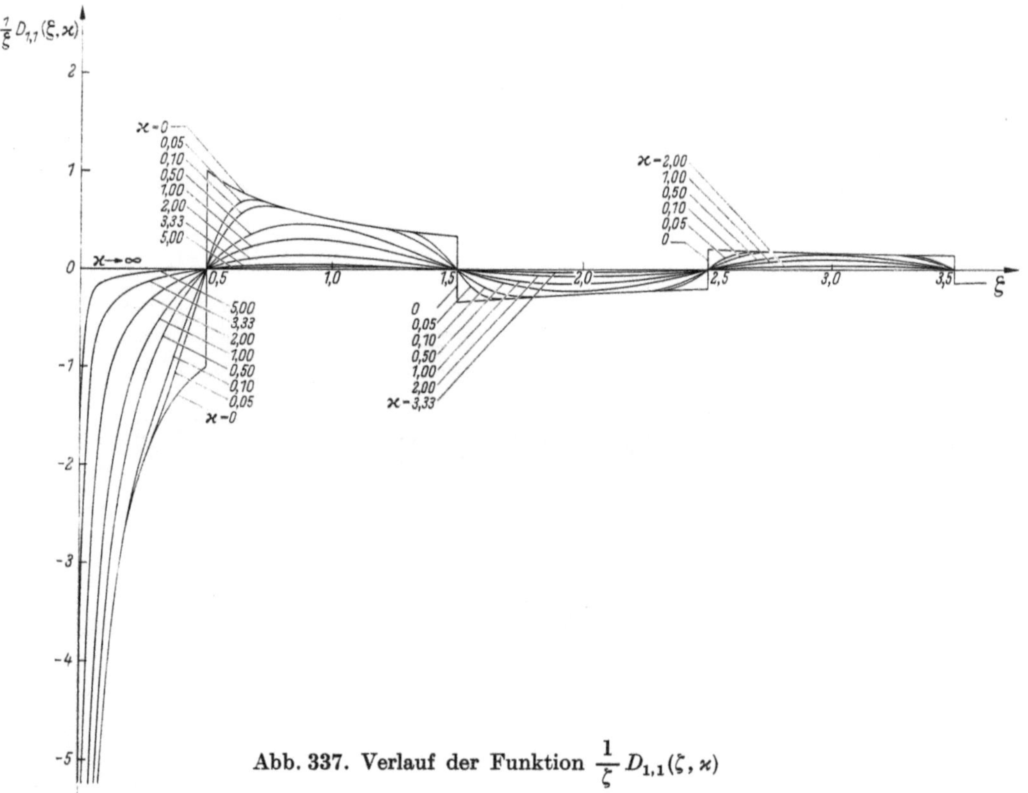

Abb. 337. Verlauf der Funktion $\frac{1}{\zeta} D_{1,1}(\zeta, \varkappa)$

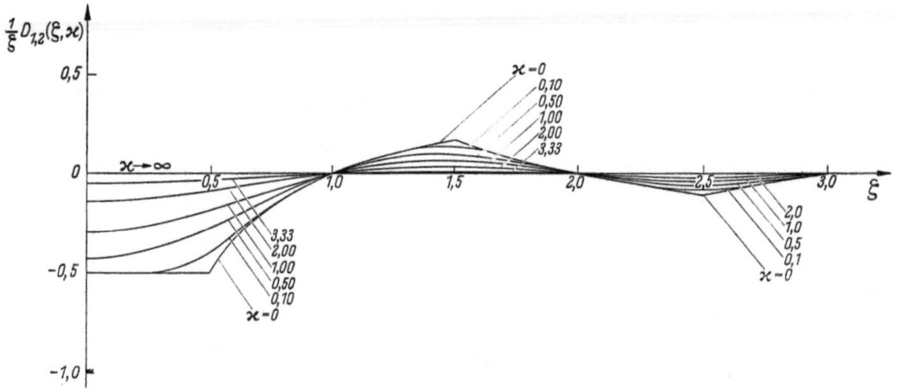

Abb. 338. Verlauf der Funktion $\frac{1}{\zeta} D_{1,2}(\zeta, \varkappa)$

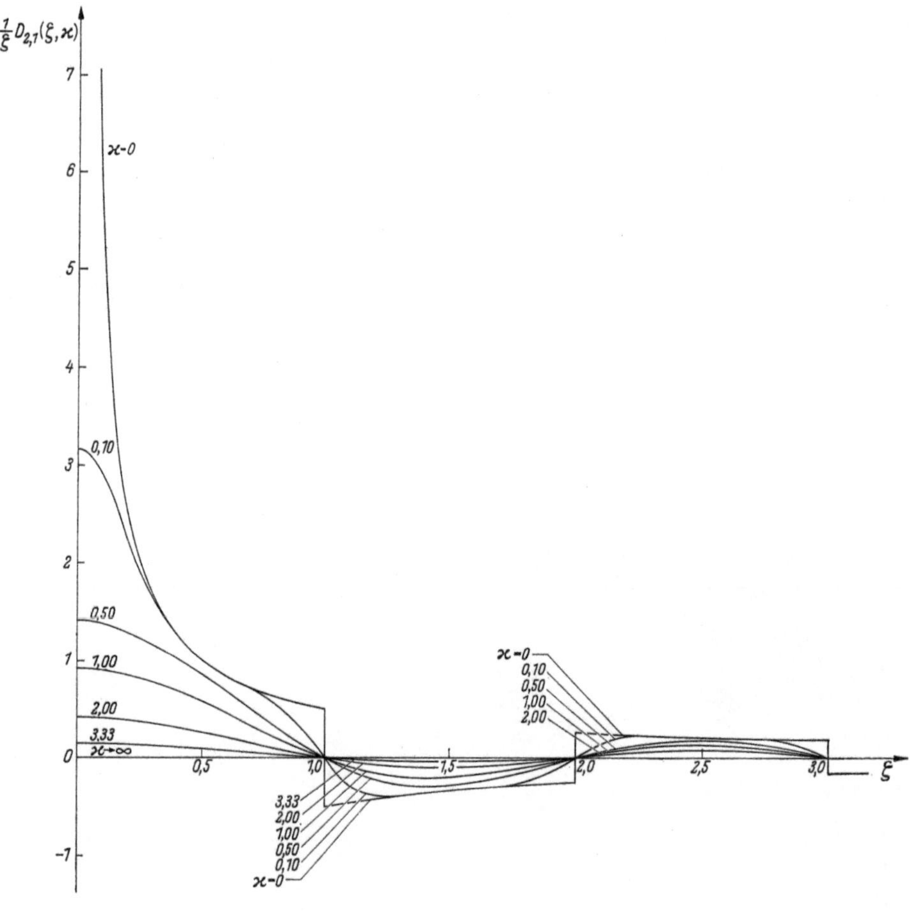

Abb. 339. Verlauf der Funktion $\frac{1}{\zeta} D_{2,1}(\zeta, \varkappa)$

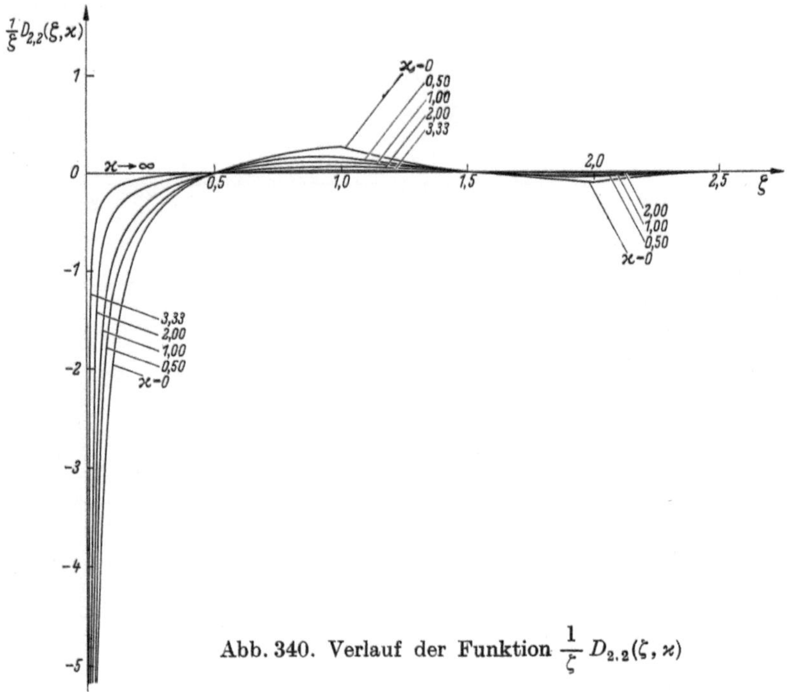

Abb. 340. Verlauf der Funktion $\frac{1}{\zeta} D_{2,2}(\zeta, \varkappa)$

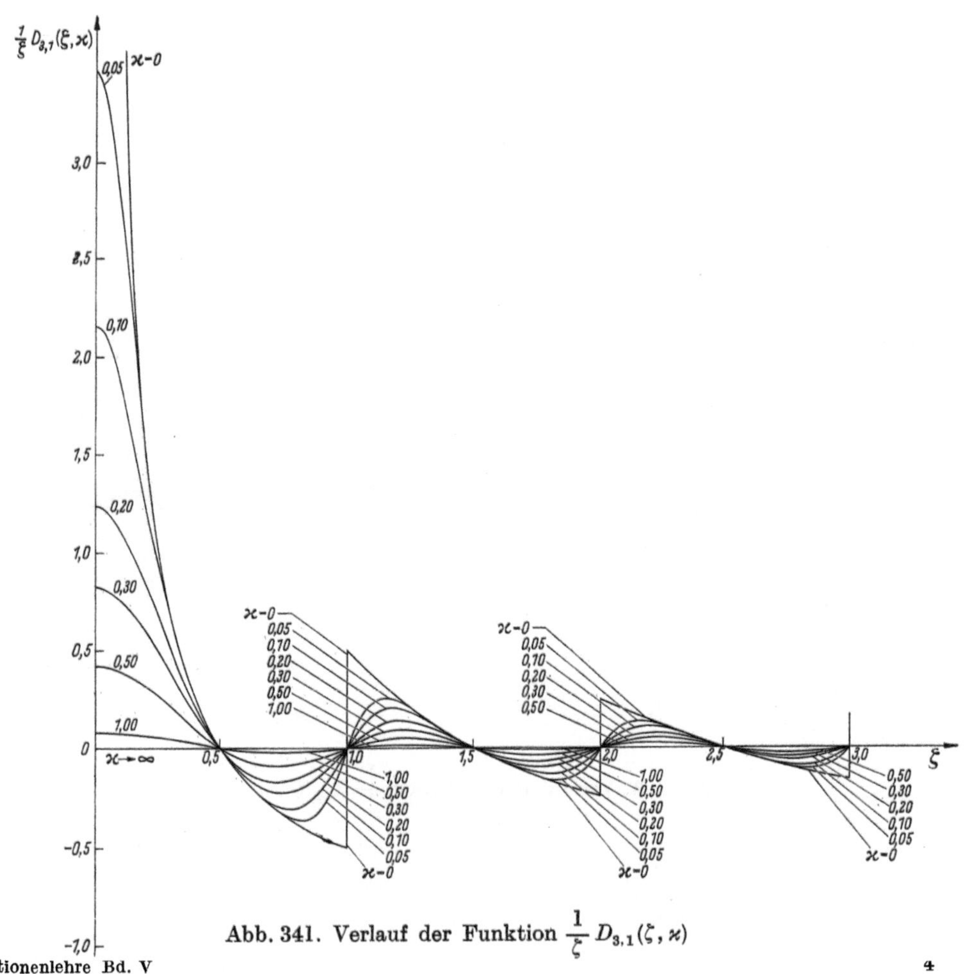

Abb. 341. Verlauf der Funktion $\frac{1}{\zeta} D_{3,1}(\zeta, \varkappa)$

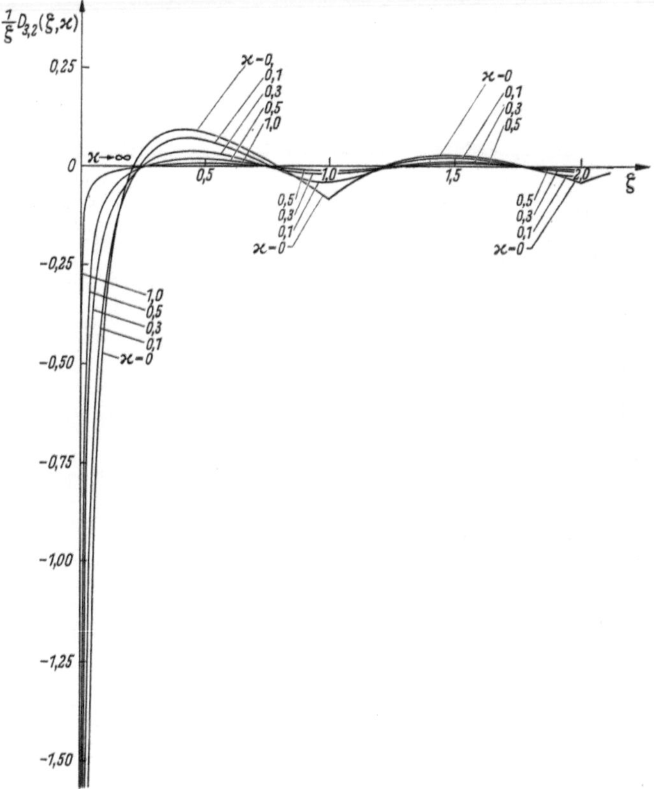

Abb. 342. Verlauf der Funktion $\frac{1}{\zeta} D_{3,2}(\zeta, \varkappa)$

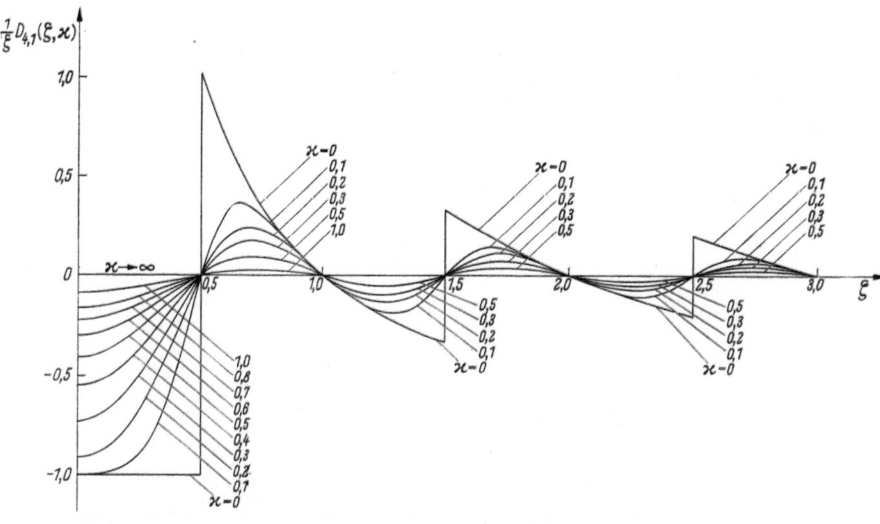

Abb. 343. Verlauf der Funktion $\frac{1}{\zeta} D_{4,1}(\zeta, \varkappa)$

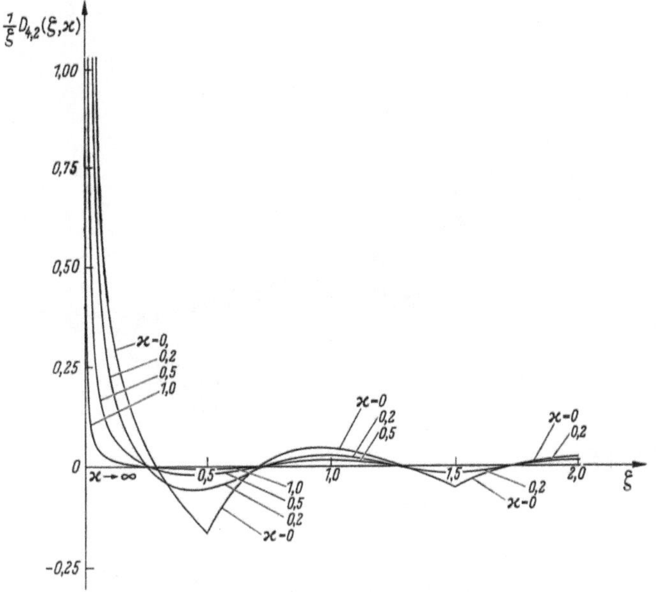

Abb. 344. Verlauf der Funktion $\frac{1}{\zeta} D_{4,2}(\zeta, \varkappa)$

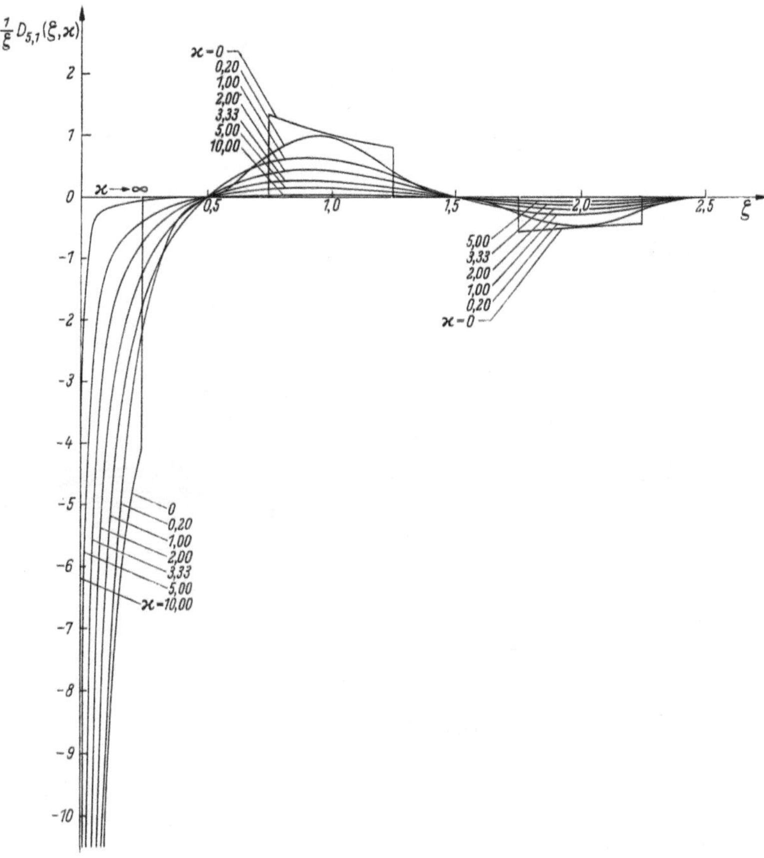

Abb. 345. Verlauf der Funktion $\frac{1}{\zeta} D_{5,1}(\zeta, \varkappa)$

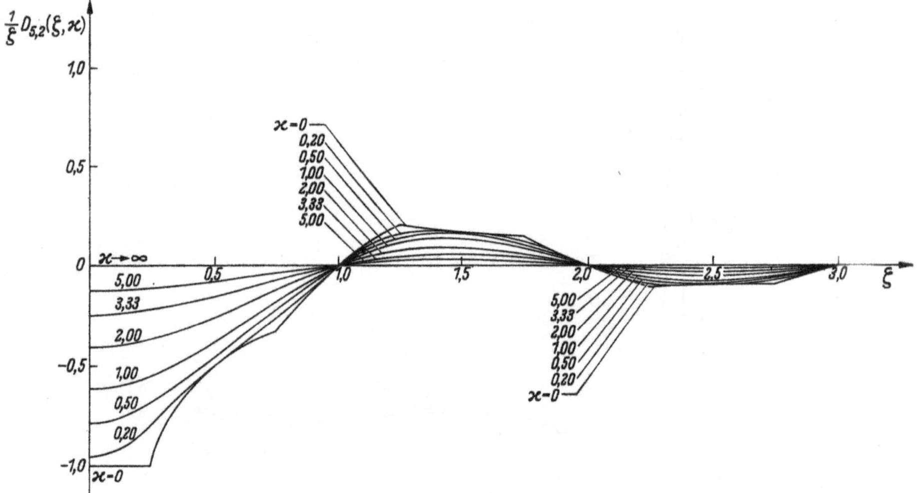

Abb. 346. Verlauf der Funktion $\frac{1}{\zeta} D_{5,2}(\zeta, \varkappa)$

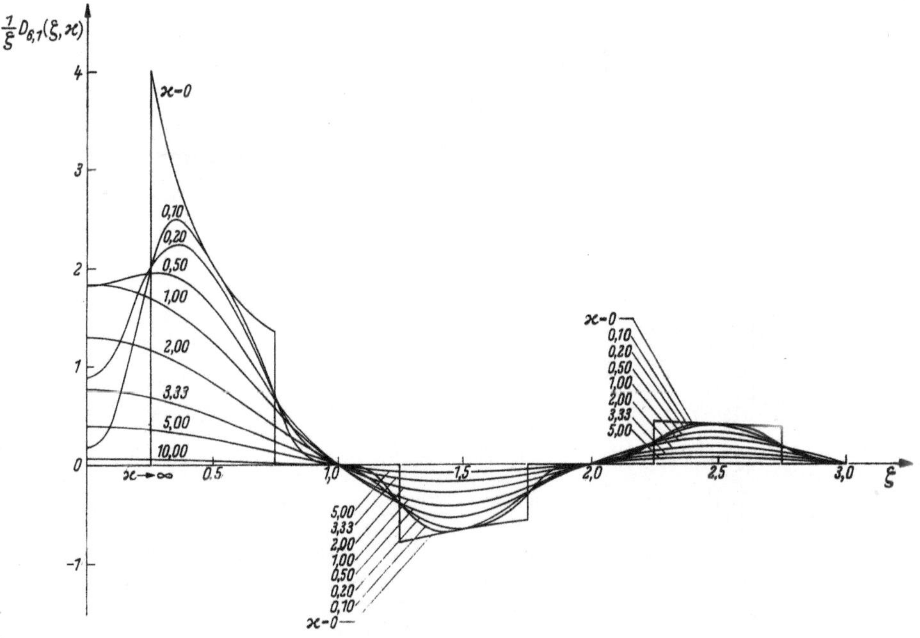

Abb. 347. Verlauf der Funktion $\frac{1}{\zeta} D_{6,1}(\zeta, \varkappa)$

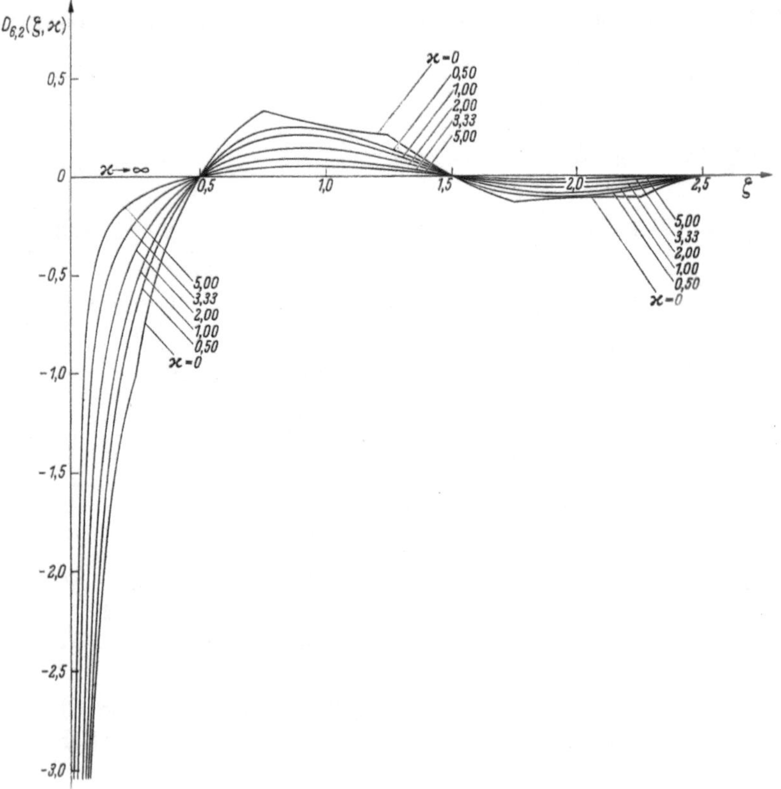

Abb. 348. Verlauf der Funktion $\frac{1}{\zeta} D_{6,2}(\zeta, \varkappa)$

223. Auf D-Funktionen aufgebaute Lösungen der inhomogenen Fourierschen Differentialgleichung

Die aus D-Funktionen und $\varkappa$ linear aufgebauten Funktionen

$$\overline{D}_{i,m}(\zeta, \varkappa) = D_{i,m}(\zeta, \varkappa) - D_{i,m}(\zeta, 0) + \alpha_i \frac{\varkappa}{4\pi}, \quad \left.\begin{array}{ll} m = 2\colon \alpha_i = 0 & \text{für} \quad i = 1, 2, 5, 6, \\ \alpha_i = 1 & \text{für} \quad i = 3, 4, \\ m > 2\colon \alpha_i = 0 & \end{array}\right\} \tag{1388}$$

genügen den inhomogenen FOURIERschen Differentialgleichungen (3) mit teils singulären, teils abschnittsweise stetigen, von $\varkappa$ unabhängigen Störungsfunktionen, wobei das asymptotische Verhalten für $\varkappa \to \infty$ charakteristisch ist. Gemäß

$$\overline{D}_{i,m}(\zeta, \infty) = -D_{i,m}(\zeta, 0) \quad \text{bzw.} \quad \overline{D}_{i,m}(\zeta, \infty) = -D_{i,m}(\zeta, 0) + \frac{1}{4\pi} \lim_{\varkappa \to \infty} \varkappa$$
$$(\alpha_i = 0) \qquad\qquad (\alpha_i = 1)$$

streben sämtliche $\overline{D}_{i,m}$-Funktionen für $\alpha_i = 0$ asymptotisch der Funktion $-D_{i,m}(\zeta, 0)$ zu, während im Falle $\alpha_i = 1$ die zugehörige Grenzkurve sich mit wachsendem $\varkappa$ im Unendlichen verliert.

Um zu den zu (1388) gehörigen inhomogenen FOURIERschen Differentialgleichungen zu gelangen, kann man (1388) nach den $D_{i,m}(\zeta, \varkappa)$-Funktionen auflösen und die so entstehenden Ausdrücke für $i = 1, 2, 3, 4$ in (1339) und $i = 5, 6$ in (1376) einführen. Werden hierbei für die zweiten Ableitungen der Funktionen $D_{i,m}(\zeta, 0)$ die Gln. (1342) und (1377) berücksichtigt und die

Gln. (1340) und (1374) beachtet, so erhält man im Falle kartesischer Koordinaten

$$\left.\begin{aligned}
&\frac{\partial^2 \overline{D}_{i,2}(\zeta,\varkappa)}{\partial\zeta^2} - 4\pi\frac{\partial \overline{D}_{i,2}(\zeta,\varkappa)}{\partial\varkappa} = -\vartheta_i(\zeta,0) && (i=1,2,3,4),\\
&\frac{\partial^2 \overline{D}_{i,2}(\zeta,\varkappa)}{\partial\zeta^2} - 8\pi\frac{\partial \overline{D}_{i,2}(\zeta,\varkappa)}{\partial\varkappa} = -\vartheta_i(\zeta,0) && (i=5,6),\\
&\frac{\partial^2 \overline{D}_{i,m}(\zeta,\varkappa)}{\partial\zeta^2} - 4\pi\frac{\partial \overline{D}_{i,m}(\zeta,\varkappa)}{\partial\varkappa} = -D_{i,m-2}(\zeta,0) && (i=1,2,3,4),\\
&\frac{\partial^2 \overline{D}_{i,m}(\zeta,\varkappa)}{\partial\zeta^2} - 8\pi\frac{\partial \overline{D}_{i,m}(\zeta,\varkappa)}{\partial\varkappa} = -D_{i,m-2}(\zeta,0) \quad (m>2) && (i=5,6).
\end{aligned}\right\} \quad (1389)$$

Die Umschreibung von (1389) auf zonale Kugelkoordinaten ergibt

$$\left.\begin{aligned}
&\frac{\partial^2}{\partial\zeta^2}\frac{\overline{D}_{i,2}(\zeta,\varkappa)}{\zeta} + \frac{2}{\zeta}\frac{\partial}{\partial\zeta}\frac{\overline{D}_{i,2}(\zeta,\varkappa)}{\zeta} - 4\pi\frac{\partial}{\partial\varkappa}\frac{\overline{D}_{i,2}(\zeta,\varkappa)}{\zeta} = -\frac{\vartheta_i(\zeta,0)}{\zeta} && (i=1,2,3,4),\\
&\frac{\partial^2}{\partial\zeta^2}\frac{\overline{D}_{i,2}(\zeta,\varkappa)}{\zeta} + \frac{2}{\zeta}\frac{\partial}{\partial\zeta}\frac{\overline{D}_{i,2}(\zeta,\varkappa)}{\zeta} - 8\pi\frac{\partial}{\partial\varkappa}\frac{\overline{D}_{i,2}(\zeta,\varkappa)}{\zeta} = -\frac{\vartheta_i(\zeta,0)}{\zeta} && (i=5,6),\\
&\frac{\partial^2}{\partial\zeta^2}\frac{\overline{D}_{i,m}(\zeta,\varkappa)}{\zeta} + \frac{2}{\zeta}\frac{\partial}{\partial\zeta}\frac{\overline{D}_{i,m}(\zeta,\varkappa)}{\zeta} - 4\pi\frac{\partial}{\partial\varkappa}\frac{\overline{D}_{i,m}(\zeta,\varkappa)}{\zeta} = -\frac{D_{i,m-2}(\zeta,0)}{\zeta} && (i=1,2,3,4),\\
&\frac{\partial^2}{\partial\zeta^2}\frac{\overline{D}_{i,m}(\zeta,\varkappa)}{\zeta} + \frac{2}{\zeta}\frac{\partial}{\partial\zeta}\frac{\overline{D}_{i,m}(\zeta,\varkappa)}{\zeta} - 8\pi\frac{\partial}{\partial\varkappa}\frac{\overline{D}_{i,m}(\zeta,\varkappa)}{\zeta} = -\frac{D_{i,m-2}(\zeta,0)}{\zeta} \quad (m>2) && (i=5,6).
\end{aligned}\right\} \quad (1390)$$

Aus den Abb. 349 bis 354 ist der Verlauf der $\overline{D}_{i,m}$-Funktionen für die Charakteristiken 1, 3, 5 und die Ordnungen 2, 3 für ζ als Argument und $\varkappa$ als Parameter ersichtlich. Der zu den Charak-

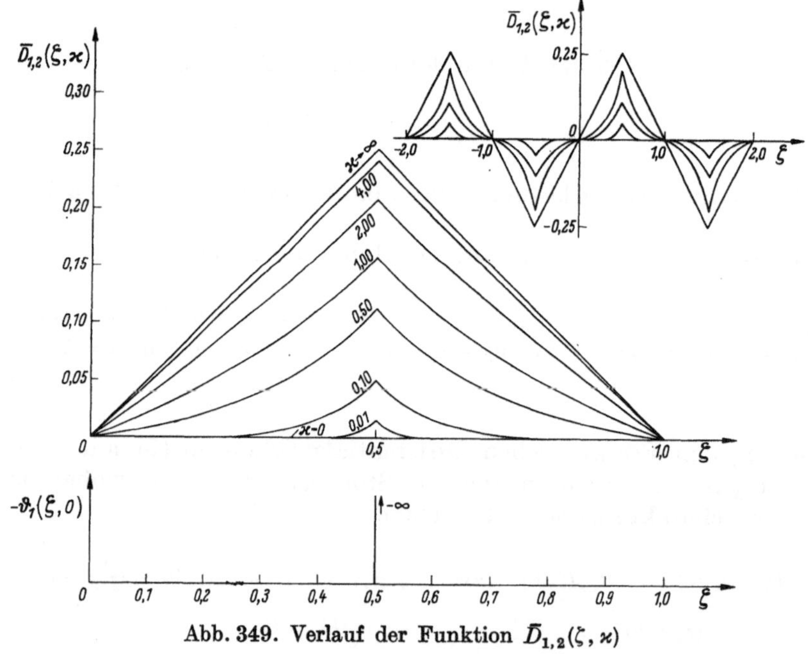

Abb. 349. Verlauf der Funktion $\overline{D}_{1,2}(\zeta,\varkappa)$

teristiken 2, 4, 6 gehörige Funktionsverlauf entsteht, wenn in den Abb. 349 bis 354 der Koordinatenursprung um das Maß $\zeta = \frac{1}{2}$ verschoben wird. Die gemäß (1389) zu den $\overline{D}_{i,m}$-Funktionen gehörenden Störungsfunktionen sind in den Abbildungen mit aufgeführt. Aus der Gruppe der $1/\zeta$-fachen $\overline{D}_{i,m}$-Funktionen zeigen die Abb. 355 bis 357 den Verlauf der Funktionen

$$\frac{\overline{D}_{1,2}(\zeta,\varkappa)}{\zeta} \quad \text{bzw.} \quad \frac{\overline{D}_{4,3}(\zeta,\varkappa)}{\zeta} \quad \text{bzw.} \quad \frac{\overline{D}_{1,4}(\zeta,\varkappa)}{\zeta},$$

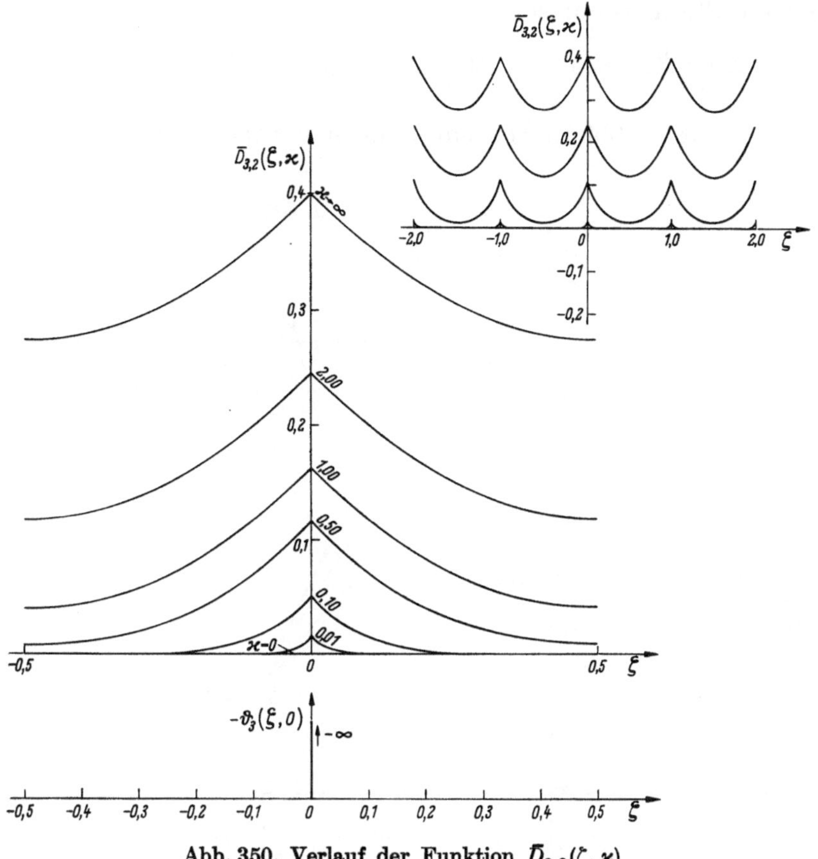

Abb. 350. Verlauf der Funktion $\bar{D}_{3,2}(\zeta,\varkappa)$

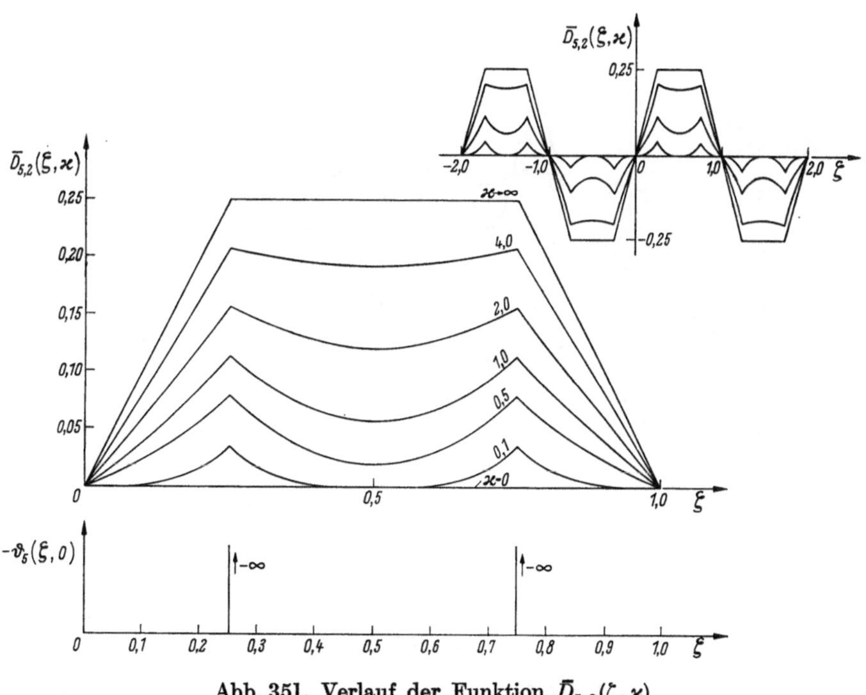

Abb. 351. Verlauf der Funktion $\bar{D}_{5,2}(\zeta,\varkappa)$

zu denen nach (1390) die Störungsfunktionen

$$-\frac{D_{1,0}(\zeta,0)}{\zeta} \quad \text{bzw.} \quad -\frac{D_{4,1}(\zeta,0)}{\zeta} \quad \text{bzw.} \quad -\frac{D_{1,2}(\zeta,0)}{\zeta}$$

gehören, deren Verlauf aus den Abbildungen entnommen werden kann.

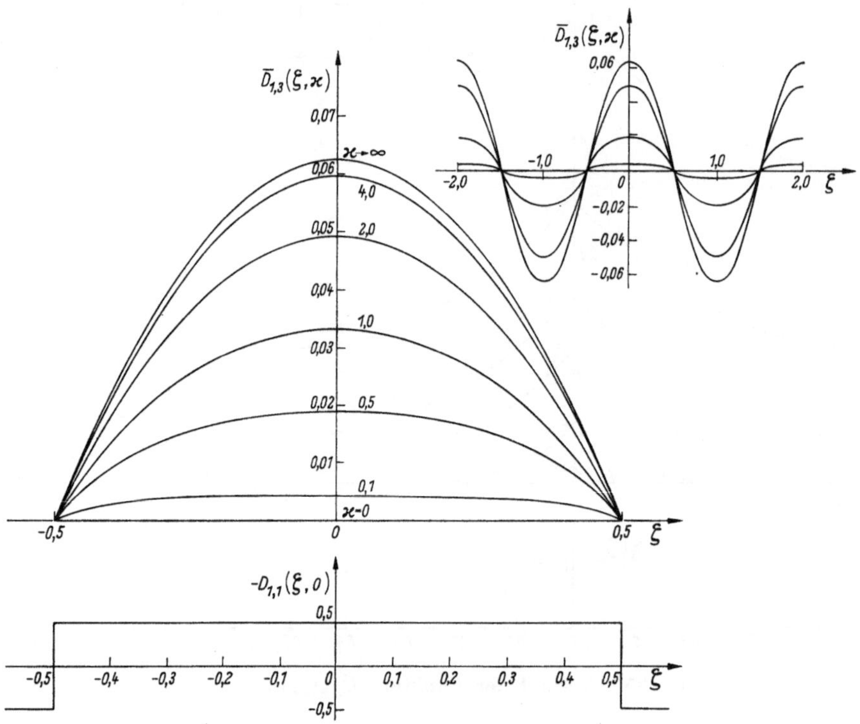

Abb. 352. Verlauf der Funktion $\bar{D}_{1,3}(\zeta,\varkappa)$

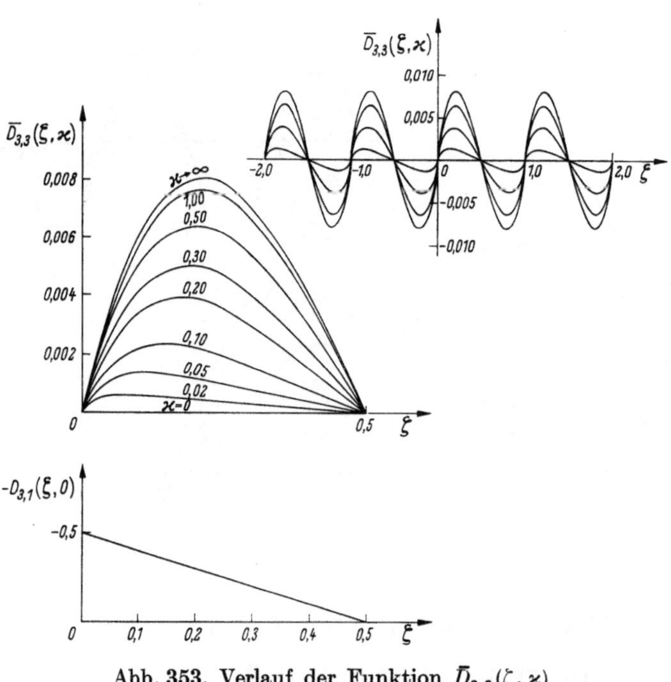

Abb. 353. Verlauf der Funktion $\bar{D}_{3,3}(\zeta,\varkappa)$

Die $\bar{D}_{i,m}$-Funktionen beschreiben, bei Einführung geeigneter Kennfunktionen, unter anderem Wärmeleitungsvorgänge in (unendlich ausgedehnten) plattenförmigen bzw. kugeligen Körpern, die im Falle $m = 2$ durch zeitlich gleichförmige Wärme- oder Kältequellen und für $m > 2$ durch zeitlich gleichförmige exotherme oder endotherme Prozesse ausgelöst werden.

Wird ζ in Abb. 349 auf den Bereich $0 \leqq \zeta \leqq 1$ beschränkt, so entspricht ihr das Temperaturfeld eines (unendlich ausgedehnten) plattenförmigen Körpers, der in seiner Mittelebene eine flächenhaft verteilte Wärmequelle von der Ergiebigkeit 1 aufweist und auf seinen Randflächen ständig auf der Temperatur Null gehalten wird. Hierbei stellt die zu $\varkappa \to \infty$ gehörende Kurve die stationäre Temperaturverteilung dar, die sich am Ende der Anlaufzeit einstellt. Wird die

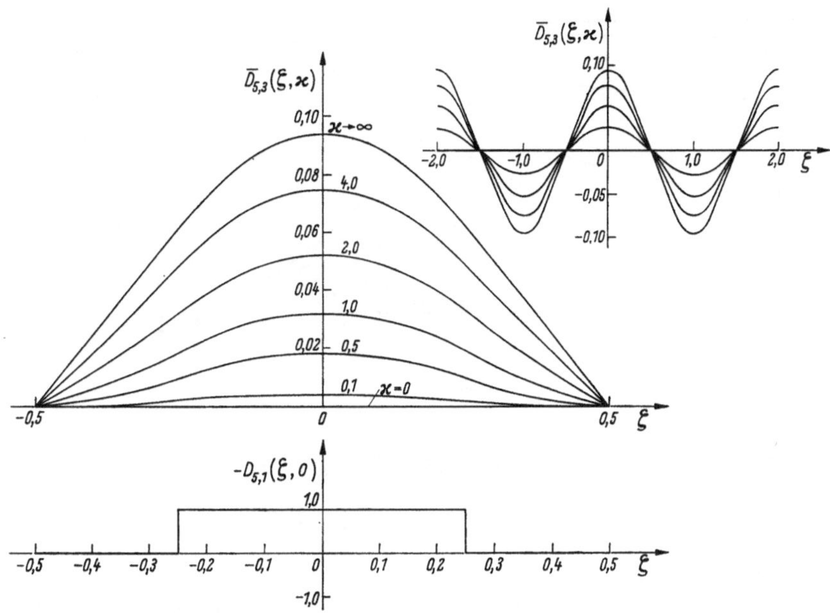

Abb. 354. Verlauf der Funktion $\bar{D}_{5,3}(\zeta, \varkappa)$

Abb. 350 unter den gleichen Voraussetzungen betrachtet, so unterscheidet sich ihr Temperaturfeld von demjenigen der Abb. 349 dadurch, daß der plattenförmige Körper auf den Randflächen eine Wärmeisolierung aufweist. Das durch Abb. 351 dargestellte Temperaturfeld weicht insofern von dem Temperaturfeld der Abb. 350 ab, als an die Stelle der Wärmequelle in der Mittelebene zwei Wärmequellen in den Viertelpunktsebenen getreten sind.

Wird in Abb. 352 der Argumentbereich $-\frac{1}{2} \leqq \zeta \leqq +\frac{1}{2}$ als Temperaturfeld eines (unendlich ausgedehnten) plattenförmigen Körpers gedeutet, so beschreibt die Abbildung den zu einem gleichförmigen exothermen Prozeß gehörenden Aufheizungsvorgang bei auf Null gehaltenen Randtemperaturen bis zum Eintreten des $\varkappa \to \infty$ entsprechenden stationären Zustandes. Bei einer analogen Deutung der Abb. 354 ergibt sich ein Temperaturfeld, bei welchem der gleichförmige exotherme Prozeß auf die mittlere Plattenhälfte beschränkt ist, ein Fall, der z. B. vorliegt, wenn der plattenförmige Körper aus zwei chemisch inaktiven Randschichten und einer aktiven Mittelschicht besteht. Zu Abb. 353 gehört, wenn der Argumentbereich auf $0 \leqq \zeta \leqq \frac{1}{2}$ beschränkt wird, ein exothermer Prozeß innerhalb eines an den Rändern auf Null gehaltenen plattenförmigen Körpers, bei welchem die Wärmeentwicklung örtlich linear veränderlich ist.

Die Abb. 355 bis 357 gehören, bei entsprechender Argumentbeschränkung, zu kugeligen Körpern. So stellt Abb. 355, wenn dem Kugelmittelpunkt das Argument $\zeta = 0$ und dem Kugelrande das Argument $\zeta = 1$ zugeordnet wird, das Temperaturfeld einer Kugel mit der Randtemperatur Null dar, in welcher auf der zu $\zeta = \frac{1}{2}$ gehörigen Kugelfläche eine gleichmäßig verteilte Kälteentwicklung gleichbleibender Intensität stattfindet. Am Ende der Anlaufzeit stellt sich der zu $\varkappa \to \infty$ gehörige stationäre Zustand ein, der nach Abb. 355 durch eine konstante Temperatur für $0 \leqq \zeta \leqq \frac{1}{2}$, d. h. innenseitig von der singulären Kälteentwicklung, und durch eine hyperbolisch auf Null ansteigende Temperatur für $\frac{1}{2} \leqq \zeta \leqq 1$, d. h. außenseitig von der singulären Kälteentwicklung, gekennzeichnet ist.

Wird die Abb. 356 als Temperaturfeld eines kugeligen Körpers vom Halbmesser $\zeta = \frac{1}{2}$ und mit dem Mittelpunkt an der Stelle $\zeta = 0$ gedeutet, so beschreibt die Abbildung den durch einen

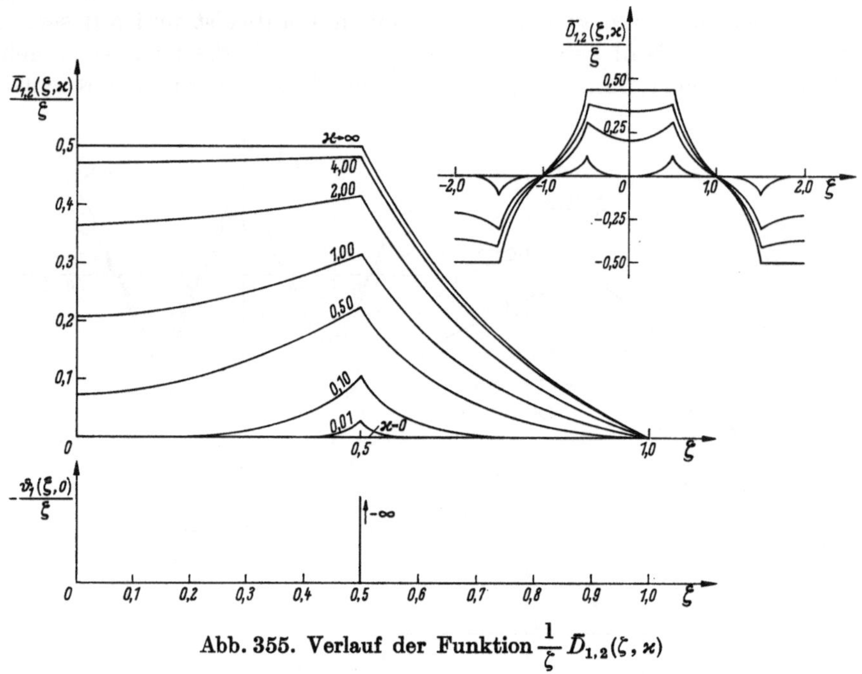

Abb. 355. Verlauf der Funktion $\frac{1}{\zeta}\bar{D}_{1,2}(\zeta, \varkappa)$

gleichförmigen endothermen Prozeß ausgelösten Temperaturanstieg bei auf Null gehaltener Randtemperatur bis zum Eintritt des zu $\varkappa \to \infty$ gehörigen stationären Zustandes. Das Temperaturfeld der Abb. 357 entspricht einem kugeligen Körper vom Halbmesser 1, dem im Innenbereich

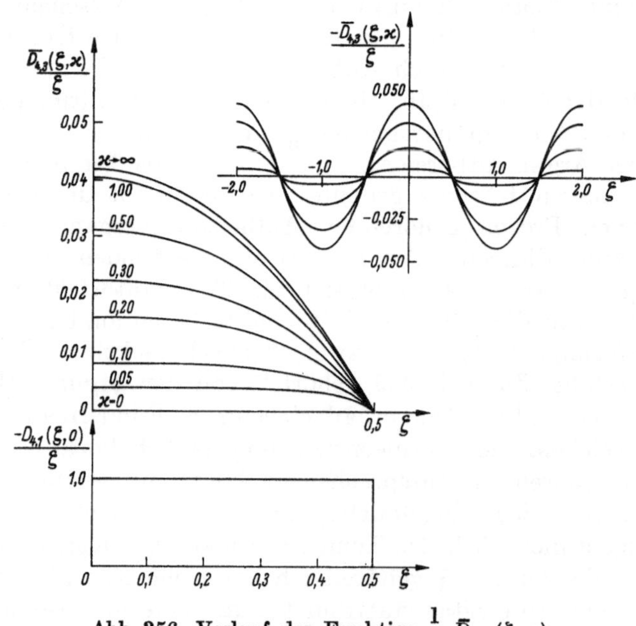

Abb. 356. Verlauf der Funktion $\frac{1}{\zeta}\bar{D}_{4,3}(\zeta, \varkappa)$

$0 \leqq \zeta \leqq \frac{1}{2}$ gleichförmig Wärme entzogen wird, während der Wärmeentzug im Außenbereich ($\frac{1}{2} \leqq \zeta \leqq 1$) eine hyperbolisch auf Null abnehmende Intensität aufweist.

Es sollen nun noch Funktionen betrachtet werden, die zu inhomogenen FOURIERschen Differentialgleichungen gehören, deren Störungsfunktionen neben ζ auch noch von $\varkappa$, und zwar linear, abhängen, beispielsweise

$$\left.\begin{aligned} &\overline{\overline{D}}_{i,m}(\zeta,\varkappa) = D_{i,m}(\zeta,\varkappa) - D_{i,m}(\zeta,0) - \frac{\varkappa}{4\pi} D_{i,m-2}(\zeta,0) - \frac{\alpha_i}{2}\,\frac{\varkappa^2}{16\pi^2}, \quad \begin{array}{l} (i=1,2 \text{ und } m \geqq 4\colon \alpha_i = 0 \\ \ i=3,4 \text{ und } m = 4\colon \alpha_i = 1 \\ \ i=3,4 \text{ und } m > 4\colon \alpha_i = 0) \end{array} \\ &\overline{\overline{D}}_{i,m}(\zeta,\varkappa) = D_{i,m}(\zeta,\varkappa) - D_{i,m}(\zeta,0) - \frac{\varkappa}{8\pi} D_{i,m-2}(\zeta,0). \quad (i=5,6 \text{ und } m \geqq 4) \end{aligned}\right\} \tag{1391}$$

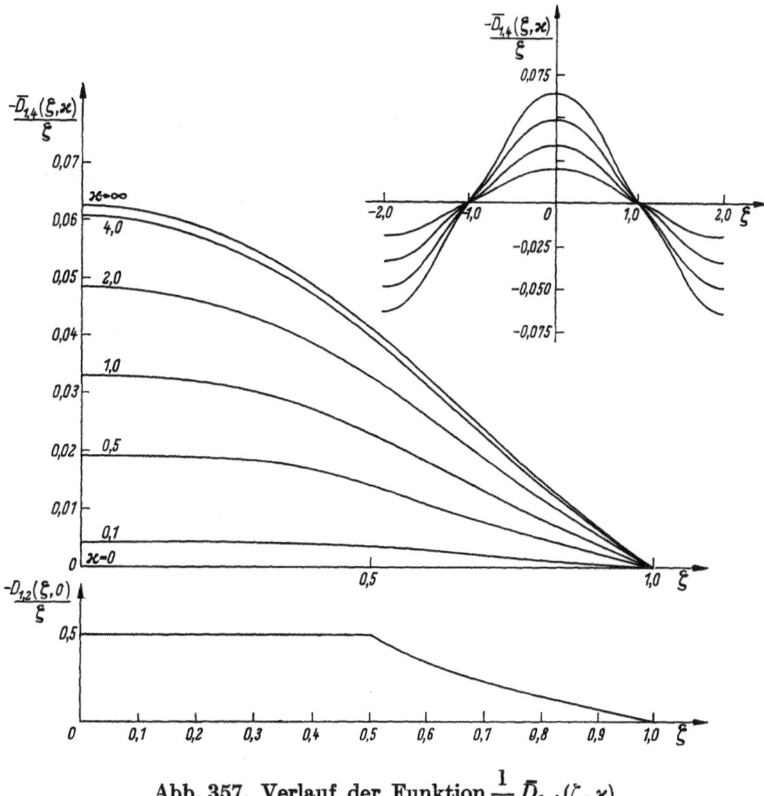

Abb. 357. Verlauf der Funktion $\frac{1}{\zeta}\overline{\overline{D}}_{1,4}(\zeta,\varkappa)$

Werden die Gln. (1391) nach $D_{i,m}(\zeta,\varkappa)$ aufgelöst und die so entstehenden Ausdrücke für $i = 1, 2, 3, 4$ in (1341) und $i = 5, 6$ in (1376) eingeführt, so ergibt sich, wenn hierbei die zweiten Ableitungen der zu $\varkappa = 0$ gehörigen D-Funktionen gemäß (1342) und (1377) gebildet und gleichzeitig die Gln. (1340) und (1374) beachtet werden, im Falle kartesischer Koordinaten

$$\left.\begin{aligned} &\frac{\partial^2 \overline{\overline{D}}_{i,4}(\zeta,\varkappa)}{\partial\zeta^2} - 4\pi\,\frac{\partial \overline{\overline{D}}_{i,4}(\zeta,\varkappa)}{\partial\varkappa} = -\frac{\varkappa}{4\pi}\,\vartheta_i(\zeta,0) && (i=1,2,3,4), \\ &\frac{\partial^2 \overline{\overline{D}}_{i,4}(\zeta,\varkappa)}{\partial\zeta^2} - 8\pi\,\frac{\partial \overline{\overline{D}}_{i,4}(\zeta,\varkappa)}{\partial\varkappa} = -\frac{\varkappa}{8\pi}\,\vartheta_i(\zeta,0) && (i=5,6), \\ &\frac{\partial^2 \overline{\overline{D}}_{i,m}(\zeta,\varkappa)}{\partial\zeta^2} - 4\pi\,\frac{\partial \overline{\overline{D}}_{i,m}(\zeta,\varkappa)}{\partial\varkappa} = -\frac{\varkappa}{4\pi}\,D_{i,m-4}(\zeta,0) && (i=1,2,3,4), \\ &&& (m>4) \\ &\frac{\partial^2 \overline{\overline{D}}_{i,m}(\zeta,\varkappa)}{\partial\zeta^2} - 8\pi\,\frac{\partial \overline{\overline{D}}_{i,m}(\zeta,\varkappa)}{\partial\varkappa} = -\frac{\varkappa}{8\pi}\,D_{i,m-4}(\zeta,0) && (i=5,6). \end{aligned}\right\} \tag{1392}$$

Die Umschreibung der Gln. (1392) auf zonale Kugelkoordinaten liefert

$$\left.\begin{aligned}
&\left(\frac{\partial^2}{\partial\zeta^2}+\frac{2}{\zeta}\frac{\partial}{\partial\zeta}-4\pi\frac{\partial}{\partial\varkappa}\right)\frac{\overline{\overline{D}}_{i,4}(\zeta,\varkappa)}{\zeta}=-\frac{\varkappa}{4\pi}\frac{\vartheta_i(\zeta,0)}{\zeta} && (i=1,2,3,4),\\
&\left(\frac{\partial^2}{\partial\zeta^2}+\frac{2}{\zeta}\frac{\partial}{\partial\zeta}-8\pi\frac{\partial}{\partial\varkappa}\right)\frac{\overline{\overline{D}}_{i,4}(\zeta,\varkappa)}{\zeta}=-\frac{\varkappa}{8\pi}\frac{\vartheta_i(\zeta,0)}{\zeta} && (i=5,6),\\
&\left(\frac{\partial^2}{\partial\zeta^2}+\frac{2}{\zeta}\frac{\partial}{\partial\zeta}-4\pi\frac{\partial}{\partial\varkappa}\right)\frac{\overline{\overline{D}}_{i,m}(\zeta,\varkappa)}{\zeta}=-\frac{\varkappa}{4\pi}\frac{D_{i,m-4}(\zeta,0)}{\zeta} \quad (m>4) && (i=1,2,3,4),\\
&\left(\frac{\partial^2}{\partial\zeta^2}+\frac{2}{\zeta}\frac{\partial}{\partial\zeta}-8\pi\frac{\partial}{\partial\varkappa}\right)\frac{\overline{\overline{D}}_{i,m}(\zeta,\varkappa)}{\zeta}=-\frac{\varkappa}{8\pi}\frac{D_{i,m-4}(\zeta,0)}{\zeta} && (i=5,6).
\end{aligned}\right\} \quad (1393)$$

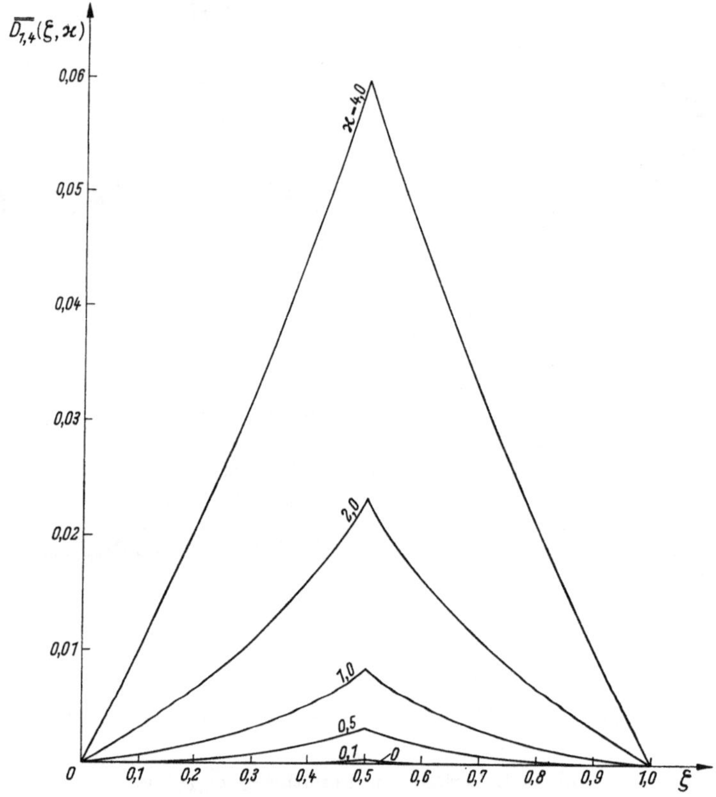

Abb. 358. Verlauf der Funktion $\overline{\overline{D}}_{1,4}(\zeta,\varkappa)$

Die Abb. 358 bis 360 und 361 bis 363 zeigen unter Beschränkung auf die Argumentbereiche $0 \leqq \zeta \leqq 1$ und $0 \leqq \zeta \leqq \frac{1}{2}$ den Verlauf der Funktionen

$$\overline{\overline{D}}_{1,4}(\zeta,\varkappa),\quad \overline{\overline{D}}_{2,5}(\zeta,\varkappa),\quad \overline{\overline{D}}_{1,6}(\zeta,\varkappa)\quad \text{und}\quad \frac{\overline{\overline{D}}_{1,4}(\zeta,\varkappa)}{\zeta},\quad \frac{\overline{\overline{D}}_{4,5}(\zeta,\varkappa)}{\zeta},\quad \frac{\overline{\overline{D}}_{1,6}(\zeta,\varkappa)}{\zeta}.$$

Betrachtet man die Abbildungen als Darstellungen von Temperaturfeldern, so entsprechen den Abb. 358 bis 360 plattenförmige Körper mit den Rändern an den Stellen $\zeta = 0$ und $\zeta = 1$ und den Abb. 361 bis 363 kugelige Körper mit dem Kugelmittelpunkt an der Stelle $\zeta = 0$ und dem Kugelrande an der Stelle $\zeta = \frac{1}{2}$, wobei der Verlauf der Wärmeentwicklungsfunktionen nach (1392) und (1393) durch

$$\frac{\varkappa}{4\pi}\vartheta_1(\zeta,0),\quad \frac{\varkappa}{4\pi}D_{2,1}(\zeta,0),\quad \frac{\varkappa}{4\pi}D_{1,2}(\zeta,0)\quad \text{und}\quad \frac{\varkappa}{4\pi}\frac{\vartheta_1(\zeta,0)}{\zeta},\quad \frac{\varkappa}{4\pi}\frac{D_{4,1}(\zeta,0)}{\zeta},\quad \frac{\varkappa}{4\pi}\frac{D_{1,2}(\zeta,0)}{\zeta}$$

gegeben ist.

Das Feld von Abb. 358 unterscheidet sich von demjenigen der Abb. 349 dadurch, daß die in dem plattenförmigen Körper flächenhaft verteilte Wärmequelle nicht mehr eine zeitlich kon-

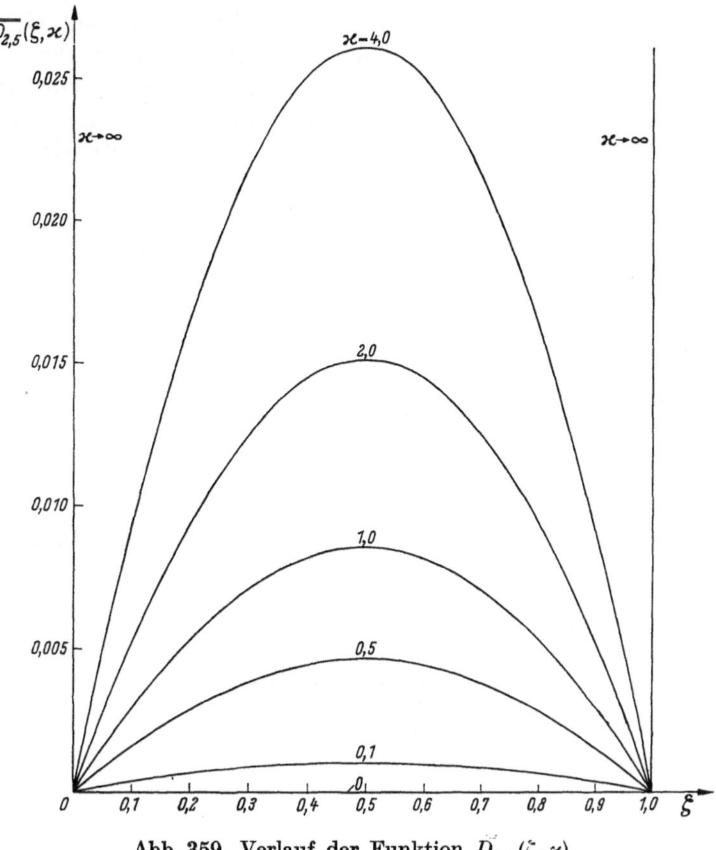

Abb. 359. Verlauf der Funktion $\overline{D}_{2,5}(\zeta, \varkappa)$

stante, sondern eine linear ansteigende Ergiebigkeit aufweist. Eine ähnliche Verwandtschaft besitzen die Abb. 359 und 352, indem an die Stelle des gleichförmigen exothermen Prozesses

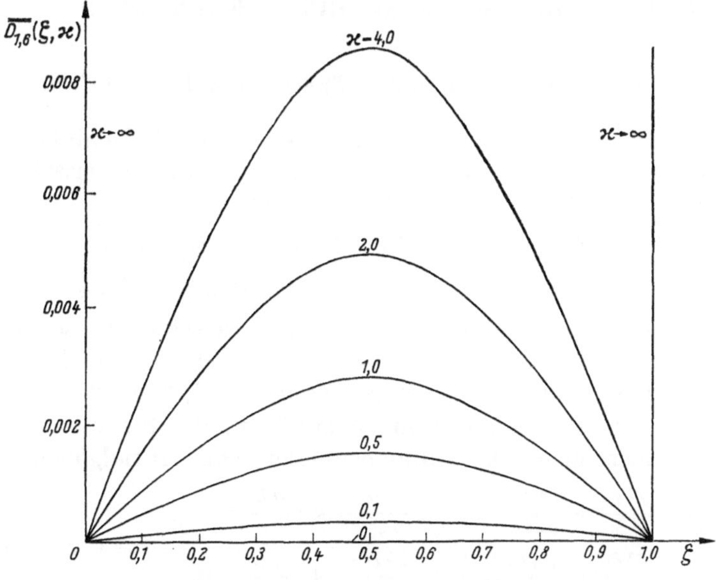

Abb. 360. Verlauf der Funktion $\overline{\overline{D}}_{1,6}(\zeta, \varkappa)$

ein solcher mit zeitlich linear ansteigender Intensität getreten ist. Abb. 360 zeigt für einen die Randtemperaturen Null aufweisenden plattenförmigen Körper das Temperaturfeld eines endothermen Prozesses, bei welchem der Wärmeentzug zwischen den Plattenrändern von der Mitte zu den Rändern hin gleichmäßig auf Null absinkt und zeitlich linear ansteigt.

Das Temperaturfeld der Abb. 361 gehört zu einem kugeligen Körper, der vom umgebenden Medium her mit zeitlich linear ansteigender Intensität aufgeheizt wird. Die Abb. 362 und 363 entsprechen den Abb. 356 und 357 mit dem Unterschiede, daß die endothermen Prozesse zeitlich nicht mehr gleichförmig verlaufen, sondern eine linear ansteigende Intensität aufweisen.

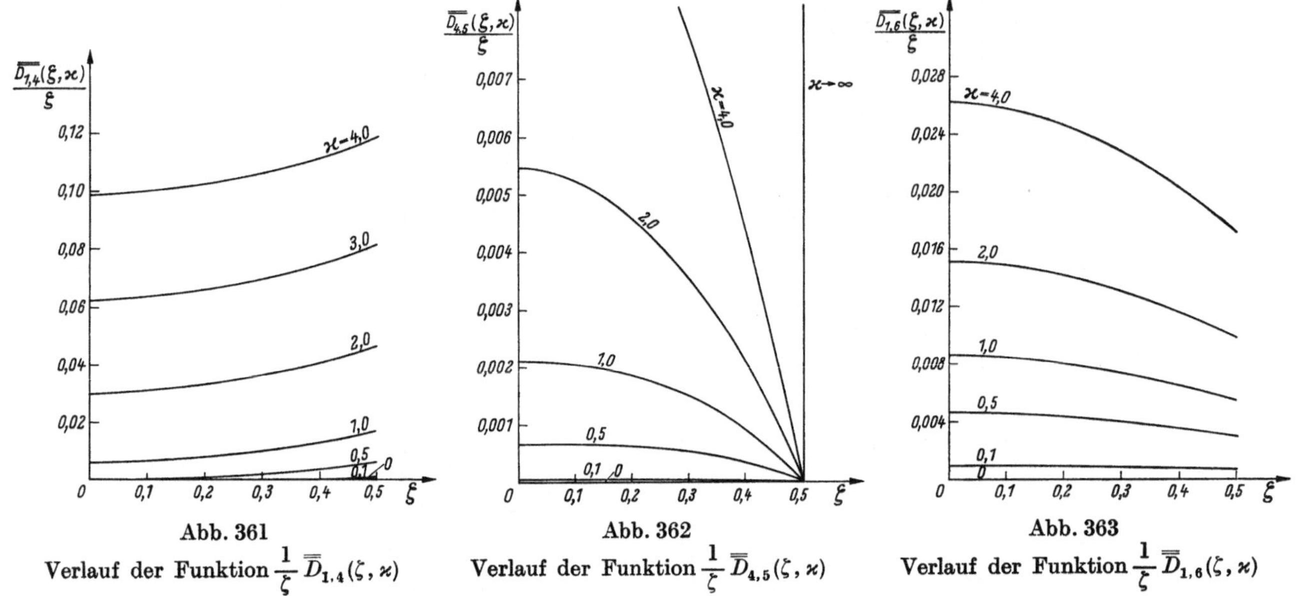

Abb. 361

Verlauf der Funktion $\frac{1}{\zeta}\overline{\overline{D}}_{1,4}(\zeta,\varkappa)$

Abb. 362

Verlauf der Funktion $\frac{1}{\zeta}\overline{\overline{D}}_{4,5}(\zeta,\varkappa)$

Abb. 363

Verlauf der Funktion $\frac{1}{\zeta}\overline{\overline{D}}_{1,6}(\zeta,\varkappa)$

Kapitel 15

Mehrdimensionale Theta- und D-Funktionen

224. Definition mehrdimensionaler Theta- und D-Funktionen

Bezeichnen $\zeta_1, \zeta_2, \zeta_3, \ldots, \zeta_\nu$ ν voneinander unabhängige Veränderliche und $m_1, m_2, m_3, \ldots, m_\nu$ bzw. $i_1, i_2, i_3, \ldots, i_\nu$ den ζ_ν zugeordnete Ordnungszahlen bzw. Charakteristiken im Sinne der Bezeichnungen des vorigen Kapitels, so mögen die Funktionen

$$\vartheta(\zeta_1, \zeta_2, \zeta_3, \ldots, \zeta_\nu, \varkappa) = \vartheta_{i_1}(\zeta_1, \varkappa)\, \vartheta_{i_2}(\zeta_2, \varkappa)\, \vartheta_{i_3}(\zeta_3, \varkappa) \cdots \vartheta_{i_\nu}(\zeta_\nu, \varkappa), \tag{1394}$$

$$D(\zeta_1, \zeta_2, \zeta_3, \ldots, \zeta_\nu, \varkappa) = D_{i_1, m_1}(\zeta_1, \varkappa)\, D_{i_2, m_2}(\zeta_2, \varkappa)\, D_{i_3, m_3}(\zeta_3, \varkappa) \cdots D_{i_\nu m_\nu}(\zeta_\nu, \varkappa) \tag{1395}$$

als Theta- und D-Funktionen ν-ter Dimension bezeichnet werden. Diese Bezeichnungsweise findet ihre Berechtigung darin, daß die ν-fachen Produkte von (1394) und (1395) — wenn die i_ν noch so beschränkt werden, daß i_ν entweder einer der Zahlen 1, 2, 3, 4 oder 5, 6 entspricht — ν-dimensionalen FOURIERschen Differentialgleichungen genügen, die für $\nu = 1$ in diejenigen der Theta- bzw. D-Funktionen übergehen. Die ν-dimensionalen Differentialgleichungen lauten

$$\frac{\partial^2 \vartheta}{\partial \zeta_1^2} + \frac{\partial^2 \vartheta}{\partial \zeta_2^2} + \frac{\partial^2 \vartheta}{\partial \zeta_3^2} + \cdots + \frac{\partial^2 \vartheta}{\partial \zeta_\nu^2} - 4\pi \frac{\partial \vartheta}{\partial \varkappa} = 0$$

und

$$\frac{\partial^2 D}{\partial \zeta_1^2} + \frac{\partial^2 D}{\partial \zeta_2^2} + \frac{\partial^2 D}{\partial \zeta_3^2} + \cdots + \frac{\partial^2 D}{\partial \zeta_\nu^2} - 4\pi \frac{\partial D}{\partial \varkappa} = 0 \qquad (i_\nu = 1, 2, 3, 4), \tag{1396}$$

bzw.

und

$$\frac{\partial^2\vartheta}{\partial\zeta_1^2}+\frac{\partial^2\vartheta}{\partial\zeta_2^2}+\frac{\partial^2\vartheta}{\partial\zeta_3^2}+\cdots+\frac{\partial^2\vartheta}{\partial\zeta_\nu^2}-8\pi\frac{\partial\vartheta}{\partial\varkappa}=0$$
$$\frac{\partial^2 D}{\partial\zeta_1^2}+\frac{\partial^2 D}{\partial\zeta_2^2}+\frac{\partial^2 D}{\partial\zeta_3^2}+\cdots+\frac{\partial^2 D}{\partial\zeta_\nu^2}-8\pi\frac{\partial D}{\partial\varkappa}=0 \qquad (i_\nu=5,6). \tag{1397}$$

Man bestätigt die Richtigkeit von (1396) und (1397) durch Einsetzen von ϑ und D nach (1394) und (1395) unter Beachtung von (7), (137), (1339) und (1376).

Entsprechend dem Verhalten der in (1394) und (1395) auftretenden ϑ- bzw. D-Funktionen handelt es sich bei den ν-dimensionalen Theta-und D-Funktionen um ν-fach periodische Funktionen. Ersetzt man in diesen

$$\vartheta_{i_\nu}(\zeta_\nu,\varkappa)\ \text{durch}\ \vartheta_{i_\nu}\left(\frac{\zeta_\nu}{\alpha_\nu},\frac{\varkappa}{\alpha_\nu^2}\right)\ \text{bzw.}\ D_{i_\nu,m_\nu}(\zeta_\nu,\varkappa)\ \text{durch}\ D_{i_\nu,m_\nu}\left(\frac{\zeta_\nu}{\alpha_\nu},\frac{\varkappa}{\alpha_\nu^2}\right),$$

so nehmen die Perioden die Werte $2\alpha_\nu$ oder α_ν an, je nach Art der ϑ- oder D-Funktion. Durch eine solche Einschaltung einer Periodenzahl α_ν wird die Gültigkeit von (1396) und (1397) nicht beeinflußt, denn bei Beachtung von (7) und (137) gilt z. B. für ϑ_{i_ν}

$$\frac{\partial^2}{\partial\zeta_\nu^2}\vartheta_{i_\nu}\left(\frac{\zeta_\nu}{\alpha_\nu},\frac{\varkappa}{\alpha_\nu^2}\right)-\underset{(8\pi)}{4\pi}\frac{\partial}{\partial\varkappa}\vartheta_{i_\nu}\left(\frac{\zeta_\nu}{\alpha_\nu},\frac{\varkappa}{\alpha_\nu^2}\right)=\frac{1}{\alpha_\nu^2}\left[\frac{\partial^2\vartheta_{i_\nu}\left(\frac{\zeta_\nu}{\alpha_\nu},\frac{\varkappa}{\alpha_\nu^2}\right)}{\partial\left(\frac{\zeta_\nu}{\alpha_\nu}\right)^2}-\underset{(8\pi)}{4\pi}\frac{\partial\vartheta_{i_\nu}\left(\frac{\zeta_\nu}{\alpha_\nu},\frac{\varkappa}{\alpha_\nu^2}\right)}{\partial\left(\frac{\varkappa}{\alpha_\nu^2}\right)}\right]\equiv 0.$$

Setzt man daher

$$\overset{*}{\vartheta}(\zeta_1,\zeta_2,\zeta_3,\ldots,\zeta_\nu,\varkappa)=\vartheta_{i_1}\left(\frac{\zeta_1}{\alpha_1},\frac{\varkappa}{\alpha_1^2}\right)\vartheta_{i_2}\left(\frac{\zeta_2}{\alpha_2},\frac{\varkappa}{\alpha_2^2}\right)\vartheta_{i_3}\left(\frac{\zeta_3}{\alpha_3},\frac{\varkappa}{\alpha_3^2}\right)\cdots\vartheta_{i_\nu}\left(\frac{\zeta_\nu}{\alpha_\nu},\frac{\varkappa}{\alpha_\nu^2}\right), \tag{1398}$$

$$\overset{*}{D}(\zeta_1,\zeta_2,\zeta_3,\ldots,\zeta_\nu,\varkappa)=D_{i_1,m_1}\left(\frac{\zeta_1}{\alpha_1},\frac{\varkappa}{\alpha_1^2}\right)D_{i_2,m_2}\left(\frac{\zeta_2}{\alpha_2},\frac{\varkappa}{\alpha_2^2}\right)D_{i_3,m_3}\left(\frac{\zeta_3}{\alpha_3},\frac{\varkappa}{\alpha_3^2}\right)\cdots D_{i_\nu,m_\nu}\left(\frac{\zeta_\nu}{\alpha_\nu},\frac{\varkappa}{\alpha_\nu^2}\right), \tag{1399}$$

so lauten die zugehörigen ν-dimensionalen Fourierschen Differentialgleichungen

und

$$\frac{\partial^2\overset{*}{\vartheta}}{\partial\zeta_1^2}+\frac{\partial^2\overset{*}{\vartheta}}{\partial\zeta_2^2}+\frac{\partial^2\overset{*}{\vartheta}}{\partial\zeta_3^2}+\cdots+\frac{\partial^2\overset{*}{\vartheta}}{\partial\zeta_\nu^2}-4\pi\frac{\partial\overset{*}{\vartheta}}{\partial\varkappa}=0$$
$$\frac{\partial^2\overset{*}{D}}{\partial\zeta_1^2}+\frac{\partial^2\overset{*}{D}}{\partial\zeta_2^2}+\frac{\partial^2\overset{*}{D}}{\partial\zeta_3^2}+\cdots+\frac{\partial^2\overset{*}{D}}{\partial\zeta_\nu^2}-4\pi\frac{\partial\overset{*}{D}}{\partial\varkappa}=0 \qquad (i_\nu=1,2,3,4) \tag{1400}$$

bzw.

und

$$\frac{\partial^2\overset{*}{\vartheta}}{\partial\zeta_1^2}+\frac{\partial^2\overset{*}{\vartheta}}{\partial\zeta_2^2}+\frac{\partial^2\overset{*}{\vartheta}}{\partial\zeta_3^2}+\cdots+\frac{\partial^2\overset{*}{\vartheta}}{\partial\zeta_\nu^2}-8\pi\frac{\partial\overset{*}{\vartheta}}{\partial\varkappa}=0$$
$$\frac{\partial^2\overset{*}{D}}{\partial\zeta_1^2}+\frac{\partial^2\overset{*}{D}}{\partial\zeta_2^2}+\frac{\partial^2\overset{*}{D}}{\partial\zeta_3^2}+\cdots+\frac{\partial^2\overset{*}{D}}{\partial\zeta_\nu^2}-8\pi\frac{\partial\overset{*}{D}}{\partial\varkappa}=0 \qquad (i_\nu=5,6). \tag{1401}$$

225. Zweidimensionale Theta-Funktionen

Die Betrachtung der zweidimensionalen Theta-Funktionen kann auf vier doppeltperiodische Funktionen beschränkt werden. Wird $\zeta_1=\xi$, $\zeta_2=\eta$, $\alpha_1=1$, $\alpha_2=\alpha$ gesetzt und der zweidimensionale Charakter durch Doppelzeiger gekennzeichnet, so lauten die vier Funktionen

$$\vartheta_{\substack{2,2\\3,2\\3,3\\6,6}}\left(\xi,\frac{\eta}{\alpha},\varkappa\right)=\vartheta_{\substack{2\\3\\3\\6}}(\xi,\varkappa)\,\vartheta_{\substack{2\\2\\3\\6}}\left(\frac{\eta}{\alpha},\frac{\varkappa}{\alpha^2}\right). \tag{1402}$$

Zu ihnen gehören die zweidimensionalen Fourierschen Differentialgleichungen

$$\left(\frac{\partial^2}{\partial\xi^2}+\frac{\partial^2}{\partial\eta^2}-4\pi\frac{\partial}{\partial\varkappa}\right)\vartheta_{\substack{2,2\\3,2\\3,3}}\left(\xi,\frac{\eta}{\alpha},\varkappa\right)=0,\quad\left(\frac{\partial^2}{\partial\xi^2}+\frac{\partial^2}{\partial\eta^2}-8\pi\frac{\partial}{\partial\varkappa}\right)\vartheta_{6,6}\left(\xi,\frac{\eta}{\alpha},\varkappa\right)=0. \tag{1403}$$

Die vier zweidimensionalen Theta-Funktionen verschwinden für $\varkappa = 0$ bis auf die aus Abb. 364 ersichtlichen Stellen m_1 und m_2 bzw. $m_1 \pm \frac{1}{4}$ und $m_2 \pm \frac{1}{4}$, an welchen sie gemäß (5) die Werte

$$\begin{gathered}\vartheta_{2,2}(m_1, m_2, 0) = \alpha(-1)^{m_1+m_2} \lim_{\substack{\Delta\xi\to 0\\ \Delta\eta\to 0}} \frac{1}{\Delta\xi\,\Delta\eta}, \quad \vartheta_{3,2}(m_1, m_2, 0) = \alpha(-1)^{m_2} \lim_{\substack{\Delta\xi\to 0\\ \Delta\eta\to 0}} \frac{1}{\Delta\xi\,\Delta\eta},\\ \vartheta_{3,3}(m_1, m_2, 0) = \alpha \lim_{\substack{\Delta\xi\to 0\\ \Delta\eta\to 0}} \frac{1}{\Delta\xi\,\Delta\eta}\end{gathered} \tag{1404}$$

bzw. gemäß (129)′ die Werte

$$\vartheta_{6,6}\left(m_1 \pm \frac{1}{4}, m_2 \pm \frac{1}{4}, 0\right) = \left(\cos\frac{m_1\pi}{2} - \sin\frac{m_1\pi}{2}\right)\left(\cos\frac{m_2\pi}{2} - \sin\frac{m_2\pi}{2}\right)\alpha \lim_{\substack{\Delta\xi\to 0\\ \Delta\eta\to 0}} \frac{1}{\Delta\xi\,\Delta\eta} \tag{1405}$$

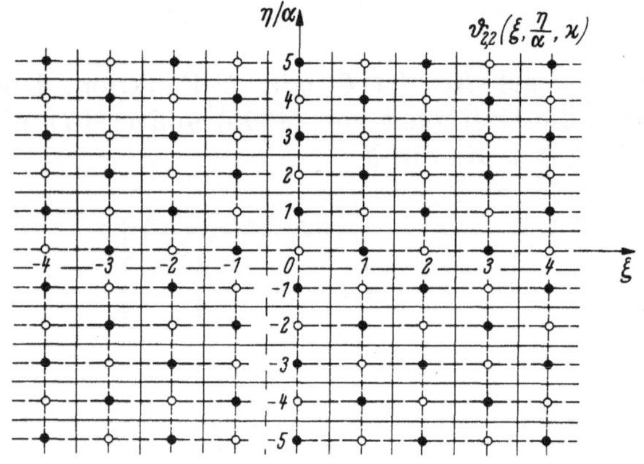

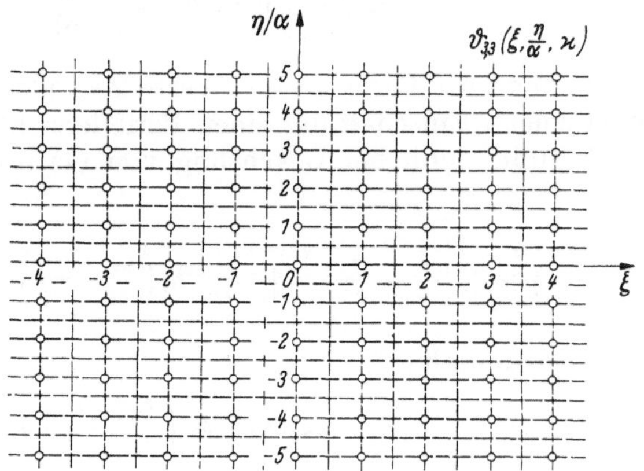

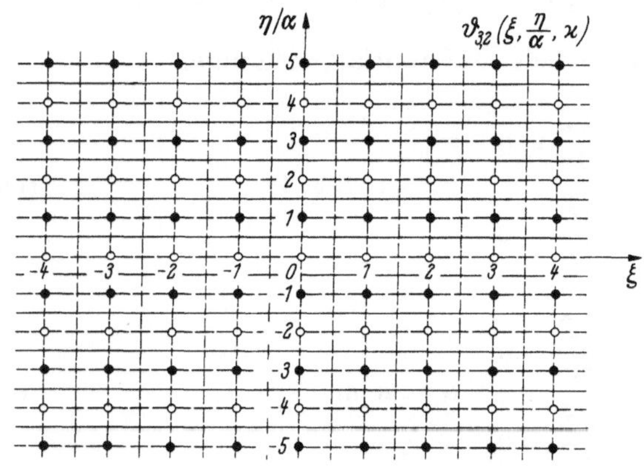

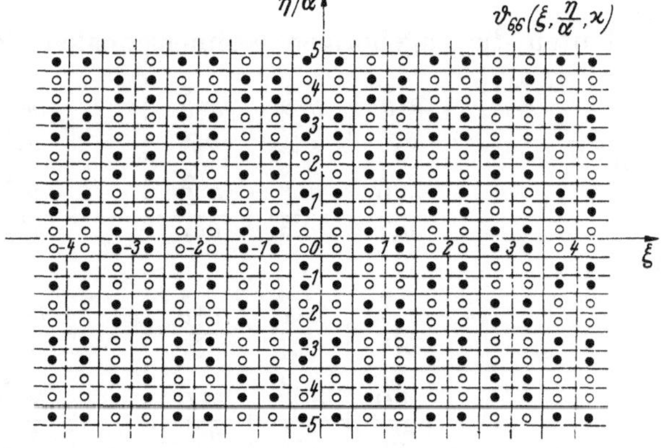

Abb. 364. Pole der Funktionen $\vartheta_{2,2}\left(\xi, \frac{\eta}{\alpha}, \varkappa\right)$, $\vartheta_{3,2}\left(\xi, \frac{\eta}{\alpha}, \varkappa\right)$, $\vartheta_{3,3}\left(\xi, \frac{\eta}{\alpha}, \varkappa\right)$ und $\vartheta_{6,6}\left(\xi, \frac{\eta}{\alpha}, \varkappa\right)$
(○ positive Pole, ● negative Pole)

annehmen. In (1404) und (1405) ist

$$m_1 = 0, \pm 1, \pm 2, \pm 3, \ldots, \quad m_2 = 0, \pm 1, \pm 2, \pm 3, \ldots$$

zu setzen.

Läßt man $\varkappa \to \infty$ gehen, so folgt aus dem Verhalten der Theta-Funktionen

$$\vartheta_{2,2}\left(\xi, \frac{\eta}{\alpha}, \infty\right) = \vartheta_{3,2}\left(\xi, \frac{\eta}{\alpha}, \infty\right) = \vartheta_{6,6}\left(\xi, \frac{\eta}{\alpha}, \infty\right) = 0, \quad \vartheta_{3,3}\left(\xi, \frac{\eta}{\alpha}, \infty\right) = 1. \tag{1406}$$

Aus dem durch (1404) und (1405) beschriebenen Singularitätsverhalten der vier zweidimensionalen Theta-Funktionen ergibt sich sofort der Periodencharakter und damit auch das Verhalten längs der Randlinien der zugehörigen Grundperioden- und Halbperiodenbereiche von Abb. 364, in welchen Antimetrieachsen ausgezogen und Symmetrieachsen gestrichelt sind.

Die zweidimensionalen Theta-Funktionen lassen sich in der Darstellung von Abb. 364 als zweidimensionale, Wärmeausgleichvorgänge beschreibende Temperaturfelder deuten, die im Zeitpunkt $\varkappa = 0$ an den singulären Stellen unendlich große Temperaturen und dazwischen überall die Temperatur Null aufweisen, während im Zeitpunkt $\varkappa \to \infty$ entweder überall die Temperatur Null wie bei $\vartheta_{2,2}$, $\vartheta_{3,2}$, $\vartheta_{6,6}$ oder Eins wie bei $\vartheta_{3,3}$ vorherrscht.

Die Superposition von zweidimensionalen und eindimensionalen Theta-Funktionen führt auf Funktionen, welche neben Punktsingularitäten auch noch Liniensingularitäten aufweisen. Unter diesen verdienen die beiden, aus $D_{i,0}$-Funktionen von (1337) gebildeten Funktionen

$$\vartheta_{3,2}\left(\xi, \frac{\eta}{\alpha}, \varkappa\right) - \vartheta_2\left(\frac{\eta}{\alpha}, \frac{\varkappa}{\alpha^2}\right) = D_{3,0}(\xi, \varkappa)\, D_{2,0}\left(\frac{\eta}{\alpha}, \frac{\varkappa}{\alpha^2}\right) \tag{1407}$$

und

$$\vartheta_{3,3}\left(\xi, \frac{\eta}{\alpha}, \varkappa\right) - \vartheta_3(\xi, \varkappa) - \vartheta_3\left(\frac{\eta}{\alpha}, \frac{\varkappa}{\alpha^2}\right) + 1 = D_{3,0}(\xi, \varkappa)\, D_{3,0}\left(\frac{\eta}{\alpha}, \frac{\varkappa}{\alpha^2}\right) \tag{1408}$$

besondere Beachtung. Sie gehen beide für $\varkappa \to \infty$ nach Null und genügen der vorderen der Differentialgleichungen (1403). Abb. 365 zeigt das zu $\varkappa = 0$ gehörige Singularitätsverhalten mit den Grundperioden- und Halbperiodenbereichen, in welchen Antimetrieachsen gestrichelt, Symmetrieachsen ausgezogen sind. In Abb. 365 stellen die achsenparallelen Verbindungslinien der Pole die zu $\varkappa = 0$ gehörigen Liniensingularitätsbereiche dar.

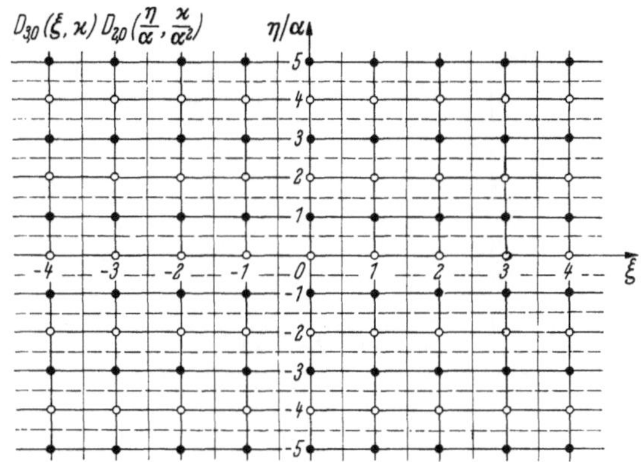

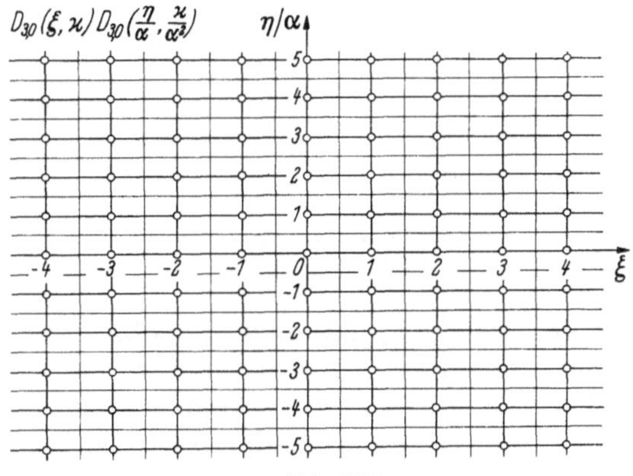

Abb. 365

Pole der Funktionen $D_{3,0}(\zeta, \varkappa)\, D_{2,0}\left(\frac{\eta}{\alpha}, \frac{\varkappa}{\alpha^2}\right)$ und $D_{3,0}(\zeta, \varkappa)\, D_{3,0}\left(\frac{\eta}{\alpha}, \frac{\varkappa}{\alpha^2}\right)$

(○ positive Doppelpole, ● negative Doppelpole)

226. Einführung einer speziellen ei-Funktion

Im ersten Band der Praktischen Funktionenlehre wurde bereits die Funktion

$$\mathrm{Ei}(-x) = \int e^{-x}\frac{dx}{x} = \ln|x| - \frac{x}{1!} + \frac{x^2}{2\cdot 2!} - \frac{x^3}{3\cdot 3!} + \frac{x^4}{4\cdot 4!} - \cdots$$

$$\text{mit}\quad \mathrm{Ei}(-\infty) = -0{,}5772156\cdots,$$

die für große Argumentwerte die semikonvergente Entwicklung

$$\mathrm{Ei}(-x) = -0{,}5772156\cdots - e^{-x}\left(\frac{1}{x} - \frac{1!}{x^2} + \frac{2!}{x^3} - \frac{3!}{x^4} + \frac{4!}{x^5} - \cdots\right) \quad (x \text{ groß})$$

besitzt, näher betrachtet. Für die Untersuchungen des nächsten Abschnittes ist es nützlich, die mit der Funktion $-\mathrm{Ei}(-x)$ von JAHNKE-EMDE-LÖSCH identische Funktion

$$\mathrm{ei}(x) = \int_x^\infty e^{-t}\frac{dt}{t} = -0{,}5772156\cdots - \ln|x| + \frac{x}{1!} - \frac{x^2}{2\cdot 2!} + \frac{x^3}{3\cdot 3!} - \frac{x^4}{4\cdot 4!} + \cdots \tag{1409}$$

einzuführen, deren semikonvergente Entwicklung

$$\mathrm{ei}(x) = e^{-x}\left(\frac{1}{x} - \frac{1!}{x^2} + \frac{2!}{x^3} - \frac{3!}{x^4} + \frac{4!}{x^5} - \cdots\right) \quad (x \text{ groß}) \tag{1410}$$

lautet und deren Verlauf der Abb. 366 entnommen werden kann.

Vertauscht man x mit $\pi\,\varrho^2/\varkappa$ bzw. $2\pi\,\varrho^2/\varkappa$, so genügen die entsprechenden ei-Funktionen den partiellen Differentialgleichungen

$$\left(\frac{\partial^2}{\partial\varrho^2}+\frac{1}{\varrho}\frac{\partial}{\partial\varrho}-4\pi\frac{\partial}{\partial\varkappa}\right)\mathrm{ei}\left(\frac{\pi\,\varrho^2}{\varkappa}\right)=0 \quad \text{bzw.} \quad \left(\frac{\partial^2}{\partial\varrho^2}+\frac{1}{\varrho}\frac{\partial}{\partial\varrho}-8\pi\frac{\partial}{\partial\varkappa}\right)\mathrm{ei}\left(\frac{2\pi\,\varrho^2}{\varkappa}\right)=0. \tag{1411}$$

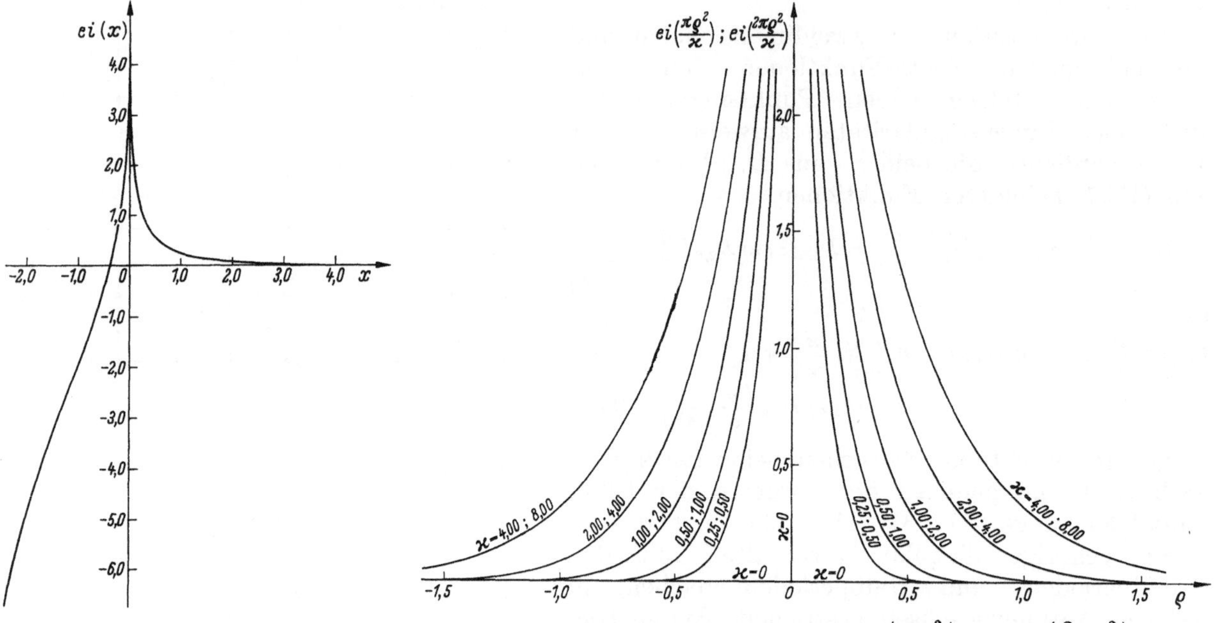

Abb. 366. Verlauf der Funktion ei(x)

Abb. 367. Verlauf der Funktionen ei$\left(\frac{\pi\,\varrho^2}{\varkappa}\right)$ und ei$\left(\frac{2\pi\,\varrho^2}{\varkappa}\right)$

Der Verlauf der Funktionen ei$(\pi\,\varrho^2/\varkappa)$ und ei$(2\pi\,\varrho^2/\varkappa)$ ist aus Abb. 367 für ϱ als Argument und $\varkappa$ bzw. $\frac{1}{2}\varkappa$ als Parameter ersichtlich.

Wird x mit $\pi/\varkappa(\xi^2+\eta^2)$ bzw. mit $2\pi/\varkappa(\xi^2+\eta^2)$ vertauscht, so genügen die zugehörigen ei-Funktionen den partiellen Differentialgleichungen

$$\left(\frac{\partial^2}{\partial\xi^2}+\frac{\partial^2}{\partial\eta^2}-4\pi\frac{\partial}{\partial\varkappa}\right)\mathrm{ei}\left(\frac{\pi(\xi^2+\eta^2)}{\varkappa}\right)=0 \quad \text{bzw.} \quad \left(\frac{\partial^2}{\partial\xi^2}+\frac{\partial^2}{\partial\eta^2}-8\pi\frac{\partial}{\partial\varkappa}\right)\mathrm{ei}\left(\frac{2\pi(\xi^2+\eta^2)}{\varkappa}\right)=0, \tag{1412}$$

die nach (1403) mit denjenigen der zweidimensionalen Theta-Funktionen übereinstimmen.

227. Integrale zweidimensionaler Theta-Funktionen nach dem Parameter

Die Untersuchungen dieses Abschnittes gelten den Integralen

$$\int_0^{\varkappa}\vartheta_{\substack{2,2\\3,2\\3,3\\6,6}}\left(\xi,\frac{\eta}{\alpha},\bar\varkappa\right)d\bar\varkappa=\int_0^{\varkappa}\vartheta_{\substack{2\\3\\3\\6}}(\xi,\bar\varkappa)\,\vartheta_{\substack{2\\2\\3\\6}}\left(\frac{\eta}{\alpha},\frac{\bar\varkappa}{\alpha^2}\right)d\bar\varkappa. \tag{1413}$$

Für sie ist

$$\int_0^{\varkappa}\frac{\partial}{\partial\bar\varkappa}\vartheta_{\substack{2,2\\3,2\\3,3\\6,6}}\left(\xi,\frac{\eta}{\alpha},\bar\varkappa\right)d\bar\varkappa=\frac{\partial}{\partial\varkappa}\int_0^{\varkappa}\vartheta_{\substack{2,2\\3,2\\3,3\\6,6}}\left(\xi,\frac{\eta}{\alpha},\bar\varkappa\right)d\bar\varkappa-\vartheta_{\substack{2,2\\3,2\\3,3\\6,6}}\left(\xi,\frac{\eta}{\alpha},0\right)=\vartheta_{\substack{2,2\\3,2\\3,3\\6,6}}\left(\xi,\frac{\eta}{\alpha},\varkappa\right)-\vartheta_{\substack{2,2\\3,2\\3,3\\6,6}}\left(\xi,\frac{\eta}{\alpha},0\right). \tag{1414}$$

Zur Darstellung der zugehörigen partiellen Differentialgleichungen kann man die Differentialgleichungen (1403) nach $\varkappa$ integrieren. Dabei dürfen in den beiden ersten Gliedern Differentiation und Integration vertauscht werden. Wird bei dem dritten Gliede (1414) berücksichtigt, so folgt

$$\left(\frac{\partial^2}{\partial \xi^2} + \frac{\partial^2}{\partial \eta^2} - 4\pi \frac{\partial}{\partial \varkappa}\right) \int_0^{\varkappa} \vartheta_{\substack{2,2\\3,2\\3,3}}\left(\xi, \frac{\eta}{\alpha}, \bar{\varkappa}\right) d\bar{\varkappa} = -4\pi\, \vartheta_{\substack{2,2\\3,2\\3,3}}\left(\xi, \frac{\eta}{\alpha}, 0\right),$$

$$\left(\frac{\partial^2}{\partial \xi^2} + \frac{\partial^2}{\partial \eta^2} - 8\pi \frac{\partial}{\partial \varkappa}\right) \int_0^{\varkappa} \vartheta_{6,6}\left(\xi, \frac{\eta}{\alpha}, \bar{\varkappa}\right) d\bar{\varkappa} = -8\pi\, \vartheta_{6,6}\left(\xi, \frac{\eta}{\alpha}, 0\right), \tag{1415}$$

d. h., die Integrale der zweidimensionalen Theta-Funktionen nach dem Parameter genügen inhomogenen zweidimensionalen FOURIERschen Differentialgleichungen mit Störungsfunktionen, die mit Ausnahme der aus Abb. 364 ersichtlichen singulären Stellen überall Null sind. Nach (16) und (136) ist

$$\vartheta_2(\xi, \varkappa) = \frac{1}{\sqrt{\varkappa}} \sum_{-\infty}^{+\infty}{}_m (-1)^m e^{-\frac{\pi}{\varkappa}(\xi - m)^2}, \qquad \vartheta_2\left(\frac{\eta}{\alpha}, \frac{\varkappa}{\alpha^2}\right) = \frac{\alpha}{\sqrt{\varkappa}} \sum_{-\infty}^{+\infty}{}_n (-1)^n e^{-\frac{\pi}{\varkappa}(\eta - \alpha n)^2}, \tag{1416}$$

$$\vartheta_3(\xi, \varkappa) = \frac{1}{\sqrt{\varkappa}} \sum_{-\infty}^{+\infty}{}_m e^{-\frac{\pi}{\varkappa}(\xi - m)^2}, \qquad \vartheta_3\left(\frac{\eta}{\alpha}, \frac{\varkappa}{\alpha^2}\right) = \frac{\alpha}{\sqrt{\varkappa}} \sum_{-\infty}^{+\infty}{}_n e^{-\frac{\pi}{\varkappa}(\eta - \alpha n)^2}, \tag{1417}$$

$$\vartheta_6(\xi, \varkappa) = \frac{\sqrt{2}}{\sqrt{\varkappa}} \sum_{-\infty}^{+\infty}{}_m \left(\cos\frac{m\pi}{2} - \sin\frac{m\pi}{2}\right) e^{-\frac{2\pi}{\varkappa}\left(\xi - \frac{1}{4} - \frac{m}{2}\right)^2},$$

$$\vartheta_6\left(\frac{\eta}{\alpha}, \frac{\varkappa}{\alpha^2}\right) = \frac{\alpha\sqrt{2}}{\sqrt{\varkappa}} \sum_{-\infty}^{+\infty}{}_n \left(\cos\frac{n\pi}{2} - \sin\frac{n\pi}{2}\right) e^{-\frac{2\pi}{\varkappa}\left(\eta - \frac{\alpha}{4} - \frac{\alpha n}{2}\right)^2}. \tag{1418}$$

Werden diese Entwicklungen in (1413) eingeführt, so ergibt sich

$$\int_0^{\varkappa} \vartheta_{2,2}\left(\xi, \frac{\eta}{\alpha}, \bar{\varkappa}\right) d\bar{\varkappa} = \alpha \sum_{-\infty}^{+\infty}{}_m \sum_{-\infty}^{+\infty}{}_n (-1)^{m+n} \int_0^{\varkappa} \frac{1}{\bar{\varkappa}} e^{-\frac{\pi}{\bar{\varkappa}}(\xi - m)^2 - \frac{\pi}{\bar{\varkappa}}(\eta - \alpha n)^2} d\bar{\varkappa},$$

$$\int_0^{\varkappa} \vartheta_{3,2}\left(\xi, \frac{\eta}{\alpha}, \bar{\varkappa}\right) d\bar{\varkappa} = \alpha \sum_{-\infty}^{+\infty}{}_m \sum_{-\infty}^{+\infty}{}_n (-1)^{n} \int_0^{\varkappa} \frac{1}{\bar{\varkappa}} e^{-\frac{\pi}{\bar{\varkappa}}(\xi - m)^2 - \frac{\pi}{\bar{\varkappa}}(\eta - \alpha n)^2} d\bar{\varkappa},$$

$$\int_0^{\varkappa} \vartheta_{3,3}\left(\xi, \frac{\eta}{\alpha}, \bar{\varkappa}\right) d\bar{\varkappa} = \alpha \sum_{-\infty}^{+\infty}{}_m \sum_{-\infty}^{+\infty}{}_n \int_0^{\varkappa} \frac{1}{\bar{\varkappa}} e^{-\frac{\pi}{\bar{\varkappa}}(\xi - m)^2 - \frac{\pi}{\bar{\varkappa}}(\eta - \alpha n)^2} d\bar{\varkappa},$$

$$\int_0^{\varkappa} \vartheta_{6,6}\left(\xi, \frac{\eta}{\alpha}, \bar{\varkappa}\right) d\bar{\varkappa} = 2\alpha \sum_{-\infty}^{+\infty}{}_m \sum_{-\infty}^{+\infty}{}_n \left(\cos\frac{m\pi}{2} - \sin\frac{m\pi}{2}\right)\left(\cos\frac{n\pi}{2} - \sin\frac{n\pi}{2}\right) \int_0^{\varkappa} \frac{1}{\bar{\varkappa}} e^{-\frac{2\pi}{\bar{\varkappa}}\left(\xi - \frac{1}{4} - \frac{m}{2}\right)^2 - \frac{2\pi}{\bar{\varkappa}}\left(\eta - \frac{\alpha}{4} - \frac{\alpha n}{2}\right)^2} d\bar{\varkappa}$$

und nach Auswertung der Integrale in Verbindung mit (1409)

$$\int_0^{\varkappa} \vartheta_{2,2}\left(\xi, \frac{\eta}{\alpha}, \bar{\varkappa}\right) d\bar{\varkappa} = \alpha \sum_{-\infty}^{+\infty}{}_m \sum_{-\infty}^{+\infty}{}_n (-1)^{m+n} \operatorname{ei}\left(\frac{\pi}{\varkappa}(\xi - m)^2 + \frac{\pi}{\varkappa}(\eta - \alpha n)^2\right), \tag{1419}$$

$$\int_0^{\varkappa} \vartheta_{3,2}\left(\xi, \frac{\eta}{\alpha}, \bar{\varkappa}\right) d\bar{\varkappa} = \alpha \sum_{-\infty}^{+\infty}{}_m \sum_{-\infty}^{+\infty}{}_n (-1)^{n} \operatorname{ei}\left(\frac{\pi}{\varkappa}(\xi - m)^2 + \frac{\pi}{\varkappa}(\eta - \alpha n)^2\right), \tag{1420}$$

$$\int_0^{\varkappa} \vartheta_{3,3}\left(\xi, \frac{\eta}{\alpha}, \bar{\varkappa}\right) d\bar{\varkappa} = \alpha \sum_{-\infty}^{+\infty}{}_m \sum_{-\infty}^{+\infty}{}_n \operatorname{ei}\left(\frac{\pi}{\varkappa}(\xi - m)^2 + \frac{\pi}{\varkappa}(\eta - \alpha n)^2\right), \tag{1421}$$

$$\int_0^{\varkappa} \vartheta_{6,6}\left(\xi, \frac{\eta}{\alpha}, \bar{\varkappa}\right) d\bar{\varkappa} = 2\alpha \sum_{-\infty}^{+\infty}{}_m \sum_{-\infty}^{+\infty}{}_n \left(\cos\frac{m\pi}{2} - \sin\frac{m\pi}{2}\right)\left(\cos\frac{n\pi}{2} - \sin\frac{n\pi}{2}\right) \times$$

$$\times \operatorname{ei}\left(\frac{2\pi}{\varkappa}\left(\xi - \frac{1}{4} - \frac{m}{2}\right)^2 + \frac{2\pi}{\varkappa}\left(\eta - \frac{\alpha}{4} - \frac{\alpha n}{2}\right)^2\right). \tag{1422}$$

In Verbindung mit (1421) erhält man auch

$$\int_0^{\varkappa}\left[-1+\vartheta_{3,3}\left(\xi,\frac{\eta}{\alpha},\bar{\varkappa}\right)\right]d\bar{\varkappa}=-\varkappa+\alpha\sum_{-\infty}^{+\infty}\!{}_m\sum_{-\infty}^{+\infty}\!{}_n\,\mathrm{ei}\left(\frac{\pi}{\varkappa}(\xi-m)^2+\frac{\pi}{\varkappa}(\eta-\alpha\,n)^2\right). \tag{1423}$$

Durch die Integration nach $\varkappa$ wird das den Ausgangsfunktionen eigentümliche Periodenverhalten, wie es Abb. 364 zeigt, nicht verändert. Die Entwicklungen (1419) bis (1423) können daher auf den Argumentbereich $0 \leqq \xi \leqq \frac{1}{2}$ und $0 \leqq \eta \leqq \frac{1}{2}\alpha$ beschränkt werden.

228. Die vollständigen Integrale zweidimensionaler Theta-Funktionen nach dem Parameter

Läßt man in (1419), (1420), (1423) und (1422) $\varkappa$ über alle Grenzen wachsen, so nähern sich die Integrale asymptotisch einer Grenzfunktion, womit in (1415) die Ableitungen nach $\varkappa$ Null werden. Es verbleibt dann

$$\left(\frac{\partial^2}{\partial\xi^2}+\frac{\partial^2}{\partial\eta^2}\right)\int_0^{\infty}\vartheta_{\substack{2,2\\3,2\\3,3}}\left(\xi,\frac{\eta}{\alpha},\varkappa\right)d\varkappa=-4\pi\,\vartheta_{\substack{2,2\\3,2\\3,3}}\left(\xi,\frac{\eta}{\alpha},0\right)$$

und

$$\left(\frac{\partial^2}{\partial\xi^2}+\frac{\partial^2}{\partial\eta^2}\right)\int_0^{\infty}\vartheta_{6,6}\left(\xi,\frac{\eta}{\alpha},\varkappa\right)d\varkappa=-8\pi\,\vartheta_{6,6}\left(\xi,\frac{\eta}{\alpha},0\right). \tag{1424}$$

Nach den Ausführungen in Abschnitt 227 verschwinden die in (1424) verbliebenen Störungsfunktionen bis auf die Singularitäts- bzw. Polstellen überall identisch, so daß die beiden Differentialgleichungen (1424) als LAPLACEsche Differentialgleichungen angesehen werden können. Es muß sich daher bei den vollständigen Integralen der zweidimensionalen Theta-Funktionen angesichts ihres doppeltperiodischen Charakters um Realteile elliptischer Funktionen handeln.

Da auch die Differentialgleichungen (1412) nach Nullsetzen der Ableitungen nach $\varkappa$ in LAPLACEsche Differentialgleichungen übergehen, genügt in (1419) bis (1423) im Falle $\varkappa \to \infty$ jedes Summenglied der LAPLACEschen Differentialgleichung. Damit liegt nach (1409) das Polverhalten als logarithmisch fest. Ferner zeigt der Aufbau von (1423), daß für jedes vollständige Integral sämtliche Hauptwerte bis auf das Vorzeichen gleich groß sind. Ein die gleichen logarithmischen Pole und die gleichen Hauptwerte aufweisender Realteil einer elliptischen Funktion kann sich daher nach dem ersten der LIOUVILLEschen Sätze von dem in Frage stehenden vollständigen Integral nur um eine additive Konstante unterscheiden, die sich leicht bestimmen läßt.

Dem vollständigen Integral über der $\vartheta_{2,2}$-Funktion entspricht nach Abb. 122 und 364 die elliptische Funktion $2\alpha\ln\overline{\mathrm{sd}}(\zeta/2,\alpha)$, und zwar in ihrem positiven Realteil. Eine additive Konstante entfällt, da für $\xi = \frac{1}{2}$ identische Übereinstimmung herrscht. In Verbindung mit (1228) erhält man

$$\int_0^{\infty}\vartheta_{2,2}\left(\xi,\frac{\eta}{\alpha},\varkappa\right)d\varkappa=\alpha\ln\frac{1+\mathrm{cn}(\xi,\alpha)\,\mathrm{cn}\left(\frac{\eta}{\alpha},\frac{1}{\alpha}\right)}{1-\mathrm{cn}(\xi,\alpha)\,\mathrm{cn}\left(\frac{\eta}{\alpha},\frac{1}{\alpha}\right)}. \tag{1425}$$

Zu dem vollständigen Integral über der $\vartheta_{3,2}$-Funktion gehört nach Abb. 121 und 364 die elliptische Funktion $2\alpha\ln\mathrm{sn}(\zeta, 2\alpha)$, diesmal in ihrem negativen Realteil. Unter Bezugnahme auf (857) und (1227) folgt

$$\int_0^{\infty}\vartheta_{3,2}\left(\xi,\frac{\eta}{\alpha},\varkappa\right)d\varkappa=-\alpha\ln\frac{k(2\alpha)\left[1+\mathrm{sn}^2(\xi,2\alpha)\,\mathrm{cs}^2\left(\frac{\eta}{2\alpha},\frac{1}{2\alpha}\right)\right]}{k^2(2\alpha)\,\mathrm{sn}^2(\xi,2\alpha)+\mathrm{cs}^2\left(\frac{\eta}{2\alpha},\frac{1}{2\alpha}\right)}. \tag{1426}$$

Auch hier wird die additive Konstante gleich Null, da für $\eta = \frac{\alpha}{2}$ wegen $\mathrm{cs}^2\left(\frac{1}{4},\frac{1}{2\alpha}\right) = k'\left(\frac{1}{2\alpha}\right) = k(2\alpha)$ nach (857) identische Übereinstimmung bzw. Nullgleichheit vorhanden ist.

Bei der $\vartheta_{3,3}$-Funktion muß auf das Integral von (1423) zurückgegriffen werden, da das Integral von (1421) mit $\varkappa \to \infty$ über alle Grenzen wächst. Dem Integral von (1423) entspricht keine elliptische Funktion, sondern nach Abb. 293 und 364 die Funktion $-2\alpha\,\Re\mathrm{e}\,\Theta_1\left(\frac{\xi}{2}, \frac{\eta}{\alpha}, \alpha\right)$, die nach (1248) der partiellen Differentialgleichung

$$\left(\frac{\partial^2}{\partial \xi^2} + \frac{\partial^2}{\partial \eta^2}\right)\left(-2\alpha\,\Re\mathrm{e}\,\Theta_1\left(\frac{\xi}{2}, \frac{\eta}{\alpha}, \alpha\right)\right) = 4\pi \tag{1427}$$

genügt, während die entsprechend ergänzte Differentialgleichung (1415) für $\varkappa \to \infty$

$$\left(\frac{\partial^2}{\partial \xi^2} + \frac{\partial^2}{\partial \eta^2}\right)\int_0^\infty \left[-1 + \vartheta_{3,3}\left(\xi, \frac{\eta}{\alpha}, \varkappa\right)\right] d\varkappa = 4\pi - 4\pi\,\vartheta_{3,3}\left(\xi, \frac{\eta}{\alpha}, 0\right) \tag{1428}$$

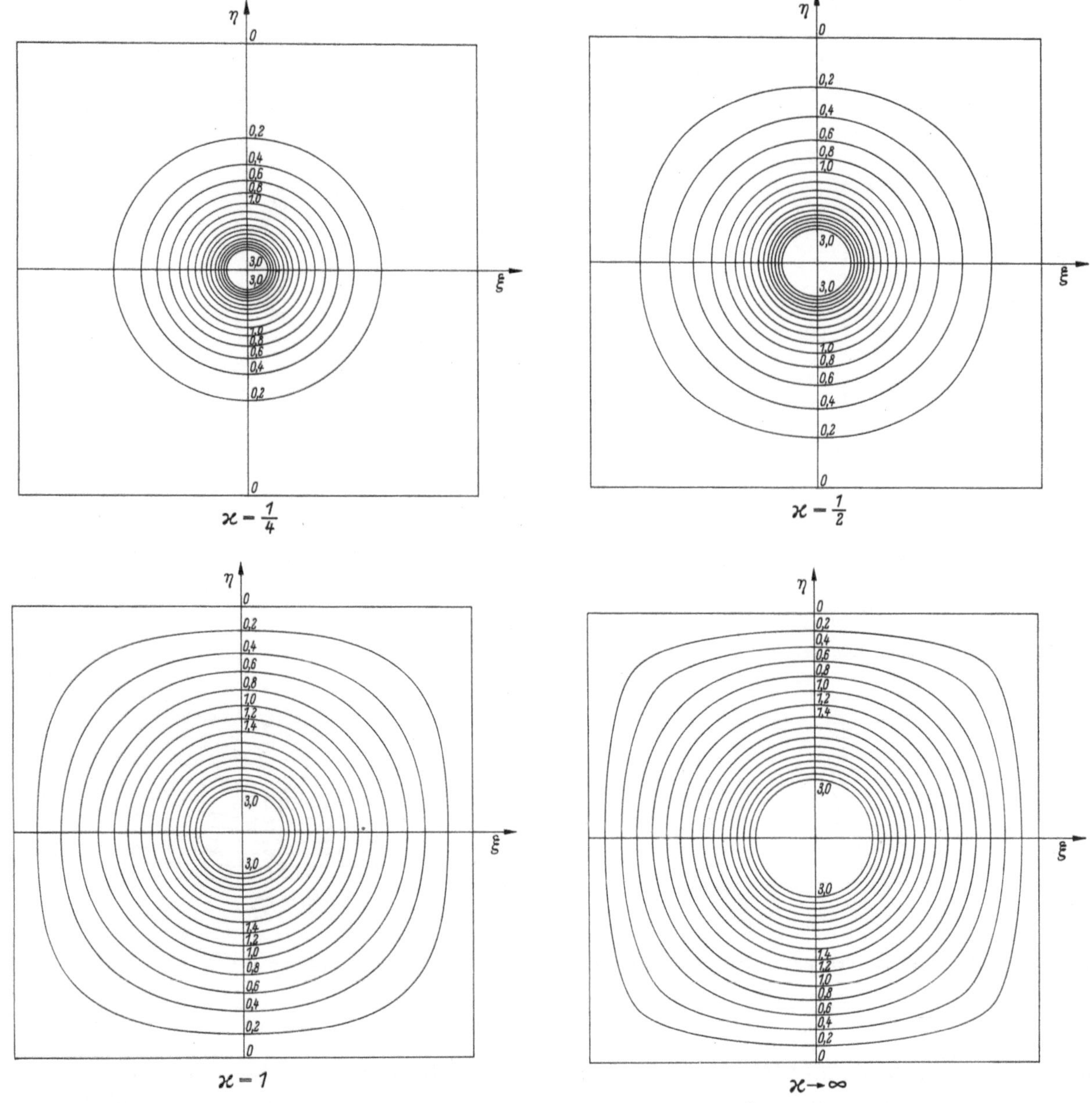

Abb. 368. Verlauf der Kurven gleich großer Integralwerte (Isothermen) für $\int_0^\varkappa \vartheta_{2,2}\left(\xi, \frac{\eta}{\alpha}, \bar{\varkappa}\right) d\bar{\varkappa}$ bei $\alpha = 1$, $\varkappa = \frac{1}{4}$, $\varkappa = \frac{1}{2}$, $\varkappa = 1$ und $\varkappa \to \infty$

lautet. Wird in (1256) ansatzgemäß ξ mit $\xi/2$, η mit $\eta/2$, $\varkappa$ mit $\alpha/2$ vertauscht, so ergibt sich

$$\int\limits_0^\infty \left[-1+\vartheta_{3,3}\left(\xi,\frac{\eta}{\alpha},\varkappa\right)\right]d\varkappa=\varphi(\alpha)-\alpha\ln\frac{\vartheta_1^2(\xi,\alpha)\,\vartheta_3^2\left(\frac{\eta}{\alpha},\frac{1}{\alpha}\right)+\vartheta_3^2(\xi,\alpha)\,\vartheta_1^2\left(\frac{\eta}{\alpha},\frac{1}{\alpha}\right)}{4\alpha\,\vartheta_2^2(0,\alpha)\,\vartheta_4^2(0,\alpha)}. \tag{1429}$$

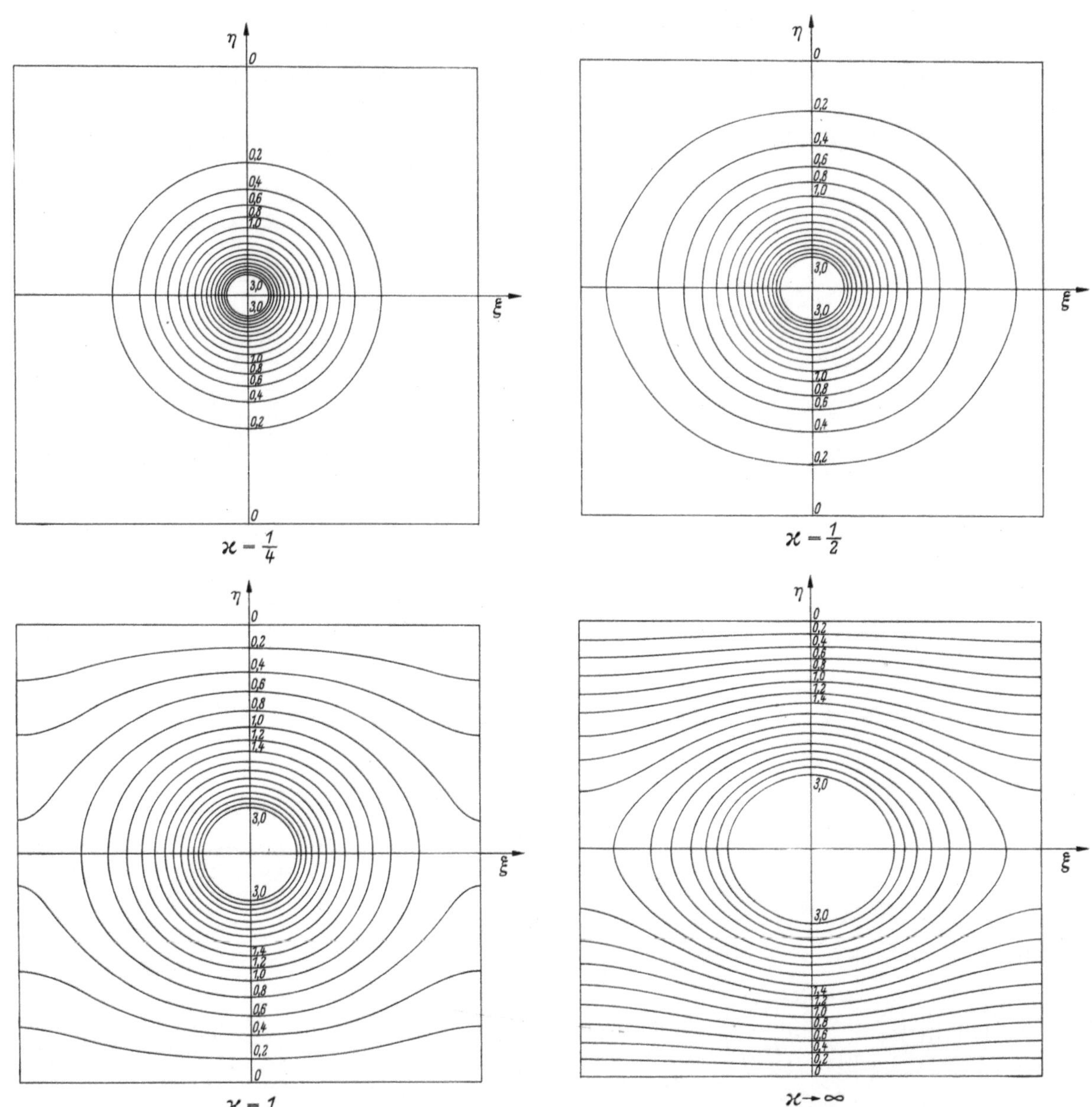

Abb. 369. Verlauf der Kurven gleich großer Integralwerte (Isothermen) für $\int\limits_0^{\varkappa}\vartheta_{3,2}\left(\xi,\frac{\eta}{\alpha},\bar{\varkappa}\right)d\bar{\varkappa}$ bei $\alpha=1$, $\varkappa=\frac{1}{4}$, $\varkappa=\frac{1}{2}$, $\varkappa=1$ und $\varkappa\to\infty$

In (1429) läßt sich die additive Konstante $\varphi(\alpha)$ nur als Integral darstellen. Setzt man einmal $\xi=0$, $\eta=\alpha/2$ und einmal $\xi=\frac{1}{2}$, $\eta=0$, so folgt mit (1402), (37) und (67) zunächst

$$\int\limits_0^\infty\left[-1+\vartheta_{\substack{3\\4}}(0,\varkappa)\,\vartheta_{\substack{4\\3}}\left(0,\frac{\varkappa}{\alpha^2}\right)\right]d\varkappa=\varphi(\alpha)-\alpha\ln\frac{1}{4}\,\frac{\vartheta_3^2(0,\alpha)}{\vartheta_{\substack{2\\4}}^2(0,\alpha)}$$

und, wenn noch (281) berücksichtigt wird,

$$\varphi(\alpha) = -\alpha \ln |4 \underset{k'}{k}(\alpha)| + \int_0^\infty \left[-1 + \vartheta_{\substack{3\\4}}(0, \varkappa)\, \vartheta_{\substack{4\\3}}\left(0, \frac{\varkappa}{\alpha^2}\right) \right] d\varkappa. \tag{1430}$$

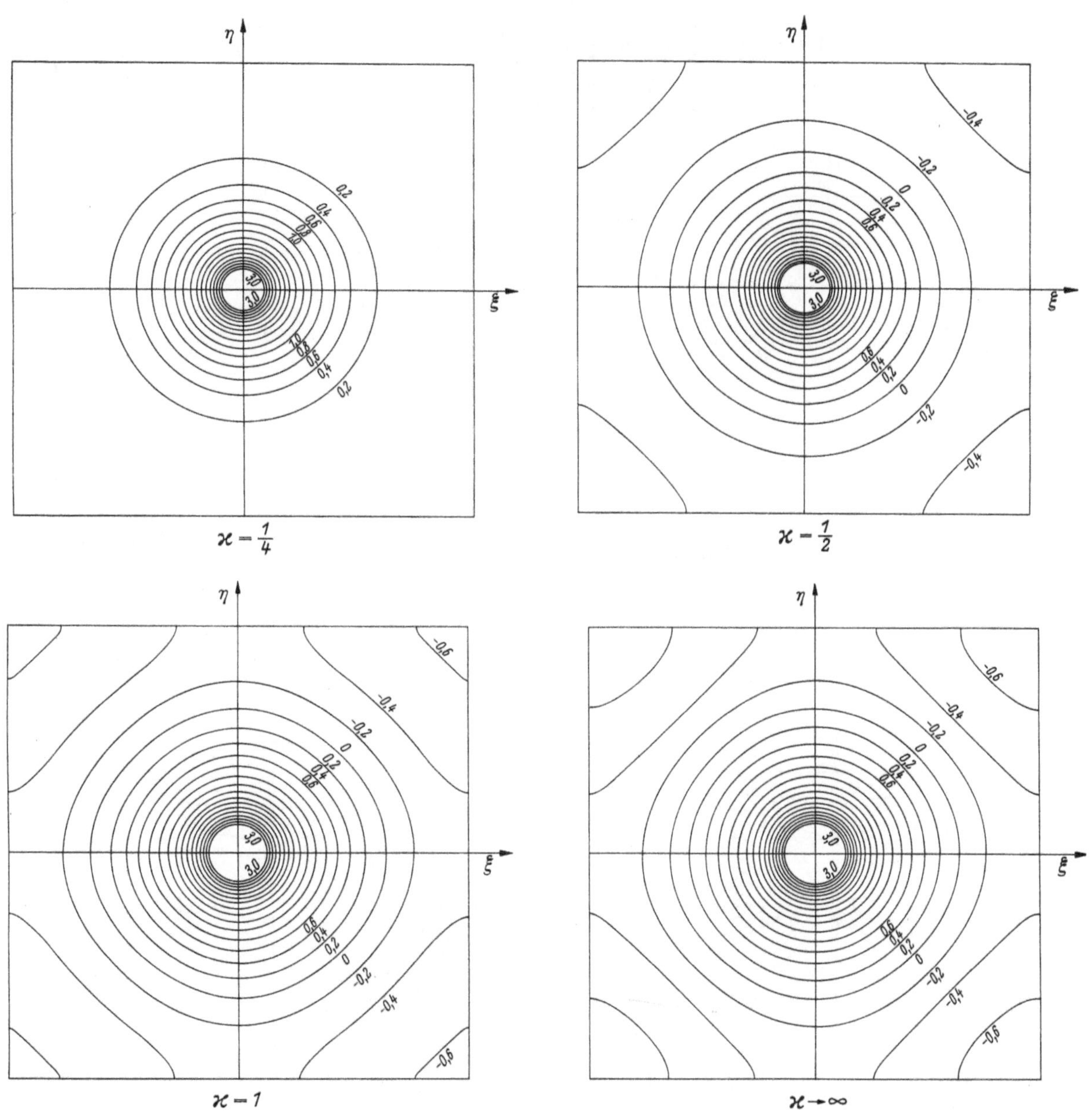

Abb. 370. Verlauf der Kurven gleich großer Integralwerte (Isothermen) für $\int_0^\varkappa \left[-1 + \vartheta_{3,3}\left(\xi, \frac{\eta}{\alpha}, \bar{\varkappa}\right) \right] d\bar{\varkappa}$ bei $\alpha = 1$, $\varkappa = \frac{1}{4}$, $\varkappa = \frac{1}{2}$, $\varkappa = 1$ und $\varkappa \to \infty$

Zu dem vollständigen Integral über der $\vartheta_{6,6}$-Funktion gehört nach Abb. 295 und 364 für $z_0 = \frac{1}{4} K + \frac{1}{4} i K'$ die elliptische Funktion $4\alpha f_5\left(\frac{\zeta}{2}, \frac{1}{8}, \alpha\right)$, und zwar mit ihrem positiven Realteil. Die additive Konstante wird Null. Bei entsprechender Umschreibung von (1273) erhält man

$$\int_0^\infty \vartheta_{6,6}\left(\xi, \frac{\eta}{\alpha}, \varkappa\right) d\varkappa = 2\alpha\left[\ln \frac{1+\operatorname{cn}\left(\xi-\frac{1}{4}, \alpha\right)\operatorname{cn}\left(\frac{\eta}{\alpha}-\frac{1}{4}, \frac{1}{\alpha}\right)}{1-\operatorname{cn}\left(\xi-\frac{1}{4}, \alpha\right)\operatorname{cn}\left(\frac{\eta}{\alpha}-\frac{1}{4}, \frac{1}{\alpha}\right)} + \ln \frac{1+\operatorname{cn}\left(\xi+\frac{1}{4}, \alpha\right)\operatorname{cn}\left(\frac{\eta}{\alpha}+\frac{1}{4}, \frac{1}{\alpha}\right)}{1-\operatorname{cn}\left(\xi+\frac{1}{4}, \alpha\right)\operatorname{cn}\left(\frac{\eta}{\alpha}+\frac{1}{4}, \frac{1}{\alpha}\right)} + \right.$$

$$\left. + \ln \frac{1+\operatorname{cn}\left(\xi-\frac{1}{4}, \alpha\right)\operatorname{cn}\left(\frac{\eta}{\alpha}+\frac{1}{4}, \frac{1}{\alpha}\right)}{1-\operatorname{cn}\left(\xi-\frac{1}{4}, \alpha\right)\operatorname{cn}\left(\frac{\eta}{\alpha}+\frac{1}{4}, \frac{1}{\alpha}\right)} + \ln \frac{1+\operatorname{cn}\left(\xi+\frac{1}{4}, \alpha\right)\operatorname{cn}\left(\frac{\eta}{\alpha}-\frac{1}{4}, \frac{1}{\alpha}\right)}{1-\operatorname{cn}\left(\xi+\frac{1}{4}, \alpha\right)\operatorname{cn}\left(\frac{\eta}{\alpha}-\frac{1}{4}, \frac{1}{\alpha}\right)}\right]. \quad (1431)$$

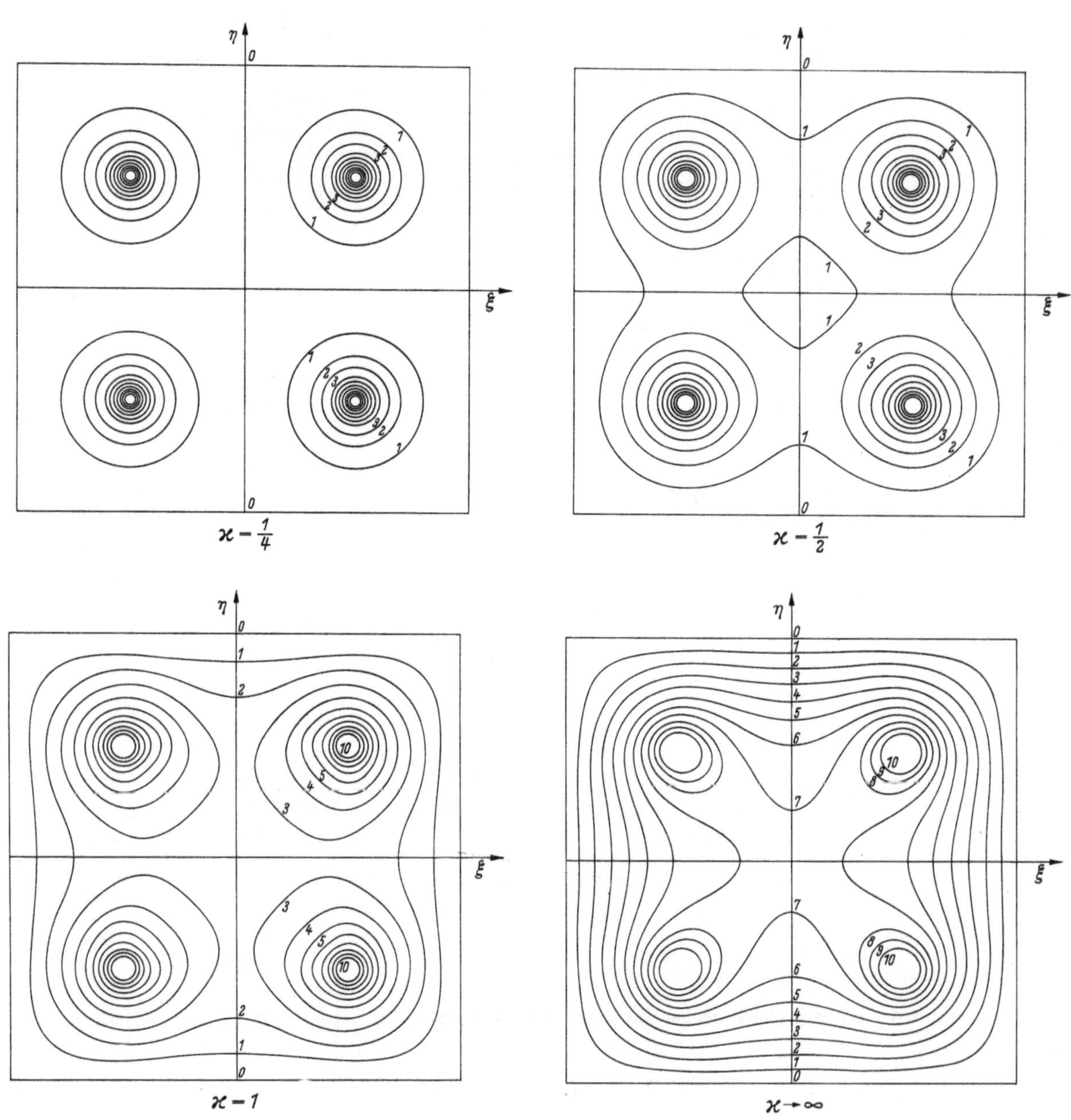

Abb. 371. Verlauf der Kurven gleich großer Integralwerte (Isothermen) für $\int_0^\varkappa \vartheta_{6,6}\left(\xi, \frac{\eta}{\alpha}, \bar{\varkappa}\right) d\bar{\varkappa}$ bei $\alpha = 1$, $\varkappa = \frac{1}{4}$, $\varkappa = \frac{1}{2}$, $\varkappa = 1$ und $\varkappa \to \infty$

Mit der Kenntnis der vollständigen Integrale ist eine Darstellung der Integrale der zweidimensionalen Theta-Funktionen nach dem Parameter unter Einschluß der Grenzzustände möglich. Die Abb. 368 bis 371 zeigen für das Seitenverhältnis $\alpha = 1$ und die Parameterwerte $\varkappa = \frac{1}{4}$, $\varkappa = \frac{1}{2}$, $\varkappa = 1$ und $\varkappa \to \infty$ (Wärmesättigungszustand) den Verlauf der Kurven gleich großer Integralwerte (Isothermen) für die Integrale von (1419), (1420), (1423) und (1422).

229. Dreidimensionale Theta-Funktionen

Bei Berücksichtigung des Substitutionsverhaltens der Theta-Funktionen gemäß (22) und (131) und der hinsichtlich der Charakteristik bestehenden Abgrenzungen kann die Betrachtung der dreidimensionalen Theta-Funktionen auf die fünf dreifach periodischen Funktionen

$$\vartheta_{\substack{2,2,2\\3,2,2\\3,3,2\\3,3,3\\6,6,6}}\left(\xi, \frac{\eta}{\alpha}, \frac{\zeta}{\beta}, \varkappa\right) = \vartheta_{\substack{2\\3\\3\\3\\6}}(\xi, \varkappa)\, \vartheta_{\substack{2\\2\\3\\3\\6}}\left(\frac{\eta}{\alpha}, \frac{\varkappa}{\alpha^2}\right) \vartheta_{\substack{2\\2\\2\\3\\6}}\left(\frac{\zeta}{\beta}, \frac{\varkappa}{\beta^2}\right) \tag{1432}$$

beschränkt werden, bei welchen $\zeta_1 = \xi$, $\zeta_2 = \eta$, $\zeta_3 = \zeta$ und ohne Einbuße an Allgemeinheit $\alpha_1 = 1$, $\alpha_2 = \alpha$, $\alpha_3 = \beta$ gesetzt wurde. Die Funktionen genügen nach (1400) und (1401) den homogenen FOURIERschen Differentialgleichungen

$$\left(\frac{\partial^2}{\partial\xi^2} + \frac{\partial^2}{\partial\eta^2} + \frac{\partial^2}{\partial\zeta^2} - 4\pi\frac{\partial}{\partial\varkappa}\right) \vartheta_{\substack{2,2,2\\3,2,2\\3,3,2\\3,3,3}}\left(\xi, \frac{\eta}{\alpha}, \frac{\zeta}{\beta}, \varkappa\right) = 0$$

und

$$\left(\frac{\partial^2}{\partial\xi^2} + \frac{\partial^2}{\partial\eta^2} + \frac{\partial^2}{\partial\zeta^2} - 8\pi\frac{\partial}{\partial\varkappa}\right) \vartheta_{6,6,6}\left(\xi, \frac{\eta}{\alpha}, \frac{\zeta}{\beta}, \varkappa\right) = 0. \tag{1433}$$

Sie nehmen entsprechend dem Verhalten der Theta-Funktionen für $\varkappa = 0$ überall den Wert Null an, mit Ausnahme der singulären Stellen, an welchen sie gemäß (5) und (129)' für

$$m_1 = 0, \pm 1, \pm 2, \pm 3, \ldots, \quad m_2 = 0, \pm 1, \pm 2, \pm 3, \ldots, \quad m_3 = 0, \pm 1, \pm 2, \pm 3, \ldots$$

die Werte

$$\left.\begin{aligned}
&\vartheta_{2,2,2}(m_1, m_2, m_3, 0) = \alpha\beta(-1)^{m_1+m_2+m_3} \lim_{\substack{\Delta\xi\to 0\\ \Delta\eta\to 0\\ \Delta\zeta\to 0}} \frac{1}{\Delta\xi\,\Delta\eta\,\Delta\zeta}, \quad \vartheta_{3,3,2}(m_1, m_2, m_3, 0) = \alpha\beta(-1)^{m_3} \lim_{\substack{\Delta\xi\to 0\\ \Delta\eta\to 0\\ \Delta\zeta\to 0}} \frac{1}{\Delta\xi\,\Delta\eta\,\Delta\zeta},\\
&\vartheta_{3,2,2}(m_1, m_2, m_3, 0) = \alpha\beta(-1)^{m_2+m_3} \lim_{\substack{\Delta\xi\to 0\\ \Delta\eta\to 0\\ \Delta\zeta\to 0}} \frac{1}{\Delta\xi\,\Delta\eta\,\Delta\zeta}, \quad \vartheta_{3,3,3}(m_1, m_2, m_3, 0) = \alpha\beta \lim_{\substack{\Delta\xi\to 0\\ \Delta\eta\to 0\\ \Delta\zeta\to 0}} \frac{1}{\Delta\xi\,\Delta\eta\,\Delta\zeta},\\
&\vartheta_{6,6,6}\left(m_1 \pm \frac{1}{4}, m_2 \pm \frac{1}{4}, m_3 \pm \frac{1}{4}, 0\right)\\
&\quad = \alpha\beta\left(\cos\frac{m_1\pi}{2} - \sin\frac{m_1\pi}{2}\right)\left(\cos\frac{m_2\pi}{2} - \sin\frac{m_2\pi}{2}\right)\left(\cos\frac{m_3\pi}{2} - \sin\frac{m_3\pi}{2}\right) \lim_{\substack{\Delta\xi\to 0\\ \Delta\eta\to 0\\ \Delta\zeta\to 0}} \frac{1}{\Delta\xi\,\Delta\eta\,\Delta\zeta}
\end{aligned}\right\} \tag{1434}$$

aufweisen.

Läßt man $\varkappa \to \infty$ gehen, so folgt aus dem Verhalten der Theta-Funktionen

$$\vartheta_{\substack{2,2,2\\3,2,2\\3,3,2\\6,6,6}}\left(\xi, \frac{\eta}{\alpha}, \frac{\zeta}{\beta}, \infty\right) = 0, \qquad \vartheta_{3,3,3}\left(\xi, \frac{\eta}{\alpha}, \frac{\zeta}{\beta}, \infty\right) = 1. \tag{1435}$$

Werden den dreidimensionalen Theta-Funktionen noch zwei- und eindimensionale Theta-Funktionen überlagert, so entstehen Funktionen, welche neben Punktsingularitäten auch noch Linien- und Flächensingularitäten aufweisen.

230. Integrale dreidimensionaler Theta-Funktionen nach dem Parameter

Die Untersuchungen dieses Abschnittes gelten den Integralen

$$\int_0^{\varkappa} \vartheta_{\substack{2,2,2\\3,2,2\\3,3,2\\3,3,3\\6,6,6}}\left(\xi, \frac{\eta}{\alpha}, \frac{\zeta}{\beta}, \bar\varkappa\right) d\bar\varkappa = \int_0^{\varkappa} \vartheta_{\substack{2\\3\\3\\3\\6}}(\xi, \bar\varkappa)\, \vartheta_{\substack{2\\2\\3\\3\\6}}\left(\frac{\eta}{\alpha}, \frac{\bar\varkappa}{\alpha^2}\right) \vartheta_{\substack{2\\2\\2\\3\\6}}\left(\frac{\zeta}{\beta}, \frac{\bar\varkappa}{\beta^2}\right) d\bar\varkappa, \tag{1436}$$

die inhomogenen, dreidimensionalen FOURIERschen Differentialgleichungen genügen. Diese lauten, wenn die Differentialgleichungen (1433) zwischen 0 und $\varkappa$ integriert und dabei die Gln. (1414)

sinngemäß berücksichtigt werden,

$$\left(\frac{\partial^2}{\partial\xi^2}+\frac{\partial^2}{\partial\eta^2}+\frac{\partial^2}{\partial\zeta^2}-4\pi\frac{\partial}{\partial\varkappa}\right)\int_0^\varkappa \vartheta_{\substack{2,2,2\\3,2,2\\3,3,2\\3,3,3}}\left(\xi,\frac{\eta}{\alpha},\frac{\zeta}{\beta},\bar\varkappa\right)d\bar\varkappa=-4\pi\,\vartheta_{\substack{2,2,2\\3,2,2\\3,3,2\\3,3,3}}\left(\xi,\frac{\eta}{\alpha},\frac{\zeta}{\beta},0\right),$$

$$\left(\frac{\partial^2}{\partial\xi^2}+\frac{\partial^2}{\partial\eta^2}+\frac{\partial^2}{\partial\zeta^2}-8\pi\frac{\partial}{\partial\varkappa}\right)\int_0^\varkappa \vartheta_{6,6,6}\left(\xi,\frac{\eta}{\alpha},\frac{\zeta}{\beta},\bar\varkappa\right)d\bar\varkappa=-8\pi\,\vartheta_{6,6,6}\left(\xi,\frac{\eta}{\alpha},\frac{\zeta}{\beta},0\right). \tag{1437}$$

Die in (1437) auftretenden Störungsfunktionen sind mit Ausnahme der in Abschnitt 229 gekennzeichneten Stellen überall Null.

Führt man die sinngemäß umgeschriebenen Entwicklungen (1416) bis (1418) der Theta-Funktionen in (1436) ein, so erhält man

$$\int_0^\varkappa \vartheta_{2,2,2}\left(\xi,\frac{\eta}{\alpha},\frac{\zeta}{\beta},\bar\varkappa\right)d\bar\varkappa=\alpha\beta\sum_{-\infty}^{+\infty}{}_l\sum_{-\infty}^{+\infty}{}_m\sum_{-\infty}^{+\infty}{}_n(-1)^{l+m+n}\int_0^\varkappa\frac{1}{\bar\varkappa\sqrt{\bar\varkappa}}e^{-\frac{\pi}{\bar\varkappa}(\xi-l)^2-\frac{\pi}{\bar\varkappa}(\eta-\alpha m)^2-\frac{\pi}{\bar\varkappa}(\zeta-\beta n)^2}d\bar\varkappa,$$

$$\int_0^\varkappa \vartheta_{3,2,2}\left(\xi,\frac{\eta}{\alpha},\frac{\zeta}{\beta},\bar\varkappa\right)d\bar\varkappa=\alpha\beta\sum_{-\infty}^{+\infty}{}_l\sum_{-\infty}^{+\infty}{}_m\sum_{-\infty}^{+\infty}{}_n(-1)^{m+n}\int_0^\varkappa\frac{1}{\bar\varkappa\sqrt{\bar\varkappa}}e^{-\frac{\pi}{\bar\varkappa}(\xi-l)^2-\frac{\pi}{\bar\varkappa}(\eta-\alpha m)^2-\frac{\pi}{\bar\varkappa}(\zeta-\beta n)^2}d\bar\varkappa,$$

$$\int_0^\varkappa \vartheta_{3,3,2}\left(\xi,\frac{\eta}{\alpha},\frac{\zeta}{\beta},\bar\varkappa\right)d\bar\varkappa=\alpha\beta\sum_{-\infty}^{+\infty}{}_l\sum_{-\infty}^{+\infty}{}_m\sum_{-\infty}^{+\infty}{}_n(-1)^{n}\int_0^\varkappa\frac{1}{\bar\varkappa\sqrt{\bar\varkappa}}e^{-\frac{\pi}{\bar\varkappa}(\xi-l)^2-\frac{\pi}{\bar\varkappa}(\eta-\alpha m)^2-\frac{\pi}{\bar\varkappa}(\zeta-\beta n)^2}d\bar\varkappa,$$

$$\int_0^\varkappa \vartheta_{3,3,3}\left(\xi,\frac{\eta}{\alpha},\frac{\zeta}{\beta},\bar\varkappa\right)d\bar\varkappa=\alpha\beta\sum_{-\infty}^{+\infty}{}_l\sum_{-\infty}^{+\infty}{}_m\sum_{-\infty}^{+\infty}{}_n\int_0^\varkappa\frac{1}{\bar\varkappa\sqrt{\bar\varkappa}}e^{-\frac{\pi}{\bar\varkappa}(\xi-l)^2-\frac{\pi}{\bar\varkappa}(\eta-\alpha m)^2-\frac{\pi}{\bar\varkappa}(\zeta-\beta n)^2}d\bar\varkappa,$$

$$\int_0^\varkappa \vartheta_{6,6,6}\left(\xi,\frac{\eta}{\alpha},\frac{\zeta}{\beta},\bar\varkappa\right)d\bar\varkappa=\alpha\beta\sum_{-\infty}^{+\infty}{}_l\sum_{-\infty}^{+\infty}{}_m\sum_{-\infty}^{+\infty}{}_n\left(\cos\frac{l\pi}{2}-\sin\frac{l\pi}{2}\right)\left(\cos\frac{m\pi}{2}-\sin\frac{m\pi}{2}\right)\left(\cos\frac{n\pi}{2}-\sin\frac{n\pi}{2}\right)\times$$

$$\times\int_0^\varkappa\frac{e^{-\frac{2\pi}{\bar\varkappa}\left[\left(\xi-\frac14-\frac l2\right)^2+\left(\eta-\frac\alpha4-\frac{\alpha m}{2}\right)^2+\left(\zeta-\frac\beta4-\frac{\beta n}{2}\right)^2\right]}}{\frac12\bar\varkappa\sqrt{\frac12\bar\varkappa}}d\bar\varkappa.$$

Die vorstehenden Integrale lassen sich, wenn neue Integrationsveränderliche t in der Form eingeführt werden, daß der Exponent der e-Funktion gleich $-t^2$ gesetzt wird, durch die Fehlerfunktion Φ von (1351) darstellen. So ergibt sich

$$\int_0^\varkappa \vartheta_{2,2,2}\left(\xi,\frac{\eta}{\alpha},\frac{\zeta}{\beta},\bar\varkappa\right)d\bar\varkappa=\alpha\beta\sum_{-\infty}^{+\infty}{}_l\sum_{-\infty}^{+\infty}{}_m\sum_{-\infty}^{+\infty}{}_n\frac{1-\Phi\left(\sqrt{\frac{\pi}{\varkappa}}\sqrt{(\xi-l)^2+(\eta-\alpha m)^2+(\zeta-\beta n)^2}\right)}{(-1)^{l+m+n}\sqrt{(\xi-l)^2+(\eta-\alpha m)^2+(\zeta-\beta n)^2}}, \tag{1438}$$

$$\int_0^\varkappa \vartheta_{3,2,2}\left(\xi,\frac{\eta}{\alpha},\frac{\zeta}{\beta},\bar\varkappa\right)d\bar\varkappa=\alpha\beta\sum_{-\infty}^{+\infty}{}_l\sum_{-\infty}^{+\infty}{}_m\sum_{-\infty}^{+\infty}{}_n\frac{1-\Phi\left(\sqrt{\frac{\pi}{\varkappa}}\sqrt{(\xi-l)^2+(\eta-\alpha m)^2+(\zeta-\beta n)^2}\right)}{(-1)^{m+n}\sqrt{(\xi-l)^2+(\eta-\alpha m)^2+(\zeta-\beta n)^2}}, \tag{1439}$$

$$\int_0^\varkappa \vartheta_{3,3,2}\left(\xi,\frac{\eta}{\alpha},\frac{\zeta}{\beta},\bar\varkappa\right)d\bar\varkappa=\alpha\beta\sum_{-\infty}^{+\infty}{}_l\sum_{-\infty}^{+\infty}{}_m\sum_{-\infty}^{+\infty}{}_n\frac{1-\Phi\left(\sqrt{\frac{\pi}{\varkappa}}\sqrt{(\xi-l)^2+(\eta-\alpha m)^2+(\zeta-\beta n)^2}\right)}{(-1)^{n}\sqrt{(\xi-l)^2+(\eta-\alpha m)^2+(\zeta-\beta n)^2}}, \tag{1440}$$

$$\int_0^\varkappa \vartheta_{3,3,3}\left(\xi,\frac{\eta}{\alpha},\frac{\zeta}{\beta},\bar\varkappa\right)d\bar\varkappa=\alpha\beta\sum_{-\infty}^{+\infty}{}_l\sum_{-\infty}^{+\infty}{}_m\sum_{-\infty}^{+\infty}{}_n\frac{1-\Phi\left(\sqrt{\frac{\pi}{\varkappa}}\sqrt{(\xi-l)^2+(\eta-\alpha m)^2+(\zeta-\beta n)^2}\right)}{\sqrt{(\xi-l)^2+(\eta-\alpha m)^2+(\zeta-\beta n)^2}}, \tag{1441}$$

$$\int_0^\varkappa \vartheta_{6,6,6}\left(\xi,\frac{\eta}{\alpha},\frac{\zeta}{\beta},\bar\varkappa\right)d\bar\varkappa=2\sqrt2\,\alpha\beta\sum_{-\infty}^{+\infty}{}_l\sum_{-\infty}^{+\infty}{}_m\sum_{-\infty}^{+\infty}{}_n\times$$

$$\times\frac{1-\Phi\left(\sqrt{\frac{2\pi}{\varkappa}}\sqrt{\left(\xi-\frac14-\frac l2\right)^2+\left(\eta-\frac\alpha4-\frac{\alpha m}{2}\right)^2+\left(\zeta-\frac\beta4-\frac{\beta n}{2}\right)^2}\right)}{\left(\cos\frac{l\pi}{2}-\sin\frac{l\pi}{2}\right)\left(\cos\frac{m\pi}{2}-\sin\frac{m\pi}{2}\right)\left(\cos\frac{n\pi}{2}-\sin\frac{n\pi}{2}\right)\sqrt{\left(\xi-\frac14-\frac l2\right)^2+\left(\eta-\frac\alpha4-\frac{\alpha m}{2}\right)^2+\left(\zeta-\frac\beta4-\frac{\beta n}{2}\right)^2}}. \tag{1442}$$

Läßt man $\varkappa \to \infty$ gehen, so streben nach (1351) die Φ-Funktionen dem Wert Null zu. Man erhält daher für die vollständigen Integrale

$$\int_0^\infty \vartheta_{2,2,2}\left(\xi, \frac{\eta}{\alpha}, \frac{\zeta}{\beta}, \varkappa\right) d\varkappa = \alpha\beta \sum_{-\infty}^{+\infty}{}_l \sum_{-\infty}^{+\infty}{}_m \sum_{-\infty}^{+\infty}{}_n \frac{(-1)^{l+m+n}}{\sqrt{(\xi-l)^2+(\eta-\alpha m)^2+(\zeta-\beta n)^2}}, \tag{1443}$$

$$\int_0^\infty \vartheta_{3,2,2}\left(\xi, \frac{\eta}{\alpha}, \frac{\zeta}{\beta}, \varkappa\right) d\varkappa = \alpha\beta \sum_{-\infty}^{+\infty}{}_l \sum_{-\infty}^{+\infty}{}_m \sum_{-\infty}^{+\infty}{}_n \frac{(-1)^{m+n}}{\sqrt{(\xi-l)^2+(\eta-\alpha m)^2+(\zeta-\beta n)^2}}, \tag{1444}$$

$$\int_0^\infty \vartheta_{3,3,2}\left(\xi, \frac{\eta}{\alpha}, \frac{\zeta}{\beta}, \varkappa\right) d\varkappa = \alpha\beta \sum_{-\infty}^{+\infty}{}_l \sum_{-\infty}^{+\infty}{}_m \sum_{-\infty}^{+\infty}{}_n \frac{(-1)^{n}}{\sqrt{(\xi-l)^2+(\eta-\alpha m)^2+(\zeta-\beta n)^2}}, \tag{1445}$$

$$\int_0^\infty \vartheta_{3,3,3}\left(\xi, \frac{\eta}{\alpha}, \frac{\zeta}{\beta}, \varkappa\right) d\varkappa = \alpha\beta \sum_{-\infty}^{+\infty}{}_l \sum_{-\infty}^{+\infty}{}_m \sum_{-\infty}^{+\infty}{}_n \frac{1}{\sqrt{(\xi-l)^2+(\eta-\alpha m)^2+(\zeta-\beta n)^2}}, \tag{1446}$$

$$\int_0^\infty \vartheta_{6,6,6}\left(\xi, \frac{\eta}{\alpha}, \frac{\zeta}{\beta}, \varkappa\right) d\varkappa = 2\sqrt{2}\,\alpha\beta \sum_{-\infty}^{+\infty}{}_l \sum_{-\infty}^{+\infty}{}_m \sum_{-\infty}^{+\infty}{}_n \frac{\left(\cos\frac{l\pi}{2}-\sin\frac{l\pi}{2}\right)\left(\cos\frac{m\pi}{2}-\sin\frac{m\pi}{2}\right)\left(\cos\frac{n\pi}{2}-\sin\frac{n\pi}{2}\right)}{\sqrt{\left(\xi-\frac{1}{4}-\frac{l}{2}\right)^2+\left(\eta-\frac{\alpha}{4}-\frac{\alpha m}{2}\right)^2+\left(\zeta-\frac{\beta}{4}-\frac{\beta n}{2}\right)^2}}. \tag{1447}$$

Entsprechend dem dreifach periodischen Charakter der Integranden können die Entwicklungen (1438) bis (1447) auf den Argumentbereich $0 \leqq \xi \leqq \frac{1}{2}$, $0 \leqq \eta \leqq \alpha/2$, $0 \leqq \zeta \leqq \beta/2$ beschränkt werden.

231. Ein-, zwei- und dreidimensionale Theta-Funktionen in vergleichender Gegenüberstellung

Die ein-, zwei- und dreidimensionalen Theta-Funktionen beschreiben, physikalisch gesehen, ein-, zwei- und dreifach periodisch verlaufende Ausgleichvorgänge bei singulären Ausgangszuständen. Dabei vollzieht sich der Ausgleich um so schneller, je höher die Dimension der Theta-Funktion ist. Um dies in einer vergleichenden Gegenüberstellung zu veranschaulichen, sind in Abb. 372 die

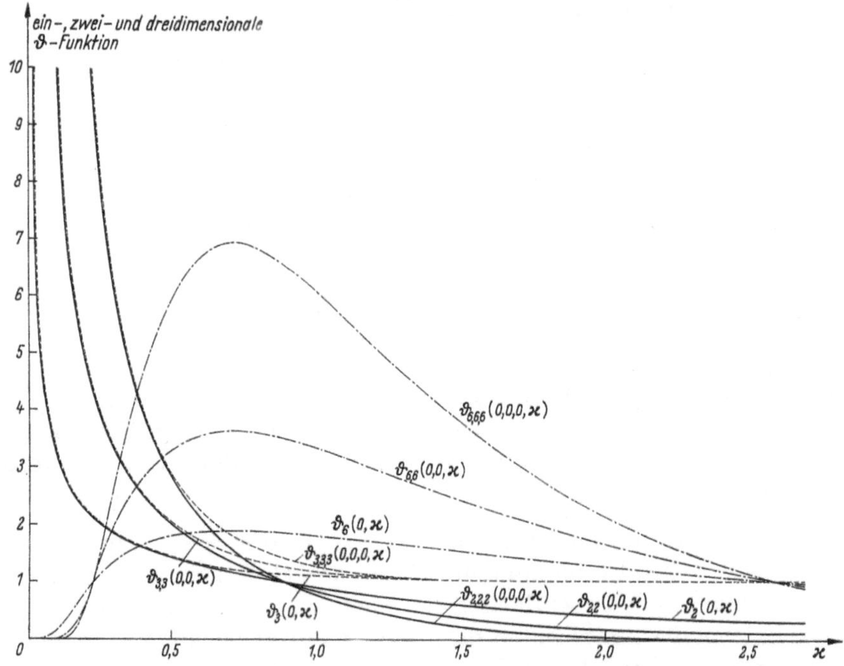

Abb. 372. Verlauf der Extremalamplituden der ein-, zwei- und dreidimensionalen Theta-Funktionen $\vartheta_{\substack{2\\3\\6}}(0, \varkappa)$, $\vartheta_{\substack{2,2\\3,3\\6,6}}(0, 0, \varkappa)$ und $\vartheta_{\substack{2,2,2\\3,3,3\\6,6,6}}(0, 0, 0, \varkappa)$

Extremalamplituden der drei Funktionsgruppen

$$\vartheta_2,\ \vartheta_{2,2},\ \vartheta_{2,2,2} \quad \text{bzw.} \quad \vartheta_3,\ \vartheta_{3,3},\ \vartheta_{3,3,3} \quad \text{bzw.} \quad \vartheta_6,\ \vartheta_{6,6},\ \vartheta_{6,6,6}$$

in Abhängigkeit von $\varkappa$ dargestellt worden. Den Extremalamplituden entsprechen gerade diejenigen Argumentwerte, für welche die Funktionen für $\varkappa = 0$ singulär werden, also beispielsweise die Stellen

$$\xi = 0 \quad \text{bzw.} \quad \xi = 0, \quad \eta = 0 \quad \text{bzw.} \quad \xi = 0, \quad \eta = 0, \quad \zeta = 0$$

im Falle der zweiten und dritten Charakteristik und

$$\xi = \tfrac{1}{4} \quad \text{bzw.} \quad \xi = \tfrac{1}{4}, \quad \eta = \tfrac{1}{4} \quad \text{bzw.} \quad \xi = \tfrac{1}{4}, \quad \eta = \tfrac{1}{4}, \quad \zeta = \tfrac{1}{4}$$

im Falle der sechsten Charakteristik unter Zugrundelegung von $\alpha = 1$ bzw. $\alpha = 1$, $\beta = 1$.

232. Zweidimensionale *D*-Funktionen

Nach den Ausführungen in Abschnitt 224 lassen sich aus den ∞^1 eindimensionalen D-Funktionen durch Produktbildung ∞^2 zweidimensionale D-Funktionen gewinnen. Diese genügen nach (1400) und (1401), wenn

$$\zeta_1 = \xi, \quad \zeta_2 = \eta \quad \text{und} \quad \alpha_1 = 1, \quad \alpha_2 = \alpha$$

gesetzt wird, den zweidimensionalen, homogenen FOURIERschen Differentialgleichungen

$$\left.\begin{aligned} &\left(\frac{\partial^2}{\partial \xi^2} + \frac{\partial^2}{\partial \eta^2} - 4\pi \frac{\partial}{\partial \varkappa}\right) D_{\underset{j}{i},m,n}\left(\xi, \frac{\eta}{\alpha}, \varkappa\right) = 0 \quad \text{für} \quad i = 1, 2, 3, 4, \quad \text{und} \quad j = 1, 2, 3, 4, \\ &\left(\frac{\partial^2}{\partial \xi^2} + \frac{\partial^2}{\partial \eta^2} - 8\pi \frac{\partial}{\partial \varkappa}\right) D_{\underset{j}{i},m,n}\left(\xi, \frac{\eta}{\alpha}, \varkappa\right) = 0 \quad \text{für} \quad i = 5, 6 \qquad \text{und} \quad j = 5, 6. \end{aligned}\right. \tag{1448}$$

Es ist naturgemäß nicht möglich, die Fülle der zweidimensionalen D-Funktionen zu beschreiben. Zur ersten Ordnung gehören beispielsweise die Funktionen

$$\left.\begin{aligned} D_{\underset{2}{2},1,1}\left(\xi, \frac{\eta}{\alpha}, \varkappa\right) &= D_{2,1}(\xi, \varkappa)\, D_{2,1}\left(\frac{\eta}{\alpha}, \frac{\varkappa}{\alpha^2}\right), \\ D_{\underset{3}{3},1,1}\left(\xi, \frac{\eta}{\alpha}, \varkappa\right) &= D_{3,1}(\xi, \varkappa)\, D_{3,1}\left(\frac{\eta}{\alpha}, \frac{\varkappa}{\alpha^2}\right), \\ D_{\underset{6}{6},1,1}\left(\xi, \frac{\eta}{\alpha}, \varkappa\right) &= D_{6,1}(\xi, \varkappa)\, D_{6,1}\left(\frac{\eta}{\alpha}, \frac{\varkappa}{\alpha^2}\right), \end{aligned}\right\} \tag{1449}$$

und zur zweiten die Funktion

$$D_{\underset{1}{1},2,2}\left(\xi, \frac{\eta}{\alpha}, \varkappa\right) = D_{1,2}(\xi, \varkappa)\, D_{1,2}\left(\frac{\eta}{\alpha}, \frac{\varkappa}{\alpha^2}\right). \tag{1450}$$

Ein gemeinsames Merkmal der vier Funktionen ist, daß sie in der ξ- und η-Richtung periodisch alternieren, wobei die Halbperioden bei der ersten, dritten und vierten Funktion gleich 1 und bei der zweiten gleich $\frac{1}{2}$ sind. Während die erste Gruppe für ganzzahlige Argumentwerte verschwindet, liegen die entsprechenden Argumente für $D_{\underset{3}{3},1,1}$ gerade mittig dazwischen. Es genügt hiernach, die Betrachtungen auf den Argumentbereich $0 \leqq \xi \leqq 1$, $0 \leqq \eta \leqq \alpha$ zu beschränken. Hierfür ergibt sich im Falle von $\varkappa = 0$ in Verbindung mit (1350) und (1384) ein unstetiger Ausgangszustand, der aber nicht mehr in allen Fällen ebenflächig ist. Dieser stellt gleichzeitig für die gesamte Bezugsebene den Zustand extremaler Amplituden dar, denn mit wachsendem $\varkappa$ nehmen die Funktionswerte monoton ab. Für die Grenzlage folgt

$$D_{\underset{2}{2},1,1}\left(\xi, \frac{\eta}{\alpha}, \infty\right) = D_{\underset{3}{3},1,1}\left(\xi, \frac{\eta}{\alpha}, \infty\right) = D_{\underset{6}{6},1,1}\left(\xi, \frac{\eta}{\alpha}, \infty\right) = D_{\underset{1}{1},2,2}\left(\xi, \frac{\eta}{\alpha}, \infty\right) = 0. \tag{1451}$$

Besonders interessante Funktionen sind $D_{\substack{2,1,1\\2}}$ und $D_{\substack{6,1,1\\6}}$, die für $\varkappa = 0$ innerhalb des Halbperiodenbereiches $0 \leqq \xi \leqq 1$, $0 \leqq \eta \leqq \alpha$ bereichsweise konstant und bereichsweise Null sind. Für die aus Abb. 373 und 374 ersichtlichen Nullwertfunktionen ergibt sich:

$$\begin{aligned} D_{\substack{2,1,1\\2}}\left(\xi, \frac{\eta}{\alpha}, 0\right) &= \frac{1}{4} \quad \text{für} \quad 0 < \xi < 1, \quad 0 < \eta < \alpha, \\ D_{\substack{2,1,1\\2}}\left(0, \frac{\eta}{\alpha}, 0\right) &= D_{\substack{2,1,1\\2}}(\xi, 0, 0) = D_{\substack{2,1,1\\2}}\left(1, \frac{\eta}{\alpha}, 0\right) = D_{\substack{2,1,1\\2}}(\xi, 1, 0) = 0; \end{aligned} \tag{1452}$$

$$D_{\substack{6,1,1\\6}}\left(\xi, \frac{\eta}{\alpha}, 0\right) = 1 \quad \text{für} \quad \frac{1}{4} < \xi < \frac{3}{4}, \quad \frac{\alpha}{4} < \eta < \frac{3\alpha}{4}, \quad \text{im übrigen} \quad D_{\substack{6,1,1\\6}}\left(\xi, \frac{\eta}{\alpha}, 0\right) = 0. \tag{1453}$$

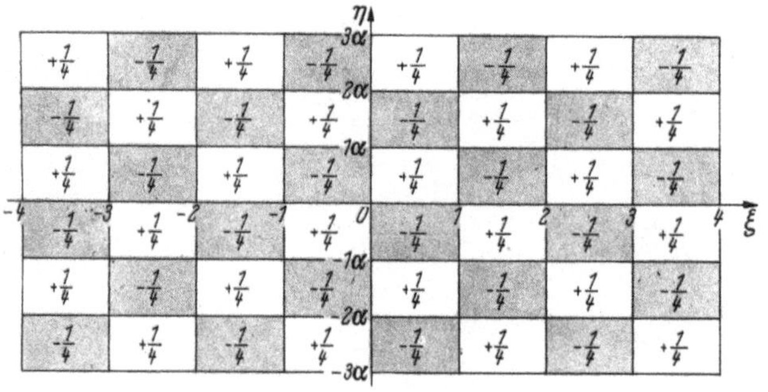

Abb. 373. Wertebereich der zweidimensionalen Nullwertfunktion $D_{\substack{2,1,1\\2}}\left(\xi, \frac{\eta}{\alpha}, 0\right)$

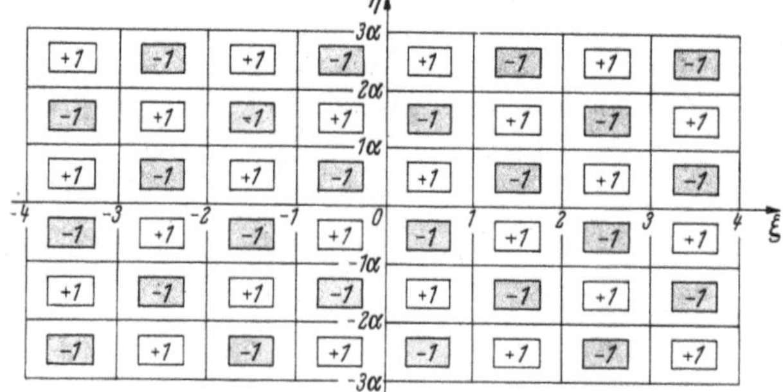

Abb. 374. Wertebereich der zweidimensionalen Nullwertfunktion $D_{\substack{6,1,1\\6}}\left(\xi, \frac{\eta}{\alpha}, 0\right)$

233. Dreidimensionale *D*-Funktionen

Aus den ∞^1 eindimensionalen D-Funktionen entstehen durch Produktbildung ∞^3 dreidimensionale D-Funktionen, die, wenn $\zeta_1, \zeta_2, \zeta_3$ mit ξ, η, ζ und $\alpha_1, \alpha_2, \alpha_3$ mit $1, \alpha, \beta$ vertauscht werden, der FOURIERschen Differentialgleichung

$$\left(\frac{\partial^2}{\partial \xi^2} + \frac{\partial^2}{\partial \eta^2} + \frac{\partial^2}{\partial \zeta^2} - 4\pi \frac{\partial}{\partial \varkappa}\right) D_{\substack{i,l,m,n\\j\\k}}\left(\xi, \frac{\eta}{\alpha}, \frac{\zeta}{\beta}, \varkappa\right) = 0 \quad (i, j, k = 1, 2, 3, 4) \tag{1454}$$

bzw.

$$\left(\frac{\partial^2}{\partial \xi^2} + \frac{\partial^2}{\partial \eta^2} + \frac{\partial^2}{\partial \zeta^2} - 8\pi \frac{\partial}{\partial \varkappa}\right) D_{\substack{i,l,m,n\\j\\k}}\left(\xi, \frac{\eta}{\alpha}, \frac{\zeta}{\beta}, \varkappa\right) = 0 \quad (i, j, k = 5, 6) \tag{1455}$$

genügen.

Bemerkenswerte Sonderfälle dreidimensionaler D-Funktionen bilden die beiden Funktionen

$$\begin{aligned} D_{\substack{2,1,1,1\\2\\2}}\left(\xi, \frac{\eta}{\alpha}, \frac{\zeta}{\beta}, \varkappa\right) &= D_{2,1}(\xi, \varkappa)\, D_{2,1}\left(\frac{\eta}{\alpha}, \frac{\varkappa}{\alpha^2}\right) D_{2,1}\left(\frac{\zeta}{\beta}, \frac{\varkappa}{\beta^2}\right), \\ D_{\substack{6,1,1,1\\6\\6}}\left(\xi, \frac{\eta}{\alpha}, \frac{\zeta}{\beta}, \varkappa\right) &= D_{6,1}(\xi, \varkappa)\, D_{6,1}\left(\frac{\eta}{\alpha}, \frac{\varkappa}{\alpha^2}\right) D_{6,1}\left(\frac{\zeta}{\beta}, \frac{\varkappa}{\beta^2}\right), \end{aligned} \tag{1456}$$

die für $\varkappa = 0$ innerhalb des Halbperiodenbereiches $0 \leqq \xi \leqq 1$, $0 \leqq \eta \leqq \alpha$, $0 \leqq \zeta \leqq \beta$ ähnlich wie die erste und dritte der im vorigen Abschnitt betrachteten Funktionen bereichsweise konstant, nämlich $\frac{1}{8}$ bzw. $\frac{1}{4}$, und bereichsweise Null werden.

234. Ein-, zwei- und dreidimensionale *D*-Funktionen in vergleichender Gegenüberstellung

Die ein-, zwei- und dreidimensionalen Funktionen

$$D_{2,1}(\xi, \varkappa), \quad D_{\substack{2,1,1\\2}}\left(\xi, \frac{\eta}{\alpha}, \varkappa\right), \quad D_{\substack{2,1,1,1\\2\\2}}\left(\xi, \frac{\eta}{\alpha}, \frac{\zeta}{\beta}, \varkappa\right)$$

und

$$D_{6,1}(\xi, \varkappa), \quad D_{\substack{6,1,1\\6}}\left(\xi, \frac{\eta}{\alpha}, \varkappa\right), \quad D_{\substack{6,1,1,1\\6\\6}}\left(\xi, \frac{\eta}{\alpha}, \frac{\zeta}{\beta}, \varkappa\right)$$

lassen sich entsprechend dem in den Abschnitten 222, 232 und 233 beschriebenen Verhalten als örtlich ein-, zwei- und dreifach periodische Wärmeausgleichvorgänge mit den Periodenzahlen 1 bzw. 1 und α bzw. 1, α und β für streckenweise, rechtecksweise und quaderweise konstante Ausgangstemperaturen deuten. Die maximalen Amplituden im Grundperiodenfeld treten immer

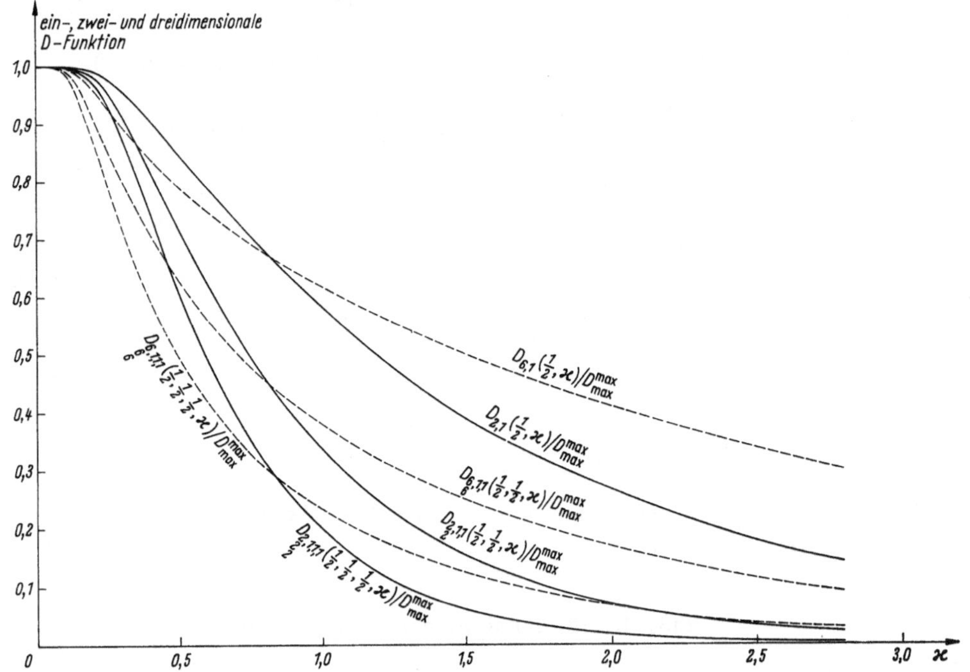

Abb. 375

Verlauf der Extremalamplituden der ein-, zwei- und dreidimensionalen D-Funktionen $D_{2,1}\left(\frac{1}{2}, \varkappa\right)$, $D_{\frac{2}{2},1,1}\left(\frac{1}{2}, \frac{1}{2}, \varkappa\right)$, $D_{\frac{2}{2}\frac{}{2},1,1,1}\left(\frac{1}{2}, \frac{1}{2}, \frac{1}{2}, \varkappa\right)$, $D_{6,1}\left(\frac{1}{2}, \varkappa\right)$, $D_{\frac{6}{6},1,1}\left(\frac{1}{2}, \frac{1}{2}, \varkappa\right)$ und $D_{\frac{6}{6}\frac{}{6},1,1,1}\left(\frac{1}{2}, \frac{1}{2}, \frac{1}{2}, \varkappa\right)$, bezogen auf $D^{\max}_{\max}$

an den Stellen $\xi = \frac{1}{2}$ bzw. $\eta/\alpha = \frac{1}{2}$ bzw. $\zeta/\beta = \frac{1}{2}$ auf. Sie liefern einen guten größenordnungsmäßigen Überblick über den zeitlichen Ablauf solcher ein-, zwei- und dreidimensionalen Ausgleichvorgänge, wie Abb. 375 für quadratische und würfelige Periodenfelder ($\alpha = 1$ bzw. $\alpha = 1$ und $\beta = 1$) erkennen läßt.

235. Integrale einiger Produkte und Quadrate von Theta-Nullwert-Funktionen und Identitätsbeziehungen. Integral von K nach $\varkappa$

Aus den uneigentlichen Integralen von Abschnitt 228 folgen, wenn die Argumente passend gewählt werden, geschlossene Darstellungen für einige Theta-Nullwert-Integrale.

Werden die Gln. (1430) voneinander abgezogen, so ergibt sich

$$\int_0^\infty \left[\vartheta_3(0, \varkappa)\, \vartheta_4\left(0, \frac{\varkappa}{\alpha^2}\right) - \vartheta_4(0, \varkappa)\, \vartheta_3\left(0, \frac{\varkappa}{\alpha^2}\right)\right] d\varkappa = \alpha \ln \frac{k(\alpha)}{k'(\alpha)}. \tag{1457}$$

Wird in (1429) $\xi = \frac{1}{2}$, $\eta = \alpha/2$ gesetzt, so folgt mit (1430), (37), (67), (116), (280) und (281)

$$\int_0^\infty [\vartheta_4(0, \varkappa) - \vartheta_3(0, \varkappa)]\, \vartheta_4\left(0, \frac{\varkappa}{\alpha^2}\right) d\varkappa = \alpha \ln k'(\alpha), \qquad \int_0^\infty \left[\vartheta_4\left(0, \frac{\varkappa}{\alpha^2}\right) - \vartheta_3\left(0, \frac{\varkappa}{\alpha^2}\right)\right] \vartheta_4(0, \varkappa)\, d\varkappa = \alpha \ln k(\alpha). \tag{1458}$$

Für $\xi = \frac{1}{2}$, $\eta = 0$ liefert (1426) in Verbindung mit (284)

$$\int_0^\infty \vartheta_4(0, \varkappa)\, \vartheta_2\left(0, \frac{\varkappa}{\alpha^2}\right) d\varkappa = \alpha \ln \frac{1 + k'(\alpha)}{1 - k'(\alpha)}. \tag{1459}$$

Hieraus folgt für $\alpha = 1$

$$\int_0^\infty \vartheta_2(0, \varkappa)\, \vartheta_4(0, \varkappa)\, d\varkappa = 2 \ln(1 + \sqrt{2}) \tag{1460}$$

und in Verbindung mit (527)

$$\int_0^\infty \vartheta_6^2(0, \varkappa)\, d\varkappa = 8 \ln(1 + \sqrt{2}). \tag{1461}$$

Wird in (1460) $\varkappa$ mit $2\varkappa$ vertauscht und gleichzeitig (93) berücksichtigt, so ergibt sich

$$\int_0^\infty \vartheta_1^2(\tfrac{1}{4}, \varkappa)\, d\varkappa = \int_0^\infty \vartheta_2^2(\tfrac{1}{4}, \varkappa)\, d\varkappa = \ln(1 + \sqrt{2}). \tag{1462}$$

Setzt man in (1458) $\alpha = 1$, so folgt bei Beachtung von (93)

$$\int_0^\infty [\vartheta_4^2(0, 2\varkappa) - \vartheta_4^2(0, \varkappa)]\, d\varkappa = \ln \sqrt{2}. \tag{1463}$$

Werden in (1419) bis (1423) die Argumentwerte passend gewählt, so ergeben sich die nachstehend zusammengestellten Identitätsgleichungen und Integraldarstellungen mit Doppelsummen von ei-Funktionen:

$$\left.\begin{aligned}
&\sum_{-\infty}^{+\infty}{}_m \sum_{-\infty}^{+\infty}{}_n (-1)^{m+n} \operatorname{ei}\left(\frac{\pi}{\varkappa}\left(m^2 + \alpha^2\left(\frac{1}{2} - n\right)^2\right)\right) = 0,\\
&\sum_{-\infty}^{+\infty}{}_m \sum_{-\infty}^{+\infty}{}_n (-1)^{m+n} \operatorname{ei}\left(\frac{\pi}{\varkappa}\left(\left(\frac{1}{2} - m\right)^2 + \alpha^2 n^2\right)\right) = 0,\\
&\sum_{-\infty}^{+\infty}{}_m \sum_{-\infty}^{+\infty}{}_n (-1)^{m+n} \operatorname{ei}\left(\frac{\pi}{\varkappa}\left(\left(\frac{1}{2} - m\right)^2 + \alpha^2\left(\frac{1}{2} - n\right)^2\right)\right) = 0,\\
&\sum_{-\infty}^{+\infty}{}_m \sum_{-\infty}^{+\infty}{}_n (-1)^{n} \operatorname{ei}\left(\frac{\pi}{\varkappa}\left(m^2 + \alpha^2\left(\frac{1}{2} - n\right)^2\right)\right) = 0,\\
&\sum_{-\infty}^{+\infty}{}_m \sum_{-\infty}^{+\infty}{}_n \left(\cos\frac{m\pi}{2} - \sin\frac{m\pi}{2}\right)\left(\cos\frac{n\pi}{2} - \sin\frac{n\pi}{2}\right) \operatorname{ei}\left(\frac{2\pi}{\varkappa}\left(\left(\frac{1}{4} + \frac{m}{2}\right)^2 + \alpha^2\left(\frac{1}{4} - \frac{n}{2}\right)^2\right)\right) = 0,\\
&\sum_{-\infty}^{+\infty}{}_m \sum_{-\infty}^{+\infty}{}_n \left(\cos\frac{m\pi}{2} - \sin\frac{m\pi}{2}\right)\left(\cos\frac{n\pi}{2} - \sin\frac{n\pi}{2}\right) \operatorname{ei}\left(\frac{2\pi}{\varkappa}\left(\left(\frac{1}{4} - \frac{m}{2}\right)^2 + \alpha^2\left(\frac{1}{4} + \frac{n}{2}\right)^2\right)\right) = 0,\\
&\sum_{-\infty}^{+\infty}{}_m \sum_{-\infty}^{+\infty}{}_n \left(\cos\frac{m\pi}{2} - \sin\frac{m\pi}{2}\right)\left(\cos\frac{n\pi}{2} - \sin\frac{n\pi}{2}\right) \operatorname{ei}\left(\frac{2\pi}{\varkappa}\left(\left(\frac{1}{4} + \frac{m}{2}\right)^2 + \alpha^2\left(\frac{1}{4} + \frac{n}{2}\right)^2\right)\right) = 0.
\end{aligned}\right\} \tag{1464}$$

$$\left.\begin{aligned}
&\int_0^\varkappa \vartheta_4(0, \bar\varkappa)\, \vartheta_2\left(0, \frac{\bar\varkappa}{\alpha^2}\right) d\bar\varkappa = \alpha \sum_{-\infty}^{+\infty}{}_m \sum_{-\infty}^{+\infty}{}_n (-1)^n \operatorname{ei}\left(\frac{\pi}{\varkappa}\left(\left(\frac{1}{2} - m\right)^2 + \alpha^2 n^2\right)\right),\\
&\int_0^\varkappa \vartheta_4(0, \bar\varkappa)\, \vartheta_3\left(0, \frac{\bar\varkappa}{\alpha^2}\right) d\bar\varkappa = \alpha \sum_{-\infty}^{+\infty}{}_m \sum_{-\infty}^{+\infty}{}_n \operatorname{ei}\left(\frac{\pi}{\varkappa}\left(\left(\frac{1}{2} - m\right)^2 + \alpha^2 n^2\right)\right),\\
&\int_0^\varkappa \vartheta_3(0, \bar\varkappa)\, \vartheta_4\left(0, \frac{\bar\varkappa}{\alpha^2}\right) d\bar\varkappa = \alpha \sum_{-\infty}^{+\infty}{}_m \sum_{-\infty}^{+\infty}{}_n \operatorname{ei}\left(\frac{\pi}{\varkappa}\left(m^2 + \alpha^2\left(\frac{1}{2} - n\right)^2\right)\right),\\
&\int_0^\varkappa \vartheta_4(0, \bar\varkappa)\, \vartheta_4\left(0, \frac{\bar\varkappa}{\alpha^2}\right) d\bar\varkappa = \alpha \sum_{-\infty}^{+\infty}{}_m \sum_{-\infty}^{+\infty}{}_n \operatorname{ei}\left(\frac{\pi}{\varkappa}\left(\left(\frac{1}{2} - m\right)^2 + \alpha^2\left(\frac{1}{2} - n\right)^2\right)\right),\\
&\int_0^\varkappa \vartheta_6(0, \bar\varkappa)\, \vartheta_6\left(0, \frac{\bar\varkappa}{\alpha^2}\right) d\bar\varkappa = 2\alpha \sum_{-\infty}^{+\infty}{}_m \sum_{-\infty}^{+\infty}{}_n \left(\cos\frac{m\pi}{2} - \sin\frac{m\pi}{2}\right)\left(\cos\frac{n\pi}{2} - \sin\frac{n\pi}{2}\right) \times\\
&\qquad\qquad \times \operatorname{ei}\left(\frac{2\pi}{\varkappa}\left(\left(\frac{1}{4} + \frac{m}{2}\right)^2 + \alpha^2\left(\frac{1}{4} + \frac{n}{2}\right)^2\right)\right).
\end{aligned}\right\} \tag{1465}$$

Wird in (1465) $\alpha = 1$ gesetzt, so folgt

$$\left.\begin{aligned}
&\int_0^{\varkappa} \vartheta_2(0, \bar{\varkappa})\, \vartheta_4(0, \bar{\varkappa})\, d\bar{\varkappa} = \sum_{m=-\infty}^{+\infty} \sum_{n=-\infty}^{+\infty} (-1)^n \operatorname{ei}\left(\frac{\pi}{\varkappa}\left(\left(\frac{1}{2} - m\right)^2 + n^2\right)\right),\\
&\int_0^{\varkappa} \vartheta_3(0, \bar{\varkappa})\, \vartheta_4(0, \bar{\varkappa})\, d\bar{\varkappa} = \sum_{m=-\infty}^{+\infty} \sum_{n=-\infty}^{+\infty} \operatorname{ei}\left(\frac{\pi}{\varkappa}\left(\left(\frac{1}{2} - m\right)^2 + n^2\right)\right),\\
&\int_0^{\varkappa} \vartheta_4^2(0, \bar{\varkappa})\, d\bar{\varkappa} = \sum_{m=-\infty}^{+\infty} \sum_{n=-\infty}^{+\infty} \operatorname{ei}\left(\frac{\pi}{\varkappa}\left(\left(\frac{1}{2} - m\right)^2 + \left(\frac{1}{2} - n\right)^2\right)\right),\\
&\int_0^{\varkappa} \vartheta_6^2(0, \bar{\varkappa})\, d\bar{\varkappa} = 2 \sum_{m=-\infty}^{+\infty} \sum_{n=-\infty}^{+\infty} \left(\cos\frac{m\pi}{2} - \sin\frac{m\pi}{2}\right)\left(\cos\frac{n\pi}{2} - \sin\frac{n\pi}{2}\right) \operatorname{ei}\left(\frac{2\pi}{\varkappa}\left(\left(\frac{1}{4} + \frac{m}{2}\right)^2 + \left(\frac{1}{4} + \frac{n}{2}\right)^2\right)\right).
\end{aligned}\right\} \quad (1466)$$

Wenn in dem Integral von (1421) $\xi = 0$, $\eta = 0$, $\alpha = 1$ gesetzt und das Integral zwischen den Grenzen $\varkappa_1$ und $\varkappa_2$ gebildet wird, so fällt das zu $m = 0$, $n = 0$ gehörige, ∞ groß werdende Glied heraus, und man erhält in Verbindung mit (286) bei Beachtung des doppeltsymmetrischen Charakters von $(m^2 + n^2)$ die Integraldarstellung

$$\int_{\varkappa_1}^{\varkappa_2} K\, d\varkappa = 2\pi \sum_{m=0}^{\infty} \sum_{n=1}^{\infty} \left[\operatorname{ei}\left(\frac{\pi}{\varkappa_2}(m^2 + n^2)\right) - \operatorname{ei}\left(\frac{\pi}{\varkappa_1}(m^2 + n^2)\right)\right], \quad (1467)$$

die wegen (286) auch in der Form

$$\int_{\varkappa_1}^{\varkappa_2} \vartheta_3^2(0, \varkappa)\, d\varkappa = 4 \sum_{m=0}^{\infty} \sum_{n=1}^{\infty} \left[\operatorname{ei}\left(\frac{\pi}{\varkappa_2}(m^2 + n^2)\right) - \operatorname{ei}\left(\frac{\pi}{\varkappa_1}(m^2 + n^2)\right)\right] \quad (1468)$$

geschrieben werden kann. Die entsprechende Darstellung für $\vartheta_2^2(0, \varkappa)$ lautet

$$\int_{\varkappa_1}^{\varkappa_2} \vartheta_2^2(0, \varkappa)\, d\varkappa = 4 \sum_{m=0}^{\infty} \sum_{n=1}^{\infty} (-1)^{m+n} \left[\operatorname{ei}\left(\frac{\pi}{\varkappa_2}(m^2 + n^2)\right) - \operatorname{ei}\left(\frac{\pi}{\varkappa_1}(m^2 + n^2)\right)\right]. \quad (1469)$$

Ferner folgt für $\vartheta_2(0, \varkappa)\, \vartheta_3(0, \varkappa)$

$$\int_{\varkappa_1}^{\varkappa_2} \vartheta_2(0, \varkappa)\, \vartheta_3(0, \varkappa)\, d\varkappa = 4 \sum_{m=-\infty}^{+\infty} \sum_{n=-\infty}^{+\infty} (-1)^n \left[\operatorname{ei}\left(\frac{\pi}{\varkappa_2}(m^2 + n^2)\right) - \operatorname{ei}\left(\frac{\pi}{\varkappa_1}(m^2 + n^2)\right)\right]. \quad (1470)$$

Kapitel 16

Theta- und D-Funktionen mit imaginären Parametern

236. Theta-Funktionen mit imaginären Parametern

Theta-Funktionen mit imaginären Parametern sind doppeltperiodische Funktionen von ζ und $\varkappa$, die in Abhängigkeit von ζ einen spektrumartigen, d. h. diskontinuierlichen Verlauf aufweisen. Innerhalb eines Periodenstreifens von ζ bleibt die Zahl der Spektrallinien so lange endlich, als $\varkappa$ ein Bruch ist. Irrationalen imaginären $\varkappa$-Werten ist stets eine unendliche Folge von Spektrallinien zugeordnet. Die diskontinuierlichen Funktionswerte, die positiv oder negativ sein können, sind stets unendlich groß. Trotzdem bleibt das über einen Periodenstreifen von ζ erstreckte Integral endlich.

Entsprechend ihrem diskontinuierlichen Charakter können die Theta-Funktionen mit imaginären Parametern nur stufenweise dargestellt werden. Sie sollen zunächst für ganzzahlige imaginäre $\varkappa$-Werte, dann für echt gebrochene imaginäre $\varkappa$-Werte und schließlich für unecht gebrochene imaginäre $\varkappa$-Werte untersucht werden.

Für ganzzahlige imaginäre Parameterwerte $\varkappa = m\,i$ lassen sich die Darstellungen der Theta-Funktionen unmittelbar im Anschluß an (6) gewinnen. Vertauscht man in diesen Gleichungen zunächst $\varkappa$ mit $\varkappa \pm m\,i$ und werden dabei die Beziehungen

$$e^{-\left(n+\frac{1}{2}\right)^2 m\pi i} = e^{-n(n+1)m\pi i}\, e^{-\frac{1}{4}m\pi i} = e^{-\frac{1}{4}m\pi i}, \qquad e^{-n^2 m\pi i} = (-1)^{mn}$$

berücksichtigt, so ergibt sich unter Bezugnahme auf (6)

$$\left.\begin{aligned} \vartheta_1(\zeta, \varkappa + m\,i) &= e^{-\frac{1}{4}m\pi i}\,\vartheta_1(\zeta, \varkappa), \\ \vartheta_2(\zeta, \varkappa + m\,i) &= e^{-\frac{1}{4}m\pi i}\,\vartheta_2(\zeta, \varkappa), \\ \vartheta_3(\zeta, \varkappa + m\,i) &= \cos^2\frac{m\pi}{2}\,\vartheta_3(\zeta, \varkappa) + \sin^2\frac{m\pi}{2}\,\vartheta_4(\zeta, \varkappa), \\ \vartheta_4(\zeta, \varkappa + m\,i) &= \sin^2\frac{m\pi}{2}\,\vartheta_3(\zeta, \varkappa) + \cos^2\frac{m\pi}{2}\,\vartheta_4(\zeta, \varkappa). \end{aligned}\right\} \quad (m = 0, \pm 1, \pm 2, \pm 3, \ldots) \tag{1471}$$

Wird hierin noch $\varkappa = 0$ gesetzt, so folgt für ganzzahlige imaginäre Parameterwerte $m\,i$

$$\vartheta_{\substack{1\\2}}(\zeta, m\,i) = e^{-\frac{1}{4}m\pi i}\,\vartheta_{\substack{1\\2}}(\zeta, 0), \qquad \vartheta_{\substack{3\\4}}(\zeta, m\,i) = \cos^2\frac{m\pi}{2}\,\vartheta_{\substack{3\\4}}(\zeta, 0) + \sin^2\frac{m\pi}{2}\,\vartheta_{\substack{4\\3}}(\zeta, 0). \tag{1472}$$

Nach (1472) besitzen die Funktionen ϑ_1 und ϑ_2 die Periode $8i$ und die Funktionen ϑ_3 und ϑ_4 die Periode $2i$ in bezug auf $\varkappa$.

Mit Hilfe von (1472) gelangt man zu Darstellungen der Theta-Funktionen für echt gebrochene imaginäre Parameterwerte, wenn in (20)

$$\zeta \text{ mit } -i\,\zeta, \quad \varkappa \text{ mit } +\frac{i}{m}$$

vertauscht wird, wobei m wieder eine ganze Zahl bezeichnen möge. Dies ergibt zunächst, wenn nachträglich noch $\pm i$ anstelle von i gesetzt wird,

$$\left.\begin{aligned} \vartheta_1\left(\zeta, \pm\frac{i}{m}\right) &= -\sqrt{m}\,e^{\pm\left(\frac{1}{4}+m\zeta^2\right)\pi i}\,\vartheta_1(m\,\zeta, \mp m\,i), \\ \vartheta_{\substack{2\\3\\4}}\left(\zeta, \pm\frac{i}{m}\right) &= +\sqrt{m}\,e^{\mp\left(\frac{1}{4}-m\zeta^2\right)\pi i}\,\vartheta_{\substack{4\\3\\2}}(m\,\zeta, \mp m\,i) \end{aligned}\right\} \tag{1473}$$

und bei Berücksichtigung von (1472)

$$\left.\begin{aligned} \vartheta_1\left(\zeta, \pm\frac{i}{m}\right) &= -\sqrt{m}\,e^{\pm\left(\frac{m+1}{4}+m\zeta^2\right)\pi i}\,\vartheta_1(m\,\zeta, 0), \\ \vartheta_2\left(\zeta, \pm\frac{i}{m}\right) &= +\sqrt{m}\,e^{\mp\left(\frac{1}{4}-m\zeta^2\right)\pi i}\left(\sin^2\frac{m\pi}{2}\,\vartheta_3(m\,\zeta, 0) + \cos^2\frac{m\pi}{2}\,\vartheta_4(m\,\zeta; 0)\right), \\ \vartheta_3\left(\zeta, \pm\frac{i}{m}\right) &= +\sqrt{m}\,e^{\mp\left(\frac{1}{4}-m\zeta^2\right)\pi i}\left(\cos^2\frac{m\pi}{2}\,\vartheta_3(m\,\zeta, 0) + \sin^2\frac{m\pi}{2}\,\vartheta_4(m\,\zeta, 0)\right), \\ \vartheta_4\left(\zeta, \pm\frac{i}{m}\right) &= +\sqrt{m}\,e^{\pm\left(\frac{m-1}{4}+m\zeta^2\right)\pi i}\,\vartheta_2(m\,\zeta, 0). \qquad (m = 1, 2, 3, \ldots) \end{aligned}\right\} \tag{1474}$$

Die Gln. (1474) lassen sich auch auf eine Form bringen, die eine unmittelbare Integration nach ζ gestattet, indem die Produkte aus e-Funktionen und Theta-Funktionen durch eine endliche Summe von Theta-Funktionen dargestellt werden. Dies ist möglich, weil die auf den rechten Seiten von (1474) auftretenden Theta-Funktionen nach Abb. 1 bis auf diejenigen Stellen, an welchen $m\,\zeta$ die Werte $\pm\frac{1}{2}, \pm\frac{3}{2}, \pm\frac{5}{2}, \ldots$ bzw. $0, \pm 1, \pm 2, \ldots$ annimmt, verschwinden, wodurch die e-Funktionen sich ähnlich wie konstante Multiplikatoren verhalten. Entsprechend dem Argument $m\zeta$ liegen auf der Strecke $0 \leqq \zeta \leqq 1$ gerade m singuläre Stellen, an welchen die zugehörigen

Theta-Funktionen dem positiven oder negativen Grenzwert

$$\lim_{\Delta\zeta\to 0}\frac{1}{m\,\Delta\zeta}=\frac{1}{m}\lim_{\Delta\zeta\to 0}\frac{1}{\Delta\zeta} \tag{1475}$$

zustreben. Bei einem solchen Funktionsverhalten lassen sich die rechten Seiten der ersten und vierten der Gln. (1474) in eine m-fache Summe von Theta-Funktionen der Argumente

$$\zeta+\frac{1}{2}-\frac{1}{m}\left(\alpha-\frac{1}{2}\right)\qquad(\alpha=1,2,3,\ldots m)\quad\text{für}\quad\vartheta_1(m\,\zeta,0)$$

bzw.

$$\zeta-\frac{\alpha}{m}\qquad(\alpha=1,2,3,\ldots m)\quad\text{für}\quad\vartheta_2(m\,\zeta,0)$$

zerlegen, vor welche wegen (1475) noch der Faktor $1/m$ tritt. Eine Zerlegung der rechten Seiten der zweiten und dritten der Gln. (1474) erübrigt sich, da die entsprechenden Beziehungen mit Hilfe der Substitutionsgleichungen (22) aus denjenigen für $\vartheta_1\left(\zeta,\pm\frac{i}{m}\right)$ und $\vartheta_4\left(\zeta,\pm\frac{i}{m}\right)$ gewonnen werden können. Werden auch bei den letzteren die Gln. (22) berücksichtigt, so erhält man

$$\left.\begin{aligned}
\vartheta_1\left(\zeta,\pm\frac{i}{m}\right)&=+\frac{1}{\sqrt{m}}\sum_{1}^{m}{}_{\alpha}(-1)^{\alpha}\,e^{\pm\left(\frac{m+1}{4}+\frac{1}{m}\left(\alpha-\frac{1}{2}\right)^2\right)\pi i}\,\vartheta_2\left(\zeta-\frac{\alpha-\frac{1}{2}}{m},0\right),\\
\vartheta_2\left(\zeta,\pm\frac{i}{m}\right)&=-\frac{1}{\sqrt{m}}\sum_{1}^{m}{}_{\alpha}(-1)^{\alpha}\,e^{\pm\left(\frac{m+1}{4}+\frac{1}{m}\left(\alpha-\frac{1}{2}\right)^2\right)\pi i}\,\vartheta_1\left(\zeta-\frac{\alpha-\frac{1}{2}}{m},0\right),\\
\vartheta_3\left(\zeta,\pm\frac{i}{m}\right)&=-\frac{1}{\sqrt{m}}\sum_{1}^{m}{}_{\alpha}(-1)^{\alpha}\,e^{\pm\left(\frac{m-1}{4}+\frac{\alpha^2}{m}\right)\pi i}\,\vartheta_1\left(\zeta-\frac{\alpha}{m},0\right),\\
\vartheta_4\left(\zeta,\pm\frac{i}{m}\right)&=+\frac{1}{\sqrt{m}}\sum_{1}^{m}{}_{\alpha}(-1)\;e^{\pm\left(\frac{m-1}{4}+\frac{\alpha^2}{m}\right)\pi i}\,\vartheta_2\left(\zeta-\frac{\alpha}{m},0\right).\qquad(m=1,2,3,\ldots)
\end{aligned}\right\} \tag{1476}$$

Wird in den Gln. (1471) $\varkappa=\pm i/n$ gesetzt, so folgt bei Beachtung der von m auf n umzuschreibenden Gln. (1476)

$$\left.\begin{aligned}
\vartheta_1\left(\zeta,\left(m\pm\frac{1}{n}\right)i\right)&=+\frac{1}{\sqrt{n}}\sum_{1}^{n}{}_{\alpha}(-1)^{\alpha}\,e^{\left(-\frac{m}{4}\pm\left(\frac{n+1}{4}+\frac{1}{n}\left(\alpha-\frac{1}{2}\right)^2\right)\right)\pi i}\,\vartheta_2\left(\zeta-\frac{\alpha-\frac{1}{2}}{n},0\right),\\
\vartheta_2\left(\zeta,\left(m\pm\frac{1}{n}\right)i\right)&=-\frac{1}{\sqrt{n}}\sum_{1}^{n}{}_{\alpha}(-1)^{\alpha}\,e^{\left(-\frac{m}{4}\pm\left(\frac{n+1}{4}+\frac{1}{n}\left(\alpha-\frac{1}{2}\right)^2\right)\right)\pi i}\,\vartheta_1\left(\zeta-\frac{\alpha-\frac{1}{2}}{n},0\right),\\
\vartheta_3\left(\zeta,\left(m\pm\frac{1}{n}\right)i\right)&=-\frac{1}{\sqrt{n}}\sum_{1}^{n}{}_{\alpha}(-1)^{\alpha}\,e^{\pm\left(\frac{n-1}{4}+\frac{\alpha^2}{n}\right)\pi i}\left[\cos^2\frac{m\pi}{2}\,\vartheta_1\left(\zeta-\frac{\alpha}{n},0\right)-\sin^2\frac{m\pi}{2}\,\vartheta_2\left(\zeta-\frac{\alpha}{n},0\right)\right],\\
\vartheta_4\left(\zeta,\left(m\pm\frac{1}{n}\right)i\right)&=-\frac{1}{\sqrt{n}}\sum_{1}^{n}{}_{\alpha}(-1)^{\alpha}\,e^{\pm\left(\frac{n-1}{4}+\frac{\alpha^2}{n}\right)\pi i}\left[\sin^2\frac{m\pi}{2}\,\vartheta_1\left(\zeta-\frac{\alpha}{n},0\right)-\cos^2\frac{m\pi}{2}\,\vartheta_2\left(\zeta-\frac{\alpha}{n},0\right)\right].\\
&(m=0,\pm 1,\pm 2,\ldots;\ n=2,3,4,\ldots)
\end{aligned}\right\} \tag{1477}$$

Darstellungen der Theta-Funktionen für weitere imaginäre Parameterwerte ergeben sich durch Heranziehung der Gaussschen Transformationsgleichungen (117). Wird in diesen $\varkappa$ mit $2\varkappa+m\,i$ vertauscht, wobei m ungerade ganzzahlig sein möge, so folgt zunächst in Verbindung mit (1471)

$$\vartheta_{\substack{1\\2}}\left(\zeta,\varkappa+\frac{m\,i}{2}\right)=2e^{-\frac{1}{4}m\pi i}\,\frac{\vartheta_{\substack{1\\2}}(\zeta,2\varkappa)\,\vartheta_{\substack{3\\4}}(\zeta,2\varkappa)}{\vartheta_2\left(0,\varkappa+\frac{m\,i}{2}\right)},$$

$$\vartheta_{\substack{3\\4}}\left(\zeta,\varkappa+\frac{m\,i}{2}\right)=\vartheta_3(2\zeta,4\varkappa)\pm e^{-\frac{1}{2}m\pi i}\,\vartheta_2(2\zeta,4\varkappa).$$

Wird nun in der zu ϑ_2 gehörenden Gleichung $\zeta = 0$ gesetzt, so bestimmt sich $\vartheta_2\left(0, \varkappa + \frac{m\,i}{2}\right)$ zu

$$\vartheta_2\left(0, \varkappa + \frac{m\,i}{2}\right) = \sqrt{2}\, e^{-\frac{1}{8} m \pi i} \sqrt{\vartheta_2(0, 2\varkappa)\, \vartheta_4(0, 2\varkappa)}.$$

Beachtet man noch (129), so ergibt sich schließlich

$$\begin{aligned} \vartheta_{\frac{1}{2}}\left(\zeta, \varkappa + \frac{m\,i}{2}\right) &= \frac{1}{\sqrt{2}}\, e^{-\frac{1}{8} m \pi i}\, \vartheta_{\frac{5}{6}}(\zeta, 2\varkappa), \\ \vartheta_{\frac{3}{4}}\left(\zeta, \varkappa + \frac{m\,i}{2}\right) &= \vartheta_3(2\zeta, 4\varkappa) \pm e^{-\frac{1}{2} m \pi i}\, \vartheta_2(2\zeta, 4\varkappa). \end{aligned} \qquad (m = \pm 1, \pm 3, \pm 5, \ldots) \qquad (1478)$$

Im Sonderfalle $\varkappa = 0$ erhält man

$$\begin{aligned} \vartheta_{\frac{1}{2}}\left(\zeta, \frac{m\,i}{2}\right) &= \frac{1}{\sqrt{2}}\, e^{-\frac{1}{8} m \pi i}\, \vartheta_{\frac{5}{6}}(\zeta, 0), \\ \vartheta_{\frac{3}{4}}\left(\zeta, \frac{m\,i}{2}\right) &= \vartheta_3(2\zeta, 0) \pm e^{-\frac{1}{2} m \pi i}\, \vartheta_2(2\zeta, 0). \end{aligned} \qquad (m = \pm 1, \pm 3, \pm 5, \ldots) \qquad (1479)$$

Wird in (1478) im Falle von $\vartheta_{\frac{1}{2}}$ für $\varkappa$ der Wert $\pm i/n$ eingeführt und die rechte Seite gemäß (129) aufgespalten und im Falle von $\vartheta_{\frac{3}{4}}$ für $\varkappa$ der Wert $\pm i/4n$ gewählt, so folgt in Verbindung mit (1476) unter Bezugnahme auf (129)

$$\left.\begin{aligned} \vartheta_1\left(\zeta, \left(\frac{m}{2} \pm \frac{1}{n}\right) i\right) &= \frac{1}{\sqrt{2n}} \sum_{1}^{n}{}_{\alpha} (-1)^{\alpha}\, e^{\left(-\frac{m}{8} \pm \left(\frac{n+1}{4} + \frac{1}{n}\left(\alpha - \frac{1}{2}\right)^2\right)\right)\pi i}\, \vartheta_6\left(\zeta - \frac{\alpha - \frac{1}{2}}{n}, 0\right), \\ \vartheta_2\left(\zeta, \left(\frac{m}{2} \pm \frac{1}{n}\right) i\right) &= \frac{-1}{\sqrt{2n}} \sum_{1}^{n}{}_{\alpha} (-1)^{\alpha}\, e^{\left(-\frac{m}{8} \pm \left(\frac{n+1}{4} + \frac{1}{n}\left(\alpha - \frac{1}{2}\right)^2\right)\right)\pi i}\, \vartheta_5\left(\zeta - \frac{\alpha - \frac{1}{2}}{n}, 0\right), \\ \vartheta_3\left(\zeta, \left(\frac{m}{2} \pm \frac{1}{4n}\right) i\right) &= \frac{-1}{\sqrt{n}} \sum_{1}^{n}{}_{\alpha} (-1)^{\alpha} \left[e^{\pm\left(\frac{n-1}{4} + \frac{\alpha^2}{n}\right)\pi i}\, \vartheta_1\left(2\zeta - \frac{\alpha}{n}, 0\right) \pm \right. \\ &\qquad \left. \pm\, e^{\left(-\frac{m}{2} \pm \left(\frac{n+1}{4} + \frac{1}{n}\left(\alpha - \frac{1}{2}\right)^2\right)\right)\pi i}\, \vartheta_1\left(2\zeta - \frac{\alpha - \frac{1}{2}}{n}, 0\right)\right], \\ \vartheta_4\left(\zeta, \left(\frac{m}{2} \pm \frac{1}{4n}\right) i\right) &= \frac{-1}{\sqrt{n}} \sum_{1}^{n}{}_{\alpha} (-1)^{\alpha} \left[e^{\pm\left(\frac{n-1}{4} + \frac{\alpha^2}{n}\right)\pi i}\, \vartheta_1\left(2\zeta - \frac{\alpha}{n}, 0\right) \mp \right. \\ &\qquad \left. \mp\, e^{\left(-\frac{m}{2} \pm \left(\frac{n+1}{4} + \frac{1}{n}\left(\alpha - \frac{1}{2}\right)^2\right)\right)\pi i}\, \vartheta_1\left(2\zeta - \frac{\alpha - \frac{1}{2}}{n}, 0\right)\right]. \\ &(m = \pm 1, \pm 3, \pm 5, \ldots,\; n = 1, 2, 3, \ldots) \end{aligned}\right\} \qquad (1480)$$

Mit den Gln. (1471), (1476), (1477), (1479) und (1480) sind die Theta-Funktionen für imaginäre Parameter an 96 äquidistanten Stellen des Periodenintervalls $i\varkappa = 8i$ bekannt. Setzt man beispielsweise in (1480) $m = 7$, $n = 12$ bzw. $n = 3$, so erhält man die Funktionswerte an den Stellen $i\varkappa = \frac{41}{12} i$ und $i\varkappa = \frac{43}{12} i$.

Durch fortgesetzte sukzessive Anwendung der GAUSSschen Transformationsgleichungen (117) läßt sich der Abstand der äquidistanten Intervallpunkte, in denen man die Funktionen kennt, beliebig oft halbieren, so daß man theoretisch jeder irrationalen Zahl beliebig nahekommen kann.

Mit Hilfe der aus (129) ablesbaren Beziehungen

$$\vartheta_{\frac{5}{6}}(\zeta, \varkappa i) = \vartheta_{\frac{1}{2}}\left(\zeta + \frac{1}{4}, \frac{\varkappa}{2} i\right) + \vartheta_{\frac{1}{2}}\left(\zeta - \frac{1}{4}, \frac{\varkappa}{2} i\right) \qquad (1481)$$

lassen sich die Funktionen ϑ_5 und ϑ_6 für imaginäre Parameter unmittelbar auf die Funktionen ϑ_1 und ϑ_2 vom halben imaginären Parameter zurückführen.

Die in ζ und $\varkappa$ trigonometrischen Reihenentwicklungen der Theta-Funktionen mit imaginären Parametern folgen aus (6) und (135) durch Vertauschen von $\varkappa$ mit $i\varkappa$ und lauten

$$\left.\begin{aligned}
\vartheta_1(\zeta, i\varkappa) &= 2\sum_0^\infty{}^n(-1)^n[\cos(n+\tfrac{1}{2})^2\pi\varkappa - i\sin(n+\tfrac{1}{2})^2\pi\varkappa]\sin(2n+1)\pi\zeta,\\
\vartheta_2(\zeta, i\varkappa) &= 2\sum_0^\infty{}^n[\cos(n+\tfrac{1}{2})^2\pi\varkappa - i\sin(n+\tfrac{1}{2})^2\pi\varkappa]\cos(2n+1)\pi\zeta,\\
\vartheta_3(\zeta, i\varkappa) &= 1 + 2\sum_1^\infty{}^n[\cos n^2\pi\varkappa - i\sin n^2\pi\varkappa]\cos 2n\pi\zeta,\\
\vartheta_4(\zeta, i\varkappa) &= 1 + 2\sum_1^\infty{}^n(-1)^n[\cos n^2\pi\varkappa - i\sin n^2\pi\varkappa]\cos 2n\pi\zeta,\\
\vartheta_5(\zeta, i\varkappa) &= 2\sqrt{2}\sum_0^\infty{}^n\left(\cos\frac{n\pi}{2} + \sin\frac{n\pi}{2}\right)\left[\cos\left(n+\frac{1}{2}\right)^2\frac{\pi\varkappa}{2} - i\sin\left(n+\frac{1}{2}\right)^2\frac{\pi\varkappa}{2}\right]\sin(2n+1)\pi\zeta,\\
\vartheta_6(\zeta, i\varkappa) &= 2\sqrt{2}\sum_0^\infty{}^n\left(\cos\frac{n\pi}{2} - \sin\frac{n\pi}{2}\right)\left[\cos\left(n+\frac{1}{2}\right)^2\frac{\pi\varkappa}{2} - i\sin\left(n+\frac{1}{2}\right)^2\frac{\pi\varkappa}{2}\right]\cos(2n+1)\pi\zeta.
\end{aligned}\right\} \quad (1482)$$

237. D-Funktionen mit imaginären Parametern

Da die D-Funktionen m-ter Ordnung nach Abschnitt 214 als m-fache Integrale der zugehörigen Theta-Funktionen, im Falle von ϑ_3 und ϑ_4 unter Abzug von -1, definiert sind und die letzteren nach (1471), (1476), (1477), (1479) und (1480) für imaginäre Parameterwerte linear durch Theta-Funktionen mit dem Parameter $\varkappa = 0$ ausgedrückt werden können, lassen sich die D-Funktionen m-ter Ordnung für imaginäre Parameterwerte durch m-fache Integration der angeführten Gleichungen nach ζ gewinnen, vorausgesetzt, daß in diesen die Theta-Funktionen mit Hilfe von (1340) zuvor auf $D_{i,0}$-Funktionen umgeschrieben werden.

Die auf $D_{i,0}$-Funktionen umgeschriebenen Gln. (1471) lauten mit $\overline{m}$ anstelle von m

$$\begin{aligned}
D_{\substack{1,0\\2,0}}(\zeta, \varkappa + \overline{m}i) &= e^{-\frac{1}{4}\overline{m}\pi i} D_{\substack{1,0\\2,0}}(\zeta, \varkappa),\\
D_{\substack{3,0\\4,0}}(\zeta, \varkappa + \overline{m}i) &= \cos^2\frac{\overline{m}\pi}{2} D_{\substack{3,0\\4,0}}(\zeta, \varkappa) + \sin^2\frac{\overline{m}\pi}{2} D_{\substack{4,0\\3,0}}(\zeta, \varkappa).
\end{aligned} \qquad (\overline{m} = \pm 1, \pm 2, \pm 3, \ldots) \qquad (1483)$$

Bei einer m-fachen Integration der Gln. (1483) gehen die in (1483) auftretenden $D_{i,0}$-Funktionen in die entsprechenden $D_{i,m}$-Funktionen über, wie sich durch sukzessive Weiterentwicklung von (1345) ergibt. Die $D_{i,m}$-Funktionen der linken Seiten sind dann bis auf ein Polynom $(m-1)$-ten Grades in ζ gleich den entsprechenden Funktionen der rechten Seiten. Nun verschwinden aber, wie die trigonometrischen Entwicklungen der D-Funktionen gemäß Abschnitt 215 erkennen lassen, die Funktionen $D_{1,m}$ und $D_{2,m}$ entweder für $\zeta = 0$ oder für $\zeta = \frac{1}{2}$ und die Funktionen $D_{3,m}$ und $D_{4,m}$ sowohl für $\zeta = 0$ als auch für $\zeta = \frac{1}{2}$, sofern m eine ungerade ganze Zahl ist. Werden diese Bedingungen bei den m-fachen Integralen von (1483) berücksichtigt, so folgt, daß das Polynom $(m-1)$-ten Grades in ζ identisch verschwinden muß, und es ergibt sich

$$\begin{aligned}
D_{\substack{1,m\\2,m}}(\zeta, \varkappa + \overline{m}i) &= e^{-\frac{1}{4}\overline{m}\pi i} D_{\substack{1,m\\2,m}}(\zeta, \varkappa), & (m = 0, 1, 2, 3, \ldots)\\
D_{\substack{3,m\\4,m}}(\zeta, \varkappa + \overline{m}i) &= \cos^2\frac{\overline{m}\pi}{2} D_{\substack{3,m\\4,m}}(\zeta, \varkappa) + \sin^2\frac{\overline{m}\pi}{2} D_{\substack{4,m\\3,m}}(\zeta, \varkappa). & (\overline{m} = 0, \pm 1, \pm 2, \pm 3, \ldots)
\end{aligned} \qquad (1484)$$

Wird hierin noch $\varkappa = 0$ gesetzt, so erhält man für ganzzahlige imaginäre Parameterwerte $\overline{m}i$

$$D_{\substack{1,m\\2,m}}(\zeta, \overline{m}i) = e^{-\frac{1}{4}\overline{m}\pi i} D_{\substack{1,m\\2,m}}(\zeta, 0), \quad D_{\substack{3,m\\4,m}}(\zeta, \overline{m}i) = \cos^2\frac{\overline{m}\pi}{2} D_{\substack{3,m\\4,m}}(\zeta, 0) + \sin^2\frac{\overline{m}\pi}{2} D_{\substack{4,m\\3,m}}(\zeta, 0). \qquad (1485)$$

Die auf $D_{i,0}$-Funktionen umgeschriebenen Gln. (1478) lauten mit $\bar{m}$ anstelle von m

$$\begin{aligned} D_{\substack{1,0\\2,0}}\left(\zeta, \varkappa + \frac{\bar{m}\,i}{2}\right) &= \frac{1}{\sqrt{2}} e^{-\frac{1}{8}\bar{m}\pi i} D_{\substack{5,0\\6,0}}(\zeta, 2\varkappa), \\ D_{\substack{3,0\\4,0}}\left(\zeta, \varkappa + \frac{\bar{m}\,i}{2}\right) &= D_{3,0}(2\zeta, 4\varkappa) \pm e^{-\frac{1}{2}\bar{m}\pi i} D_{2,0}(2\zeta, 4\varkappa). \end{aligned} \qquad (\bar{m} = \pm 1, \pm 3, \pm 5, \ldots) \qquad (1486)$$

Werden die oberen der Gln. (1486) m-mal nach ζ integriert, so fallen in den dabei zu durchlaufenden Integrationsstufen D-Funktionen an, die bei ungeraden m-Werten sämtlich für $\zeta = \frac{1}{2}$ und bei geraden m-Werten sämtlich für $\zeta = 0$ verschwinden. Integrationskonstanten können daher in keiner Integrationsstufe auftreten.

Bei der m-fachen Integration der unteren der Gln. (1486) sind die D-Funktionen der Zwischenstufen so beschaffen, daß diese für ungerade m-Werte sowohl an der Stelle $\zeta = 0$ als auch an der Stelle $\zeta = \frac{1}{2}$ sämtlich verschwinden. Hieraus läßt sich folgern, daß in jeder Doppelstufe keine auf Integrationskonstante zurückzuführenden linearen Funktionen $a + b\,\zeta$ vorhanden sein können.

In Verbindung mit (1345) erhält man daher als Ergebnis der m-fachen Integration von (1486) nach ζ

$$\left.\begin{aligned} D_{\substack{1,m\\2,m}}\left(\zeta, \varkappa + \frac{\bar{m}\,i}{2}\right) &= \frac{1}{\sqrt{2}} e^{-\frac{1}{8}\bar{m}\pi i} D_{\substack{5,m\\6,m}}(\zeta, 2\varkappa), \\ D_{3,m}\left(\zeta, \varkappa + \frac{\bar{m}\,i}{2}\right) &= 2^{-m}\left[D_{3,m}(2\zeta, 4\varkappa) + e^{-\frac{1}{2}\bar{m}\pi i} D_{2,m}(2\zeta, 4\varkappa)\right], \\ D_{4,m}\left(\zeta, \varkappa + \frac{\bar{m}\,i}{2}\right) &= 2^{-m}\left[D_{3,m}(2\zeta, 4\varkappa) - e^{-\frac{1}{2}\bar{m}\pi i} D_{2,m}(2\zeta, 4\varkappa)\right] \end{aligned}\right\} \quad \begin{aligned} &(m = 0, 1, 2, 3, \ldots), \\ &(\bar{m} = \pm 1, \pm 3, \pm 5, \ldots). \end{aligned} \qquad (1487)$$

und für $\varkappa = 0$

$$\left.\begin{aligned} D_{\substack{1,m\\2,m}}\left(\zeta, \frac{\bar{m}\,i}{2}\right) &= \frac{1}{\sqrt{2}} e^{-\frac{1}{8}\bar{m}\pi i} D_{\substack{5,m\\6,m}}(\zeta, 0), \\ D_{3,m}\left(\zeta, \frac{\bar{m}\,i}{2}\right) &= 2^{-m}\left[D_{3,m}(2\zeta, 0) + e^{-\frac{1}{2}\bar{m}\pi i} D_{2,m}(2\zeta, 0)\right], \\ D_{4,m}\left(\zeta, \frac{\bar{m}\,i}{2}\right) &= 2^{-m}\left[D_{3,m}(2\zeta, 0) - e^{-\frac{1}{2}\bar{m}\pi i} D_{2,m}(2\zeta, 0)\right]. \end{aligned}\right\} \quad \begin{aligned} &(m = 0, 1, 2, 3, \ldots), \\ &(\bar{m} = \pm 1, \pm 3, \pm 5, \ldots). \end{aligned} \qquad (1488)$$

Die Gln. (1487) und (1488) gelten ableitungsgemäß für jeden $\varkappa$-Wert. Für $\varkappa = \frac{\bar{m}\,i}{2}$ folgt daher in Verbindung mit (1485)

$$\left.\begin{aligned} &D_{\substack{1,m\\2,m}}(\zeta, \bar{m}\,i) = \frac{1}{\sqrt{2}} e^{-\frac{1}{8}\bar{m}\pi i} D_{\substack{5,m\\6,m}}(\zeta, \bar{m}\,i), \quad D_{\substack{5,m\\6,m}}(\zeta, \bar{m}\,i) = \sqrt{2}\, e^{-\frac{1}{8}\bar{m}\pi i} D_{\substack{1,m\\2,m}}(\zeta, 0), \\ &D_{3,m}(\zeta, \bar{m}\,i) = 2^{-m}[D_{3,m}(2\zeta, 0) - D_{2,m}(2\zeta, 0)], \qquad (m = 0, 1, 2, 3, \ldots), \\ &D_{4,m}(\zeta, \bar{m}\,i) = 2^{-m}[D_{3,m}(2\zeta, 0) + D_{2,m}(2\zeta, 0)]. \qquad (\bar{m} = \pm 1, \pm 3, \pm 5, \ldots). \end{aligned}\right\} \qquad (1489)$$

Wird in den beiden unteren der Gln. (1487) $\varkappa = -\frac{\bar{m}\,i}{4}$ gesetzt, so ergibt sich in Verbindung mit (1485)

$$\begin{aligned} D_{3,m}\left(\zeta, \frac{\bar{m}\,i}{4}\right) &= 2^{-m}\left[D_{4,m}(2\zeta, 0) + e^{-\frac{1}{4}\bar{m}\pi i} D_{2,m}(2\zeta, 0)\right], \\ D_{4,m}\left(\zeta, \frac{\bar{m}\,i}{4}\right) &= 2^{-m}\left[D_{4,m}(2\zeta, 0) - e^{-\frac{1}{4}\bar{m}\pi i} D_{2,m}(2\zeta, 0)\right]. \end{aligned} \quad \begin{aligned} &(m = 0, 1, 2, 3, \ldots), \\ &(\bar{m} = \pm 1, \pm 3, \pm 5, \ldots). \end{aligned} \qquad (1490)$$

Entsprechend erhält man für $\varkappa = -\frac{3\bar{m}\,i}{8}$ und $\varkappa = -\frac{7\bar{m}\,i}{16}$, wenn (1488) und (1490) beachtet wird,

$$\left.\begin{aligned} D_{3,m}\left(\zeta, \frac{\bar{m}\,i}{8}\right) &= 2^{-2m}\left[D_{3,m}(4\zeta, 0) + e^{\frac{3}{2}\bar{m}\pi i} D_{2,m}(4\zeta, 0)\right] + \frac{2^{-m}}{\sqrt{2}} e^{-\frac{1}{8}\bar{m}\pi i} D_{6,m}(2\zeta, 0), \\ D_{4,m}\left(\zeta, \frac{\bar{m}\,i}{8}\right) &= 2^{-2m}\left[D_{3,m}(4\zeta, 0) + e^{\frac{3}{2}\bar{m}\pi i} D_{2,m}(4\zeta, 0)\right] - \frac{2^{-m}}{\sqrt{2}} e^{-\frac{1}{8}\bar{m}\pi i} D_{6,m}(2\zeta, 0) \\ \text{und}\qquad D_{3,m}\left(\zeta, \frac{\bar{m}\,i}{16}\right) &= 2^{-2m}\left[D_{3,m}(4\zeta, 0) + e^{\frac{7}{4}\bar{m}\pi i} D_{2,m}(4\zeta, 0)\right] + 2^{-m} e^{-\frac{1}{2}\bar{m}\pi i} D_{2,m}\left(2\zeta, \frac{-7\bar{m}\,i}{4}\right), \\ D_{4,m}\left(\zeta, \frac{\bar{m}\,i}{16}\right) &= 2^{-2m}\left[D_{3,m}(4\zeta, 0) + e^{\frac{7}{4}\bar{m}\pi i} D_{2,m}(4\zeta, 0)\right] - 2^{-m} e^{-\frac{1}{2}\bar{m}\pi i} D_{2,m}\left(2\zeta, \frac{-7\bar{m}\,i}{4}\right). \\ &(m = 0, 1, 2, 3, \ldots) \quad (\bar{m} = \pm 1, \pm 3, \pm 5, \ldots) \end{aligned}\right\} \tag{1491}$$

Wird in der ersten der Gln. (1487) $\varkappa = \frac{\bar{m}+1}{2}\,i$ gesetzt und in der ersten der Gln. (1488) $\bar{m}$ mit $2\bar{m}+1$ vertauscht, so folgt durch Vergleich der so entstehenden Gleichungen, wenn nachträglich noch $\bar{m}+1$ durch $\bar{m}$ ersetzt wird,

$$D_{\substack{5,m\\6,m}}(\zeta, \bar{m}\,i) = e^{-\frac{1}{8}\bar{m}\pi i} D_{\substack{5,m\\6,m}}(\zeta, 0). \quad (m = 0, 1, 2, 3, \ldots) \quad (\bar{m} = 0, \pm 2, \pm 4, \ldots) \tag{1492}$$

Für die weiteren Untersuchungen sollen die Charakteristiken 3 bis 6 zunächst außer Betracht bleiben. Werden unter Bezugnahme auf $D_{1,m}$ und $D_{2,m}$ die beiden oberen der Gln. (1477) und (1480), in denen nach (1340) ϑ_1 und ϑ_2 durch $D_{1,0}$ und $D_{2,0}$ ersetzt werden können, m-mal nach ζ integriert, so zeigt sich, daß die sukzessive dabei anfallenden Integrationskonstanten sämtlich verschwinden. Setzt man nämlich in den integrierten Gleichungen im Falle von $D_{1,2m}$ und $D_{2,2m+1}$ das Argument $\zeta = 0$ und im Falle von $D_{1,2m+1}$ und $D_{2,2m}$ das Argument $\zeta = \frac{1}{2}$, so heben sich in den Summen die zu α und $n - \alpha + 1$ gehörigen Glieder gegenseitig auf, während das bei ungeradem n anfallende, zu $\alpha = \frac{n+1}{2}$ gehörige Mittelglied gerade Null wird. Da bei den bezüglich ζ gemachten Annahmen die linken Seiten der integrierten Gleichungen ebenfalls Null werden, müssen sämtliche Integrationskonstanten, mit $m = 1$ beginnend, sukzessive verschwinden. Die die nullte Ordnung einschließenden Darstellungen lauten

$$\begin{aligned} D_{1,m}\left(\zeta, \left(\bar{m} \pm \frac{1}{n}\right) i\right) &= +\frac{1}{\sqrt{n}} \sum_{1}^{n}{}_{\alpha} (-1)^{\alpha} e^{\left(-\frac{\bar{m}}{4} \pm \left(\frac{n+1}{4} + \frac{1}{n}\left(\alpha - \frac{1}{2}\right)^2\right)\right)\pi i} D_{2,m}\left(\zeta - \frac{\alpha - \frac{1}{2}}{n}, 0\right), \\ D_{2,m}\left(\zeta, \left(\bar{m} \pm \frac{1}{n}\right) i\right) &= -\frac{1}{\sqrt{n}} \sum_{1}^{n}{}_{\alpha} (-1)^{\alpha} e^{\left(-\frac{\bar{m}}{4} \pm \left(\frac{n+1}{4} + \frac{1}{n}\left(\alpha - \frac{1}{2}\right)^2\right)\right)\pi i} D_{1,m}\left(\zeta - \frac{\alpha - \frac{1}{2}}{n}, 0\right), \\ &(m = 0, 1, 2, 3, \ldots, \quad \bar{m} = 0, \pm 1, \pm 2, \pm 3, \ldots, \quad n = 2, 3, 4, \ldots) \end{aligned} \tag{1493}$$

bzw.

$$\begin{aligned} D_{1,m}\left(\zeta, \left(\frac{\bar{m}}{2} \pm \frac{1}{n}\right) i\right) &= +\frac{1}{\sqrt{2n}} \sum_{1}^{n}{}_{\alpha} (-1)^{\alpha} e^{\left(-\frac{\bar{m}}{8} \pm \left(\frac{n+1}{4} + \frac{1}{n}\left(\alpha - \frac{1}{2}\right)^2\right)\right)\pi i} D_{6,m}\left(\zeta - \frac{\alpha - \frac{1}{2}}{n}, 0\right), \\ D_{2,m}\left(\zeta, \left(\frac{\bar{m}}{2} \pm \frac{1}{n}\right) i\right) &= -\frac{1}{\sqrt{2n}} \sum_{1}^{n}{}_{\alpha} (-1)^{\alpha} e^{\left(-\frac{\bar{m}}{8} \pm \left(\frac{n+1}{4} + \frac{1}{n}\left(\alpha - \frac{1}{2}\right)^2\right)\right)\pi i} D_{5,m}\left(\zeta - \frac{\alpha - \frac{1}{2}}{n}, 0\right). \\ &(m = 0, 1, 2, 3, \ldots, \quad \bar{m} = \pm 1, \pm 3, \pm 5, \ldots, \quad n = 2, 3, 4, \ldots) \end{aligned} \tag{1494}$$

Mit (1493) und (1494) kennt man die D-Funktionen der ersten und zweiten Charakteristik für sämtliche Ordnungen an 96 äquidistanten Stellen des Periodenintervalls $i\varkappa = 8i$.

Die Entwicklung der entsprechenden Formeln für $D_{\substack{3,m\\4,m}}$ mit dem Periodenintervall $i\varkappa = 2i$ gestaltet sich, da die Ausgangsgleichungen für ϑ_3 und ϑ_4 nicht in der Form (1476) zugrunde gelegt werden können, etwas umständlicher.

Wird das im Anschluß an (1474) geschilderte Verfahren sinngemäß auf die dritte der Gln. (1474) angewendet, so ergibt sich eine Paralleldarstellung für $\vartheta_3\left(\zeta, \frac{\pm i}{m}\right)$, aus welcher durch Vertauschen von ζ mit $\zeta + \frac{1}{2}$ in Verbindung mit (22) eine entsprechende Darstellung für $\vartheta_4\left(\zeta, \frac{\pm i}{m}\right)$ entwickelt werden kann. Sie lautet

$$\vartheta_{\substack{3\\4}}\left(\zeta, \pm\frac{i}{m}\right) = \frac{1}{\sqrt{m}} \sum_{1}^{m} {}_{\alpha} \left[e^{\mp\left(\frac{1}{4}-\frac{\alpha^2}{m}\right)\pi i} \cos^2\frac{m\pi}{2}\,\vartheta_{\substack{3\\4}}\left(\zeta - \frac{\alpha}{m}, 0\right) + e^{\mp\left(\frac{1}{4}-\frac{(\alpha-\frac{1}{2})^2}{m}\right)\pi i} \sin^2\frac{m\pi}{2}\,\vartheta_{\substack{3\\4}}\left(\zeta - \frac{\alpha-\frac{1}{2}}{m}, 0\right)\right].$$

$$(m = 1, 2, 3, \ldots) \qquad (1495)$$

Nun ist aber

$$\cos^2\frac{m\pi}{2} = 1, \quad \sin^2\frac{m\pi}{2} = 0, \qquad \sum_{1}^{m} {}_{\alpha}\, e^{\mp\left(\frac{1}{4}-\frac{\alpha^2}{m}\right)\pi i} = \sqrt{m} \quad \text{für positive gerade ganzzahlige } m,$$

$$\cos^2\frac{m\pi}{2} = 0, \quad \sin^2\frac{m\pi}{2} = 1, \qquad \sum_{1}^{m} {}_{\alpha}\, e^{\mp\left(\frac{1}{4}-\frac{(\alpha-\frac{1}{2})^2}{m}\right)\pi i} = \sqrt{m} \quad \text{für positive ungerade ganzzahlige } m. \qquad (1496)$$

Damit erhält man

$$-1 + \vartheta_{\substack{3\\4}}\left(\zeta, \pm\frac{i}{m}\right) = \frac{1}{\sqrt{m}} \sum_{1}^{m} {}_{\alpha} \left[e^{\mp\left(\frac{1}{4}-\frac{\alpha^2}{m}\right)\pi i} \cos^2\frac{m\pi}{2}\left(-1 + \vartheta_{\substack{3\\4}}\left(\zeta - \frac{\alpha}{m}, 0\right)\right) + \right.$$
$$\left. + e^{\mp\left(\frac{1}{4}-\frac{(\alpha-\frac{1}{2})^2}{m}\right)\pi i} \sin^2\frac{m\pi}{2}\left(-1 + \vartheta_{\substack{3\\4}}\left(\zeta - \frac{\alpha-\frac{1}{2}}{m}, 0\right)\right)\right]$$

oder bei Berücksichtigung von (1340)

$$D_{\substack{3,0\\4,0}}\left(\zeta, \pm\frac{i}{m}\right) = \frac{1}{\sqrt{m}} \sum_{1}^{m} {}_{\alpha} \left[e^{\mp\left(\frac{1}{4}-\frac{\alpha^2}{m}\right)\pi i} \cos^2\frac{m\pi}{2}\,D_{\substack{3,0\\4,0}}\left(\zeta - \frac{\alpha}{m}, 0\right) + \right.$$
$$\left. + e^{\mp\left(\frac{1}{4}-\frac{(\alpha-\frac{1}{2})^2}{m}\right)\pi i} \sin^2\frac{m\pi}{2}\,D_{\substack{3,0\\4,0}}\left(\zeta - \frac{\alpha-\frac{1}{2}}{m}, 0\right)\right]. \qquad (m = 1, 2, 3, \ldots) \qquad (1497)$$

Mit Hilfe von (1497) folgen die zu (1480)[3+4] äquivalenten Beziehungen, wenn in (1483) $\varkappa = \pm i/n$ gesetzt wird, wobei in (1497) m gegen n auszutauschen ist. Sie lauten

$$D_{\substack{3,0\\4,0}}\left(\zeta, \left(m \pm \frac{1}{n}\right) i\right) = \frac{1}{\sqrt{n}}\cos^2\frac{m\pi}{2} \sum_{1}^{n} {}_{\alpha} \left[e^{\mp\left(\frac{1}{4}-\frac{\alpha^2}{n}\right)\pi i} \cos^2\frac{n\pi}{2}\,D_{\substack{3,0\\4,0}}\left(\zeta - \frac{\alpha}{n}, 0\right) + \right.$$
$$\left. + e^{\mp\left(\frac{1}{4}-\frac{(\alpha-\frac{1}{2})^2}{n}\right)\pi i} \sin^2\frac{n\pi}{2}\,D_{\substack{3,0\\4,0}}\left(\zeta - \frac{\alpha-\frac{1}{2}}{n}, 0\right)\right] +$$
$$+ \frac{1}{\sqrt{n}}\sin^2\frac{m\pi}{2} \sum_{1}^{n} {}_{\alpha} \left[e^{\mp\left(\frac{1}{4}-\frac{\alpha^2}{n}\right)\pi i} \cos^2\frac{n\pi}{2}\,D_{\substack{4,0\\3,0}}\left(\zeta - \frac{\alpha}{n}, 0\right) + \right.$$
$$\left. + e^{\mp\left(\frac{1}{4}-\frac{(\alpha-\frac{1}{2})^2}{n}\right)\pi i} \sin^2\frac{n\pi}{2}\,D_{\substack{4,0\\3,0}}\left(\zeta - \frac{\alpha-\frac{1}{2}}{n}, 0\right)\right]. \qquad (1498)$$

$$(m = 0, \pm 1, \pm 2, \pm 3, \ldots, \quad n = 1, 2, 3, \ldots)$$

Da die Funktionen $D_{3,m}$ und $D_{4,m}$, sofern m eine ungerade ganze Zahl ist, sowohl für $\zeta = 0$ als auch für $\zeta = \frac{1}{2}$ verschwinden, fallen bei der sukzessiven Integration der Gln. (1497) und (1498) nach ζ keine Integrationskonstanten an, und man erhält für die D-Funktionen m-ter Ordnung

$$D_{\substack{3,m\\4,m}}\left(\zeta, \pm\frac{i}{n}\right) = \frac{1}{\sqrt{n}} \sum_{1}^{n}{}_{\alpha} \left[e^{\mp\left(\frac{1}{4}-\frac{\alpha^2}{n}\right)\pi i} \cos^2\frac{n\pi}{2} D_{\substack{3,m\\4,m}}\left(\zeta - \frac{\alpha}{n}, 0\right) + \right.$$

$$\left. + e^{\mp\left(\frac{1}{4}-\frac{(\alpha-\frac{1}{2})^2}{n}\right)\pi i} \sin^2\frac{n\pi}{2} D_{\substack{3,m\\4,m}}\left(\zeta - \frac{\alpha-\frac{1}{2}}{n}, 0\right)\right] \qquad (1499)$$

$$(n = 1, 2, 3, \ldots)$$

bzw.

$$D_{\substack{3,m\\4,m}}\left(\zeta, \left(\overline{m} \pm \frac{1}{n}\right) i\right) = \frac{1}{\sqrt{n}} \cos^2\frac{\overline{m}\pi}{2} \sum_{1}^{n}{}_{\alpha} \left[e^{\mp\left(\frac{1}{4}-\frac{\alpha^2}{n}\right)\pi i} \cos^2\frac{n\pi}{2} D_{\substack{3,m\\4,m}}\left(\zeta - \frac{\alpha}{n}, 0\right) + \right.$$

$$\left. + e^{\mp\left(\frac{1}{4}-\frac{(\alpha-\frac{1}{2})^2}{n}\right)\pi i} \sin^2\frac{n\pi}{2} D_{\substack{3,m\\4,m}}\left(\zeta - \frac{\alpha-\frac{1}{2}}{n}, 0\right)\right] +$$

$$+ \frac{1}{\sqrt{n}} \sin^2\frac{\overline{m}\pi}{2} \sum_{1}^{n}{}_{\alpha} \left[e^{\mp\left(\frac{1}{4}-\frac{\alpha^2}{n}\right)\pi} \cos^2\frac{n\pi}{2} D_{\substack{4,m\\3,m}}\left(\zeta - \frac{\alpha}{n}, 0\right) + \right.$$

$$\left. + e^{\mp\left(\frac{1}{4}-\frac{(\alpha-\frac{1}{2})^2}{n}\right)\pi i} \sin^2\frac{n\pi}{2} D_{\substack{4,m\\3,m}}\left(\zeta - \frac{\alpha-\frac{1}{2}}{n}, 0\right)\right]. \qquad (1500)$$

$$(m = 0, 1, 2, 3, \ldots, \quad \overline{m} = 0, \pm 1, \pm 2, \pm 3, \ldots, \quad n = 1, 2, 3, \ldots)$$

Schließlich liefert die zweite der Gln. (1487) für $\varkappa = \frac{\pm i}{4n}$ in Verbindung mit (1499) und (1493) für $\overline{m} = 0$

$$\left.\begin{aligned}
D_{3,m}\left(\zeta, \left(\frac{\overline{m}}{2} \pm \frac{1}{4n}\right) i\right) &= \frac{2^{-m}}{\sqrt{n}} \sum_{1}^{n}{}_{\alpha} \left[e^{\mp\left(\frac{1}{4}-\frac{\alpha^2}{n}\right)\pi i} \cos^2\frac{n\pi}{2} D_{3,m}\left(2\zeta - \frac{2\alpha}{n}, 0\right) + \right.\\
&\quad + e^{\mp\left(\frac{1}{4}-\frac{(\alpha-\frac{1}{2})^2}{n}\right)\pi i} \sin^2\frac{n\pi}{2} D_{3,m}\left(2\zeta - \frac{2\alpha-1}{n}, 0\right) -\\
&\quad \left. -(-1)^\alpha e^{\left[-\frac{\overline{m}}{2} \pm \left(\frac{n+1}{4} + \frac{1}{n}(\alpha-\frac{1}{2})^2\right)\right]\pi i} D_{1,m}\left(2\zeta - \frac{2\alpha-1}{n}, 0\right)\right],\\
D_{4,m}\left(\zeta, \left(\frac{\overline{m}}{2} \pm \frac{1}{4n}\right) i\right) &= \frac{2^{-m}}{\sqrt{n}} \sum_{1}^{n}{}_{\alpha} \left[e^{\mp\left(\frac{1}{4}-\frac{\alpha^2}{n}\right)\pi i} \cos^2\frac{n\pi}{2} D_{3,m}\left(2\zeta - \frac{2\alpha}{n}, 0\right) + \right.\\
&\quad + e^{\mp\left(\frac{1}{4}-\frac{(\alpha-\frac{1}{2})^2}{n}\right)\pi i} \sin^2\frac{n\pi}{2} D_{3,m}\left(2\zeta - \frac{2\alpha-1}{n}, 0\right) +\\
&\quad \left. +(-1)^\alpha e^{\left[-\frac{\overline{m}}{2} \pm \left(\frac{n+1}{4} + \frac{1}{n}(\alpha-\frac{1}{2})^2\right)\right]\pi i} D_{1,m}\left(2\zeta - \frac{2\alpha-1}{n}, 0\right)\right].\\
&(m = 0, 1, 2, 3, \ldots, \quad \overline{m} = 0, \pm 1, \pm 2, \pm 3, \ldots, \quad n = 1, 2, 3, \ldots)
\end{aligned}\right\} \qquad (1501)$$

Für die Funktionen $D_{5,m}(\zeta, \varkappa i)$ und $D_{6,m}(\zeta, \varkappa i)$, deren Periodenintervall $i\varkappa = 16i$ beträgt und deren Funktionswerte für ganzzahlige $\varkappa$ aus (1492) entnommen werden können, folgt bei Bezugnahme auf die sich aus (1481) und (1337) für $m = 0$ ergebende Transformationsgleichung

$$D_{\substack{5,0\\6,0}}(\zeta, \varkappa i) = D_{\substack{1,0\\2,0}}\left(\zeta + \frac{1}{4}, \frac{\varkappa}{2} i\right) + D_{\substack{1,0\\2,0}}\left(\zeta - \frac{1}{4}, \frac{\varkappa}{2} i\right) \qquad (1502)$$

durch m-fache Integration nach ζ

$$D_{\substack{5,m\\6,m}}(\zeta, \varkappa i) = D_{\substack{1,m\\2,m}}\left(\zeta + \frac{1}{4}, \frac{\varkappa}{2} i\right) + D_{\substack{1,m\\2,m}}\left(\zeta - \frac{1}{4}, \frac{\varkappa}{2} i\right), \qquad (1503)$$

wobei Integrationskonstanten nicht in Erscheinung treten.

Durch m-fache Integration der Gln. (1482) nach ζ in Verbindung mit (1340) ergeben sich die in ζ und $\varkappa$ trigonometrischen Reihenentwicklungen der $D_{i,m}$-Funktionen mit imaginären

Parametern. Sie lauten:

$$\left.\begin{aligned}
D_{1,2m}(\zeta, i\varkappa) &= \frac{2(-1)^m}{\pi^{2m}} \sum_0^\infty{}_n \frac{(-1)^n}{(2n+1)^{2m}} \left[\cos\left(n+\frac{1}{2}\right)^2 \pi\varkappa - i\sin\left(n+\frac{1}{2}\right)^2 \pi\varkappa\right] \sin(2n+1)\pi\zeta,\\
D_{1,2m+1}(\zeta, i\varkappa) &= \frac{2(-1)^{m+1}}{\pi^{2m+1}} \sum_0^\infty{}_n \frac{(-1)^n}{(2n+1)^{2m+1}} \left[\cos\left(n+\frac{1}{2}\right)^2 \pi\varkappa - i\sin\left(n+\frac{1}{2}\right)^2 \pi\varkappa\right] \cos(2n+1)\pi\zeta,\\
D_{2,2m}(\zeta, i\varkappa) &= \frac{2(-1)^m}{\pi^{2m}} \sum_0^\infty{}_n \frac{1}{(2n+1)^{2m}} \left[\cos\left(n+\frac{1}{2}\right)^2 \pi\varkappa - i\sin\left(n+\frac{1}{2}\right)^2 \pi\varkappa\right] \cos(2n+1)\pi\zeta,\\
D_{2,2m+1}(\zeta, i\varkappa) &= \frac{2(-1)^m}{\pi^{2m+1}} \sum_0^\infty{}_n \frac{1}{(2n+1)^{2m+1}} \left[\cos\left(n+\frac{1}{2}\right)^2 \pi\varkappa - i\sin\left(n+\frac{1}{2}\right)^2 \pi\varkappa\right] \sin(2n+1)\pi\zeta,\\
D_{3,2m}(\zeta, i\varkappa) &= \frac{2(-1)^m}{\pi^{2m}} \sum_1^\infty{}_n \frac{1}{(2n)^{2m}} [\cos n^2\pi\varkappa - i\sin n^2\pi\varkappa] \cos 2n\pi\zeta,\\
D_{3,2m+1}(\zeta, i\varkappa) &= \frac{2(-1)^m}{\pi^{2m+1}} \sum_1^\infty{}_n \frac{1}{(2n)^{2m+1}} [\cos n^2\pi\varkappa - i\sin n^2\pi\varkappa] \sin 2n\pi\zeta,\\
D_{4,2m}(\zeta, i\varkappa) &= \frac{2(-1)^m}{\pi^{2m}} \sum_1^\infty{}_n \frac{(-1)^n}{(2n)^{2m}} [\cos n^2\pi\varkappa - i\sin n^2\pi\varkappa] \cos 2n\pi\zeta,\\
D_{4,2m+1}(\zeta, i\varkappa) &= \frac{2(-1)^m}{\pi^{2m+1}} \sum_1^\infty{}_n \frac{(-1)^n}{(2n)^{2m+1}} [\cos n^2\pi\varkappa - i\sin n^2\pi\varkappa] \sin 2n\pi\zeta,\\
D_{5,2m}(\zeta, i\varkappa) &= \frac{2\sqrt{2}(-1)^m}{\pi^{2m}} \sum_0^\infty{}_n \frac{\cos\frac{n\pi}{2} + \sin\frac{n\pi}{2}}{(2n+1)^{2m}} \times\\
&\quad\times \left[\cos\left(n+\frac{1}{2}\right)^2 \frac{\pi\varkappa}{2} - i\sin\left(n+\frac{1}{2}\right)^2 \frac{\pi\varkappa}{2}\right] \sin(2n+1)\pi\zeta,\\
D_{5,2m+1}(\zeta, i\varkappa) &= \frac{2\sqrt{2}(-1)^{m+1}}{\pi^{2m+1}} \sum_0^\infty{}_n \frac{\cos\frac{n\pi}{2} + \sin\frac{n\pi}{2}}{(2n+1)^{2m+1}} \times\\
&\quad\times \left[\cos\left(n+\frac{1}{2}\right)^2 \frac{\pi\varkappa}{2} - i\sin\left(n+\frac{1}{2}\right)^2 \frac{\pi\varkappa}{2}\right] \cos(2n+1)\pi\zeta,\\
D_{6,2m}(\zeta, i\varkappa) &= \frac{2\sqrt{2}(-1)^m}{\pi^{2m}} \sum_0^\infty{}_n \frac{\cos\frac{n\pi}{2} - \sin\frac{n\pi}{2}}{(2n+1)^{2m}} \times\\
&\quad\times \left[\cos\left(n+\frac{1}{2}\right)^2 \frac{\pi\varkappa}{2} - i\sin\left(n+\frac{1}{2}\right)^2 \frac{\pi\varkappa}{2}\right] \cos(2n+1)\pi\zeta,\\
D_{6,2m+1}(\zeta, i\varkappa) &= \frac{2\sqrt{2}(-1)^m}{\pi^{2m+1}} \sum_0^\infty{}_n \frac{\cos\frac{n\pi}{2} - \sin\frac{n\pi}{2}}{(2n+1)^{2m+1}} \times\\
&\quad\times \left[\cos\left(n+\frac{1}{2}\right)^2 \frac{\pi\varkappa}{2} - i\sin\left(n+\frac{1}{2}\right)^2 \frac{\pi\varkappa}{2}\right] \sin(2n+1)\pi\zeta.
\end{aligned}\right\} \quad (1504)$$

238. Einige Beziehungen zwischen trigonometrischen Funktionswerten

Auf die durch die letzte Gruppe von (1496) dargestellten Beziehungen zwischen trigonometrischen Funktionswerten soll in diesem Abschnitt näher eingegangen werden.

Zunächst läßt sich die Anzahl der Summenglieder in (1496) durch Zusammenfassung noch reduzieren. Multipliziert man die obere Summe mit

$$e^{\mp(2\alpha-m)\pi i} = 1 \qquad (m \text{ gerade})$$

und die untere mit

$$e^{\mp(2\alpha-m-1)\pi i} = 1 \qquad (m \text{ ungerade}),$$

so folgt

$$\left.\begin{aligned}\sum_1^m{}_\alpha e^{\mp\left(\frac{1}{4}-\frac{\alpha^2}{m}\right)\pi i} &\equiv \sum_1^m{}_\alpha e^{\mp\left(\frac{1}{4}-\frac{(m-\alpha)^2}{m}\right)\pi i} = \sqrt{m} \quad (m \text{ gerade}),\\ \sum_1^m{}_\alpha e^{\mp\left(\frac{1}{4}-\frac{(\alpha-\frac{1}{2})^2}{m}\right)\pi i} &\equiv \sum_1^m{}_\alpha e^{\mp\left(\frac{1}{4}-\frac{(m-\alpha+\frac{1}{2})^2}{m}\right)\pi i} = \sqrt{m} \quad (m \text{ ungerade}).\end{aligned}\right\} \tag{1505}$$

Aus (1505) ist ersichtlich, daß die zu $\alpha = 1, 2, 3, \ldots$ gehörigen Glieder der ersten Summe mit den zu $\alpha = m - 1,\ m - 2,\ m - 3, \ldots$ bzw. $\alpha = m,\ m - 1,\ m - 2, \ldots$ gehörigen Gliedern der zweiten Summe identisch sind und daher zusammengefaßt werden können. Nicht zusammenfaßbar sind in der oberen Summe die zu $\alpha = m/2$ und $\alpha = m$ gehörigen Glieder, in der unteren das zu $\alpha = \frac{m+1}{2}$ gehörige Glied. So erhält man anstelle von (1496), dritte Gruppe,

$$\left.\begin{aligned}\sum_1^{\frac{m}{2}-1}{}_\alpha e^{\mp\left(\frac{1}{4}-\frac{\alpha^2}{m}\right)\pi i} + \frac{1}{2}e^{\pm\frac{m-1}{4}\pi i} + \frac{1}{2}e^{\mp\frac{1}{4}\pi i} &= \frac{1}{2}\sqrt{m} \quad (m \text{ gerade});\\ \sum_1^{\frac{m-1}{2}}{}_\alpha e^{\mp\left(\frac{1}{4}-\frac{(\alpha-\frac{1}{2})^2}{m}\right)\pi i} + \frac{1}{2}e^{\pm\frac{m-1}{4}\pi i} &= \frac{1}{2}\sqrt{m} \quad (m \text{ ungerade}).\end{aligned}\right\} \tag{1506}$$

Werden die Summen von (1506) explizit angesetzt und nach Real- und Imaginärteil aufgespalten, so zeigt sich, daß die zu $m = 1, 3, 4, 8, 12, 16, 20, \ldots$ gehörigen Gleichungen Identitäten darstellen. Die übrigen, den m-Werten zwischen 1 und 20 zugehörigen Beziehungen lauten nach entsprechender Behandlung

$$\left.\begin{aligned}
&m = 2: && \cos\frac{\pi}{4} = \frac{1}{2}\sqrt{2}, \\
&m = 5: && \cos\frac{\pi}{5} = \frac{1}{4}(\sqrt{5}+1), \\
&m = 6: && \cos\frac{\pi}{12} = \frac{1}{4}\sqrt{2}(\sqrt{3}+1), \qquad \sin\frac{\pi}{12} = \frac{1}{4}\sqrt{2}(\sqrt{3}-1), \\
&m = 7: && \cos\frac{\pi}{14} + \cos\frac{3\pi}{14} + \cos\frac{9\pi}{14} = \frac{1}{2}\sqrt{7}, \quad \sin\frac{\pi}{14} - \sin\frac{3\pi}{14} + \sin\frac{9\pi}{14} = \frac{1}{2}, \\
&m = 9: && \cos\frac{\pi}{9} - \cos\frac{2\pi}{9} - \cos\frac{4\pi}{9} = 0, \qquad \sin\frac{\pi}{9} + \sin\frac{2\pi}{9} - \sin\frac{4\pi}{9} = 0, \\
&m = 10: && \cos\frac{3\pi}{20} - \sin\frac{3\pi}{20} = \frac{1}{4}\sqrt{2}(\sqrt{5}-1), \\
&m = 11: && \cos\frac{\pi}{22} - \cos\frac{3\pi}{22} + \cos\frac{5\pi}{22} + \cos\frac{7\pi}{22} + \cos\frac{9\pi}{22} = \frac{1}{2}\sqrt{11}, \\
& && \sin\frac{\pi}{22} - \sin\frac{3\pi}{22} + \sin\frac{5\pi}{22} - \sin\frac{7\pi}{22} + \sin\frac{9\pi}{22} = \frac{1}{2}, \\
&m = 13: && \cos\frac{\pi}{13} + \cos\frac{3\pi}{13} + \cos\frac{9\pi}{13} = \frac{1}{4}(\sqrt{13}+1), \\
&m = 14: && \cos\frac{\pi}{28} - \cos\frac{3\pi}{28} + \sin\frac{5\pi}{28} = \frac{1}{4}\sqrt{2}(\sqrt{7}-1), \\
& && \sin\frac{\pi}{28} + \sin\frac{3\pi}{28} + \cos\frac{5\pi}{28} = \frac{1}{4}\sqrt{2}(\sqrt{7}+1), \\
&m = 15: && \cos\frac{7\pi}{30} - \sin\frac{\pi}{15} = \frac{1}{4}\sqrt{3}(\sqrt{5}-1), \\
& && \sin\frac{7\pi}{30} + \sin\frac{\pi}{10} - \cos\frac{\pi}{15} = 0, \\
&m = 17: && -\cos\frac{\pi}{17} + \cos\frac{2\pi}{17} + \cos\frac{4\pi}{17} + \cos\frac{8\pi}{17} = \frac{1}{4}(\sqrt{17}-1), \\
&m = 18: && \cos\frac{\pi}{36} - \sin\frac{5\pi}{36} - \sin\frac{7\pi}{36} = 0, \qquad \sin\frac{\pi}{36} - \cos\frac{5\pi}{36} + \cos\frac{7\pi}{36} = 0,
\end{aligned}\right\} \tag{1507}$$

$$\left.\begin{aligned} m = 19:\quad &\cos\frac{\pi}{38} + \cos\frac{3\pi}{38} + \cos\frac{5\pi}{38} - \cos\frac{7\pi}{38} + \cos\frac{9\pi}{38} - \cos\frac{11\pi}{38} - \cos\frac{13\pi}{38} \\ &\quad + \cos\frac{15\pi}{38} + \cos\frac{17\pi}{38} = \frac{1}{2}\sqrt{19}, \\ &\sin\frac{\pi}{38} - \sin\frac{3\pi}{38} + \sin\frac{5\pi}{38} - \sin\frac{7\pi}{38} + \sin\frac{9\pi}{38} - \sin\frac{11\pi}{38} + \sin\frac{13\pi}{38} \\ &\quad - \sin\frac{15\pi}{38} + \sin\frac{17\pi}{38} = \frac{1}{2}. \end{aligned}\right|$$

239. Partielle Differentialgleichungen der Theta- und *D*-Funktionen mit imaginären Parametern

Wird in den Differentialgleichungen (1341) und (1376) der D-Funktionen, die für $m = 0$ die Theta-Funktionen mit einschließen, $\varkappa$ mit $i\,\varkappa$ vertauscht, so folgt

$$\frac{\partial^2}{\partial \zeta^2} D_{i,m}(\zeta, i\varkappa) - 4\pi \frac{\partial}{\partial i\varkappa} D_{i,m}(\zeta, i\varkappa) = 0 \quad (i = 1, 2, 3, 4) \quad \text{bzw.} \quad \frac{\partial^2}{\partial \zeta^2} D_{i,m}(\zeta, i\varkappa) - 8\pi \frac{\partial}{\partial i\varkappa} D_{i,m}(\zeta, i\varkappa) = 0 \quad (i = 5, 6)$$

oder

$$\frac{\partial^2}{\partial \zeta^2} D_{i,m}(\zeta, i\varkappa) + 4\pi i \frac{\partial}{\partial \varkappa} D_{i,m}(\zeta, i\varkappa) = 0 \quad (i = 1, 2, 3, 4) \quad \text{bzw.} \quad \frac{\partial^2}{\partial \zeta^2} D_{i,m}(\zeta, i\varkappa) + 8\pi i \frac{\partial}{\partial \varkappa} D_{i,m}(\zeta, i\varkappa) = 0. \quad (i = 5, 6) \tag{1508}$$

Diese komplexen Differentialgleichungen lassen sich durch zweimalige Ableitung nach ζ in reelle Differentialgleichungen umschreiben. Man erhält zunächst

$$\frac{\partial^4}{\partial \zeta^4} D_{i,m}(\zeta, i\varkappa) + 4\pi i \frac{\partial}{\partial \varkappa}\frac{\partial^2}{\partial \zeta^2} D_{i,m}(\zeta, i\varkappa) = 0 \quad \text{bzw.} \quad \frac{\partial^4}{\partial \zeta^4} D_{i,m}(\zeta, i\varkappa) + 8\pi i \frac{\partial}{\partial \varkappa}\frac{\partial^2}{\partial \zeta^2} D_{i,m}(\zeta, i\varkappa) = 0$$

und in Verbindung mit (1508)

$$\frac{\partial^4}{\partial \zeta^4} D_{i,m}(\zeta, i\varkappa) + 16\pi^2 \frac{\partial^2}{\partial \varkappa^2} D_{i,m}(\zeta, i\varkappa) = 0 \quad (i = 1, 2, 3, 4) \quad \text{bzw.} \quad \frac{\partial^4}{\partial \zeta^4} D_{i,m}(\zeta, i\varkappa) + 64\pi^2 \frac{\partial^2}{\partial \varkappa^2} D_{i,m}(\zeta, i\varkappa) = 0. \quad (i = 5, 6) \tag{1509}$$

Die Differentialgleichungen (1509) lassen sich als Differentialgleichungen freier, transversaler Stab- oder Balken-Schwingungen deuten. Hierfür ist es lediglich notwendig, die zugehörige Differentialgleichung

$$\frac{\partial^4 w}{\partial z^4} + \frac{\gamma F}{g E I}\frac{\partial^2 w}{\partial t^2} = 0 \tag{1510}$$

(w = Amplitude, γ/g = bezogene Dichte, F = Querschnitt, E = Elastizitätsmodul, I = äquatoriales Trägheitsmoment)

durch Einführung der Kennfunktionen

$$l = \frac{z}{\zeta} \ \text{(Stablänge)} \quad \text{und} \quad \frac{1}{4\pi}\sqrt{\frac{\gamma F l^4}{g E I}} = \frac{t}{\varkappa} \quad \text{bzw.} \quad \frac{1}{8\pi}\sqrt{\frac{\gamma F l^4}{g E I}} = \frac{t}{\varkappa} \tag{1510'}$$

auf dimensionslose unabhängige Veränderliche umzuschreiben. Dies ergibt

$$\frac{\partial^4 w}{\partial \zeta^4} + 16\pi^2 \frac{\partial^2 w}{\partial \varkappa^2} = 0 \quad \text{bzw.} \quad \frac{\partial^4 w}{\partial \zeta^4} + 64\pi^2 \frac{\partial^2 w}{\partial \varkappa^2} = 0. \tag{1511}$$

Die mit einer Konstanten von der Dimension einer Länge multiplizierten Funktionen $D_{i,m}(\zeta, i\varkappa)$ bzw. die zugehörigen Realteil- oder Imaginärteil-Funktionen stellen dann Lösungen der Differentialgleichungen (1511) dar.

Bei Balkenschwingungen interessieren nun aber nicht nur die Amplituden, sondern auch deren Ableitungen, und insbesondere die ersten vier, die gemäß

$$\frac{\partial w}{\partial \zeta} \cong \varphi\, l, \quad \frac{\partial^2 w}{\partial \zeta^2} = -\frac{M l^2}{E I}, \quad \frac{\partial^3 w}{\partial \zeta^3} = -\frac{Q l^3}{E I}, \quad \frac{\partial^4 w}{\partial \zeta^4} = \frac{p^* l^4}{E I}$$

dem Drehwinkel, dem Biegungsmoment, der Querkraft und der stellvertretenden Belastung proportional sind. Wird die Amplitude w in der Form

$$w = C\,D_{i,m}(\zeta, i\varkappa) \quad \text{bzw.} \quad w = C\,\Re e D_{i,m}(\zeta, \varkappa) \quad \text{oder} \quad w = C\,\mathrm{Im} D_{i,m}(\zeta, \varkappa)$$

angesetzt, so erhält man nach (1342)

$$\frac{\partial w}{\partial \zeta} = C\,D_{i,m-1}(\zeta, i\varkappa), \quad \frac{\partial^2 w}{\partial \zeta^2} = C\,D_{i,m-2}(\zeta, \varkappa), \quad \frac{\partial^3 w}{\partial \zeta^3} = C\,D_{i,m-3}(\zeta, \varkappa), \quad \frac{\partial^4 w}{\partial \zeta^4} = C\,D_{i,m-4}(\zeta, \varkappa)$$

mit entsprechenden Ausdrücken für die Real- und Imaginärteile.

240. Funktionsverlauf

Nach den Ausführungen in den Abschnitten 236 und 237 lassen sich Theta- und D-Funktionen mit imaginären Parametern linear aus den entsprechenden zu $\varkappa = 0$ gehörenden Funktionen aufbauen, d. h. aus Funktionen, die, soweit sie nicht wie die Theta-Funktionen singulär werden, streckenweise durch algebraische Funktionen darstellbar sind.

Durch den Übergang zu imaginären Parametern werden die Theta- und D-Funktionen doppeltperiodische Funktionen, deren Periodenverhalten durch die sechs die Theta-Funktionen einschließenden Gleichungen

$$\left.\begin{aligned} D_{\substack{1,m\\2,m}}(\zeta \pm 2\bar{m}, i\varkappa \pm 8i\bar{n}) &= D_{\substack{1,m\\2,m}}(\zeta, i\varkappa), \\ D_{\substack{3,m\\4,m}}(\zeta \pm \bar{m}, i\varkappa \pm 2i\bar{n}) &= D_{\substack{3,m\\4,m}}(\zeta, i\varkappa), \\ D_{\substack{5,m\\6,m}}(\zeta \pm 2\bar{m}, i\varkappa \pm 16i\bar{n}) &= D_{\substack{5,m\\6,m}}(\zeta, i\varkappa), \end{aligned} \quad \begin{aligned} (m &= 0, 1, 2, 3, \ldots, \\ \bar{m} &= 0, 1, 2, 3, \ldots, \\ \bar{n} &= 0, 1, 2, 3, \ldots) \end{aligned}\right\} \tag{1512}$$

gekennzeichnet ist.

Bei dem periodischen Verhalten bezüglich $i\varkappa$ lassen sich zwei Gruppen unterscheiden, nämlich eine mit den Charakteristiken 1, 2, 5, 6 und eine mit den Charakteristiken 3, 4.

In der Gruppe mit den Charakteristiken 1, 2, 5, 6 sind die Periodenintervalle $8i$ bzw. $16i$, und man hat wie bei den trigonometrischen Funktionen vier gleichartige Teilintervalle, wobei die Realteil-Funktionen cosinusartiges, die Imaginärteil-Funktionen sinusartiges Verhalten zeigen. Außerdem lassen sich wie bei der cosinus- und sinus-Funktion Realteil- und Imaginärteil-Funktion ineinander überführen. Die Transformationsgleichungen lauten

$$\begin{aligned} \mathrm{Im} D_{\substack{1,m\\2,m}}(\zeta, i\varkappa + 2i) &= \Re e D_{\substack{1,m\\2,m}}(\zeta, i\varkappa), \\ \mathrm{Im} D_{\substack{5,m\\6,m}}(\zeta, i\varkappa + 4i) &= \Re e D_{\substack{5,m\\6,m}}(\zeta, i\varkappa). \end{aligned} \quad (m = 0, 1, 2, 3, \ldots) \tag{1513}$$

In der Gruppe mit den Charakteristiken 3 und 4 fehlt der Antimetrie- bzw. Symmetrie-Charakter der Viertelintervalle, so daß Realteil- und Imaginärteil-Funktion hier grundsätzlich voneinander verschieden sind.

Hinsichtlich ζ folgt aus (1364) und (1387)

$$\begin{matrix}\Re e\\ \mathrm{Im}\end{matrix} D_{\substack{2,m\\4,m\\6,m}}(\zeta + \tfrac{1}{2}, i\varkappa) = \begin{matrix}\Re e\\ \mathrm{Im}\end{matrix} D_{\substack{1,m\\3,m\\5,m}}(\zeta, i\varkappa). \quad (m = 0, 1, 2, 3, \ldots) \tag{1514}$$

Nach (1513) und (1514) kann die weitere Betrachtung auf die Charakteristiken 1, 3, 5 und bei den Charakteristiken 1 und 5 auf die Realteilfunktionen beschränkt werden.

Die Abb. 376 bis 387 zeigen für die Ordnungen $m = 0$ bis $m = 5$ den Verlauf der Funktionen $\Re e D_{\substack{1,m\\5,m}}(\zeta, i\varkappa)$ für ein halbes Periodenintervall bezüglich ζ und $i\varkappa$ und die Abb. 388 bis 399 denjenigen der Funktionen $\Re e D_{3,m}(\zeta, i\varkappa)$ und $\operatorname{Im} D_{3,m}(\zeta, i\varkappa)$ für ein halbes Periodenintervall bezüglich ζ und ein ganzes bezüglich $i\varkappa$. Das Argument läuft bei den geraden Ordnungen von 0 bis 1, bei den ungeraden von $-\frac{1}{2}$ bis $+\frac{1}{2}$, weil die Abbildungen dadurch übersichtlicher werden.

Nach den Ausführungen in Abschnitt 239 lassen sich die Abb. 376 bis 399 für die Ordnungen $m = 4, 5$ als Amplituden, $m = 3, 4$ als Drehwinkel, $m = 2, 3$ als Biegungsmomente, $m = 1, 2$

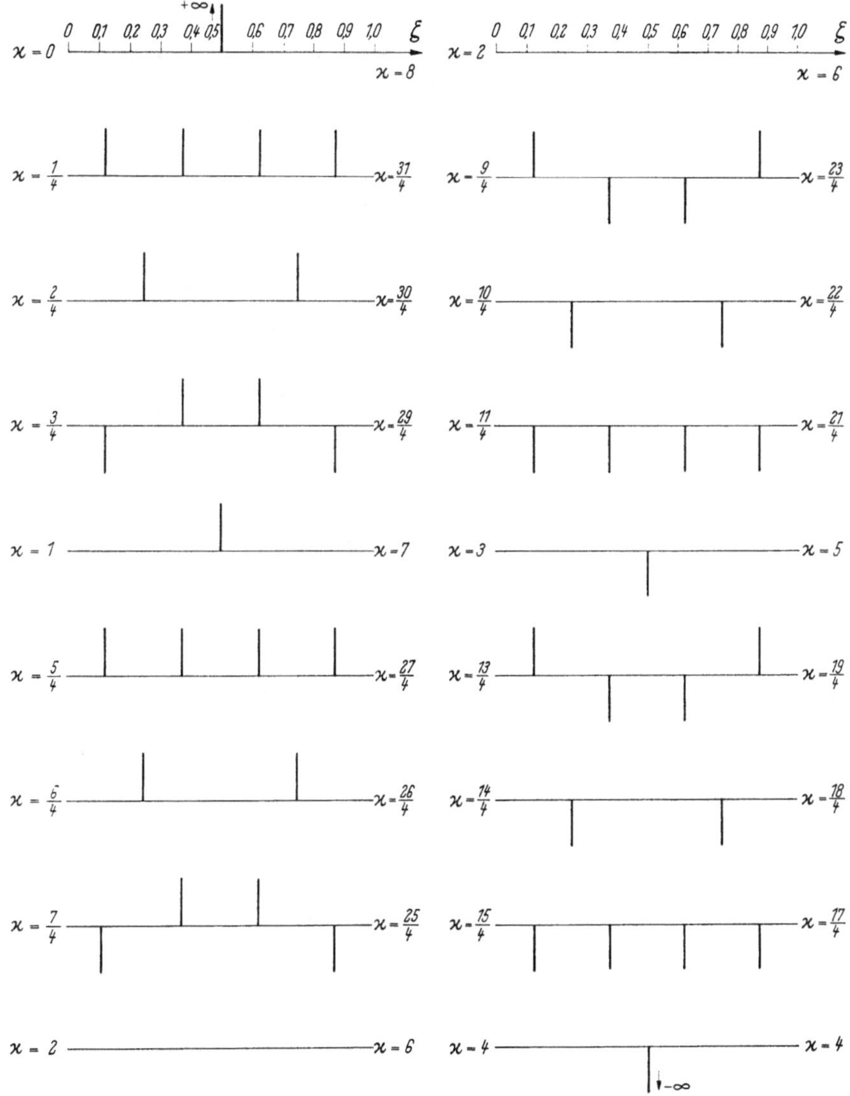

Abb. 376. Verlauf der Funktion $\operatorname{Re} D_{1,0}(\zeta, i\varkappa)$ für ein halbes Periodenintervall bezüglich ζ und $i\varkappa$

als Querkräfte, $m = 0, 1$ als stellvertretende Belastungen freier Balkenschwingungen deuten. So stellen die Abb. 376, 378 und 380 stellvertretende Belastung, Biegungsmoment und Amplitude eines an beiden Enden freigelagerten Balkens dar, der durch Fortnahme einer Last in Balkenmitte in Schwingungen versetzt wird, während den Abb. 377, 379 und 381 ein Schwingungszustand entspricht, der durch Fortnahme einer gleichmäßig verteilten Belastung entsteht. Die Schwingungszustände der Abb. 382, 384 und 386 sind durch zwei Laststellen in den Viertelpunkten und diejenigen der Abb. 383, 385 und 387 durch eine nur in der mittleren Balkenhälfte vorhandene gleichmäßig verteilte Belastung gekennzeichnet. Die zu der dritten Charakteristik gehörenden Abb. 388 bis 399 betreffen Transversalschwingungen beiderseits eingespannter Stäbe.

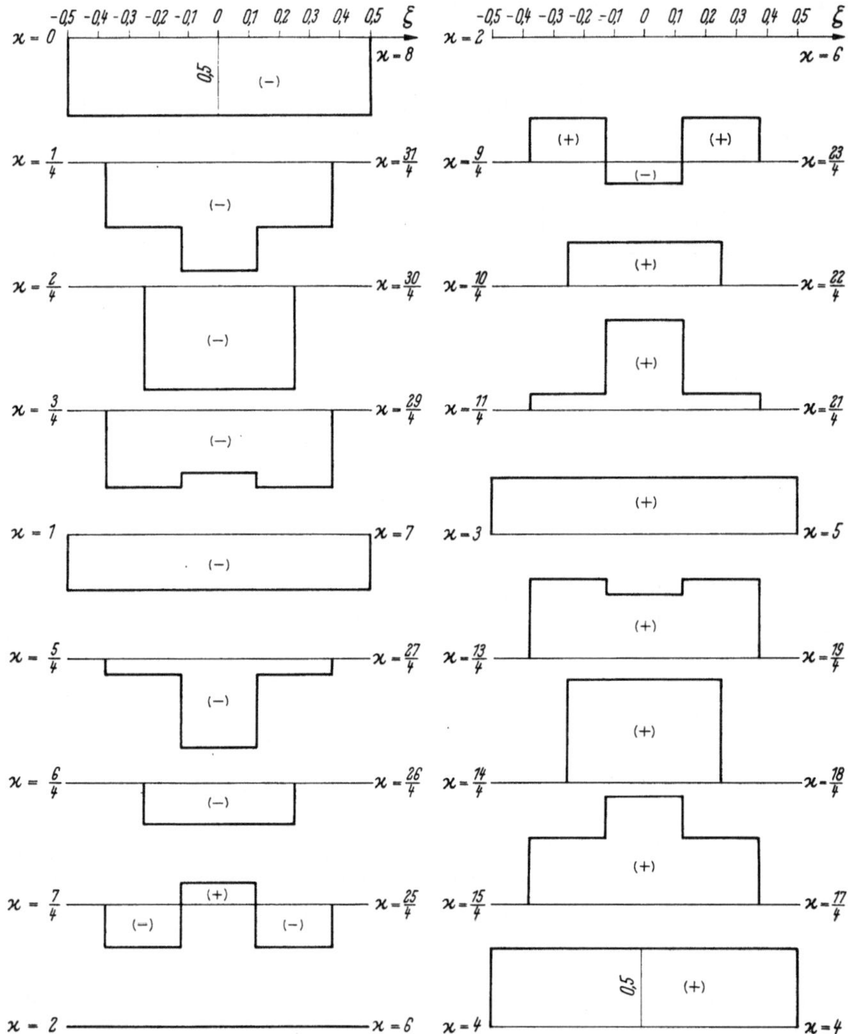

Abb. 377. Verlauf der Funktion $\mathrm{Re}\,D_{1,1}(\zeta, i\varkappa)$ für ein halbes Periodenintervall bezüglich ζ und $i\varkappa$

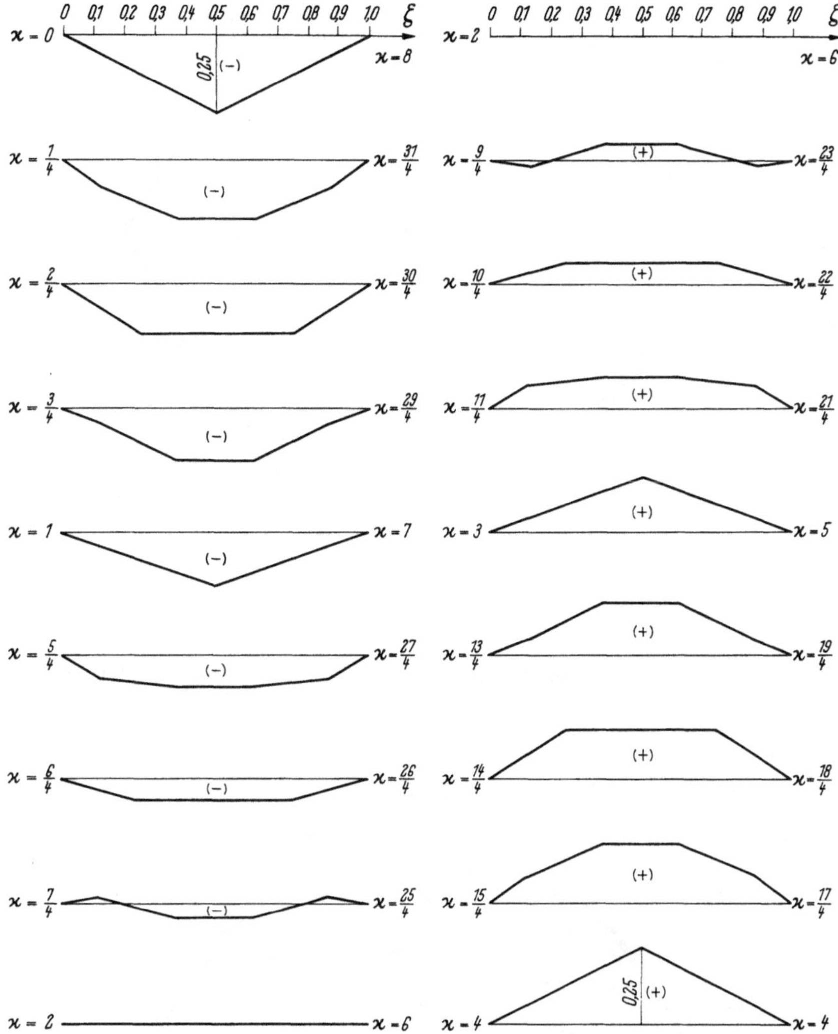

Abb. 378. Verlauf der Funktion $\operatorname{Re} D_{1,2}(\zeta, i\varkappa)$ für ein halbes Periodenintervall bezüglich ζ und $i\varkappa$

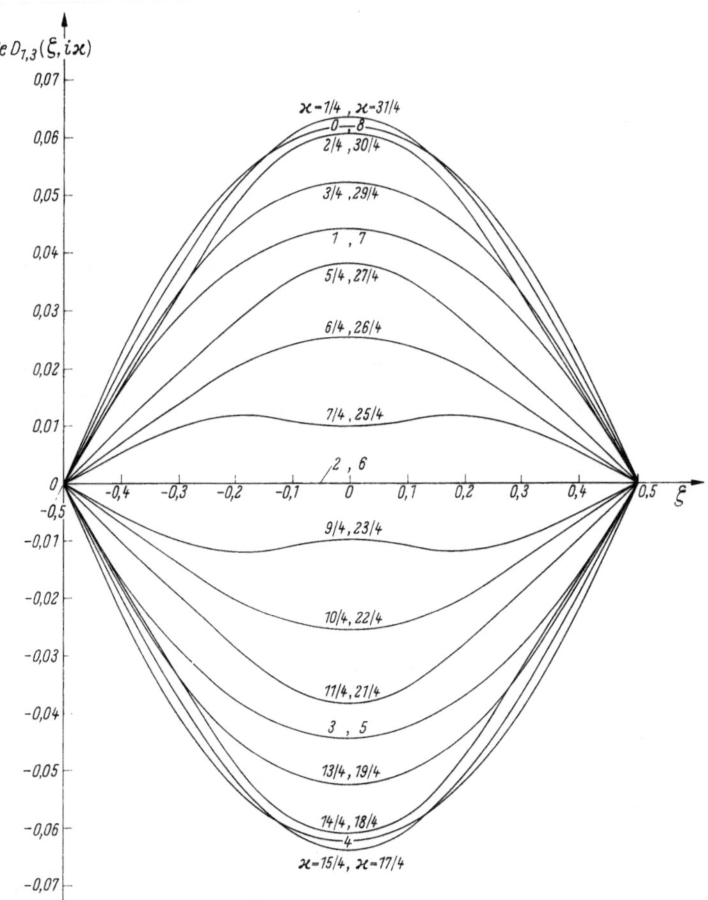

Abb. 379. Verlauf der Funktion $\operatorname{Re} D_{1,3}(\zeta, i\varkappa)$ für ein halbes Periodenintervall bezüglich ζ und $i\varkappa$

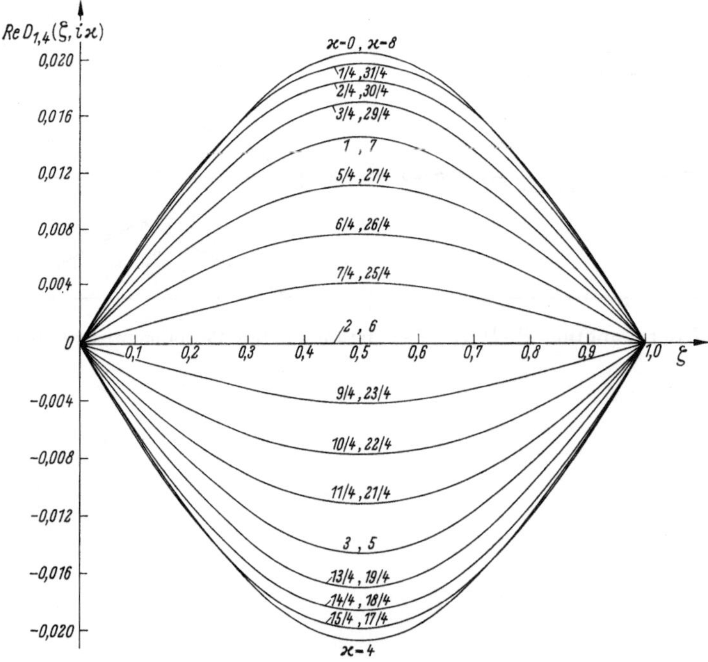

Abb. 380. Verlauf der Funktion $\operatorname{Re} D_{1,4}(\zeta, i\varkappa)$ für ein halbes Periodenintervall bezüglich ζ und $i\varkappa$

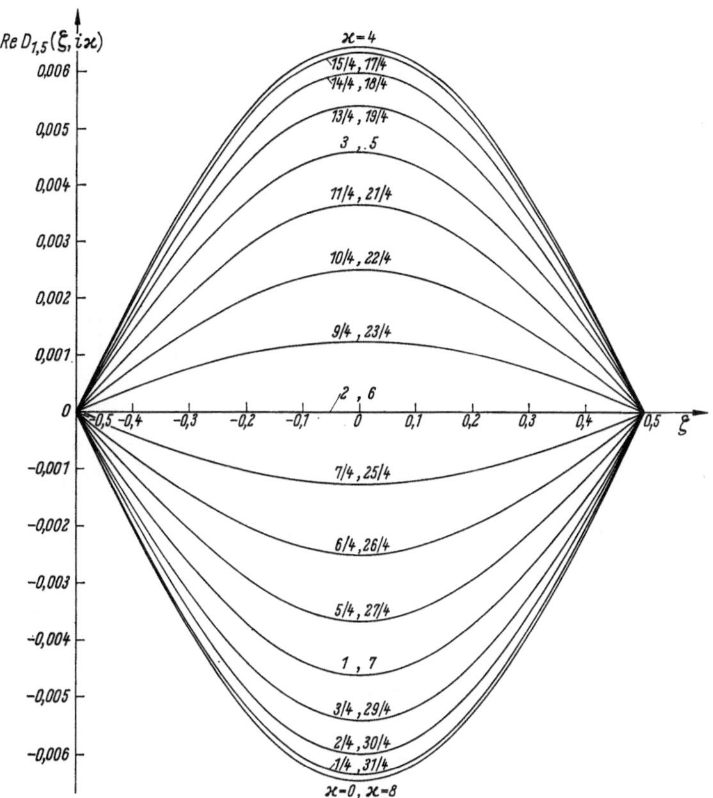

Abb. 381. Verlauf der Funktion $\mathrm{Re}\,D_{1,5}(\zeta, i\varkappa)$ für ein halbes Periodenintervall bezüglich ζ und $i\varkappa$

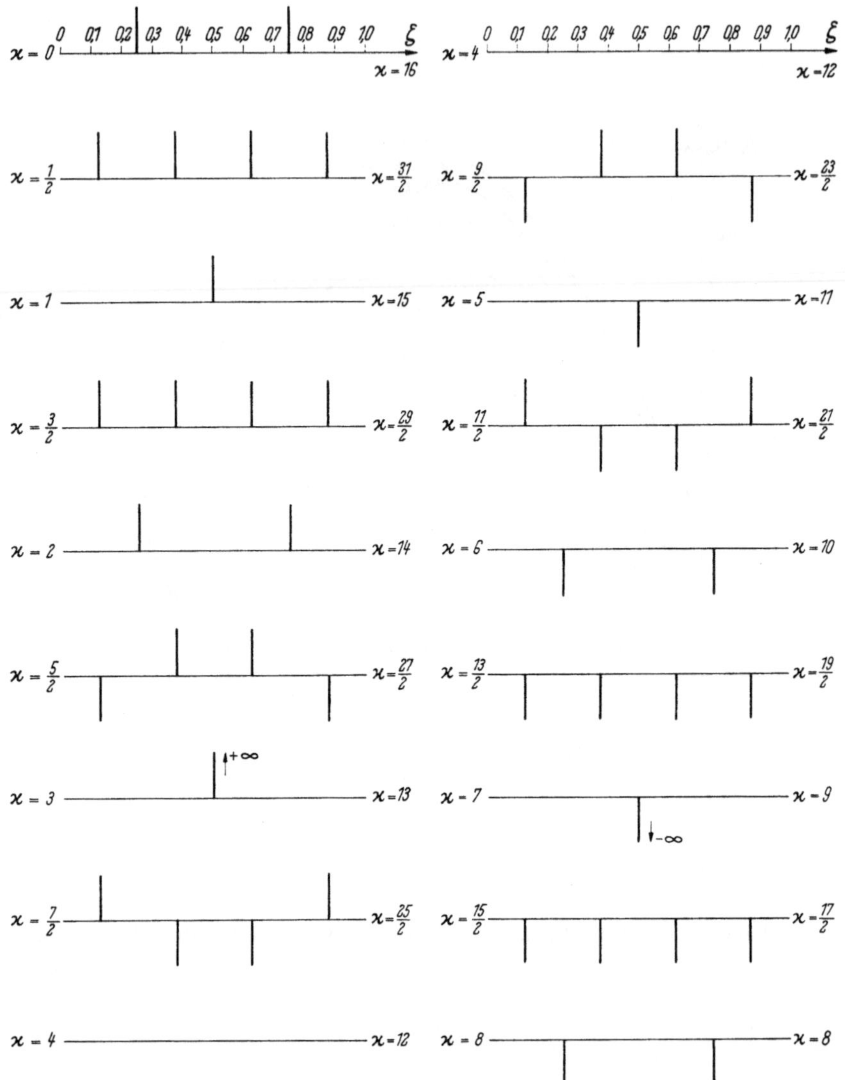

Abb. 382. Verlauf der Funktion $\operatorname{Re} D_{5,0}(\zeta, i\varkappa)$ für ein halbes Periodenintervall bezüglich ζ und $i\varkappa$

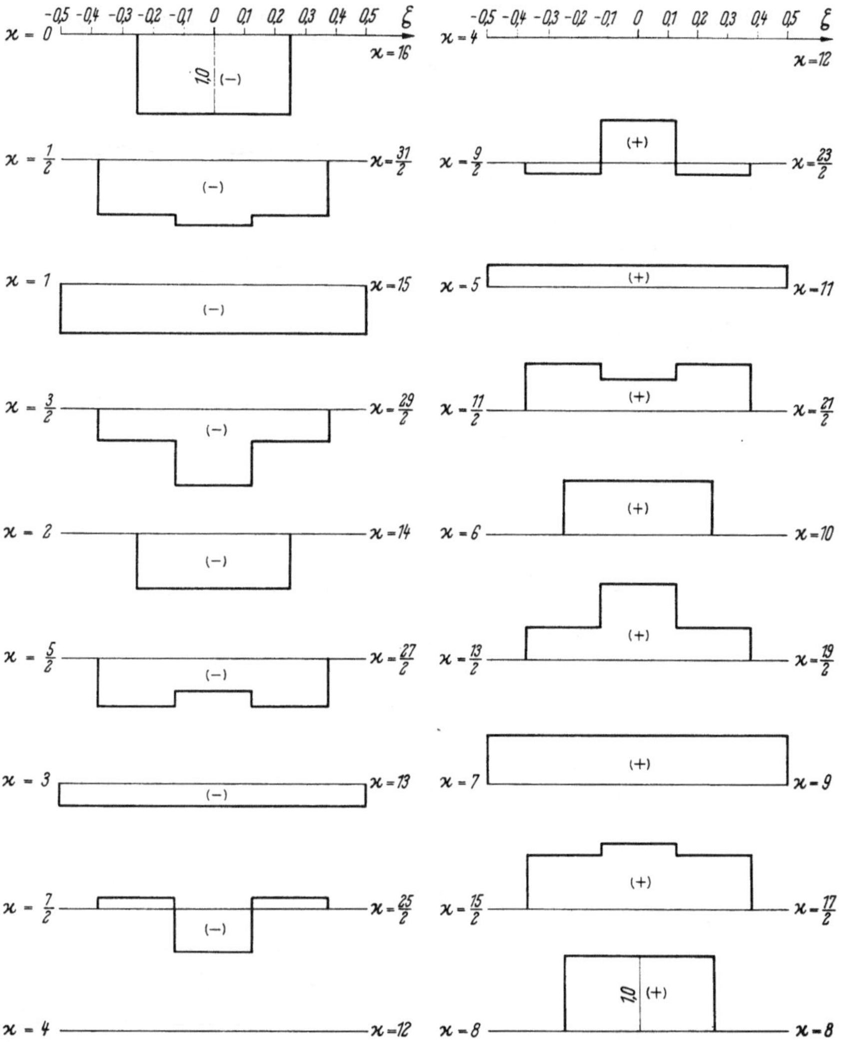

Abb. 383. Verlauf der Funktion $\mathrm{Re}\,D_{5,1}(\zeta, i\varkappa)$ für ein halbes Periodenintervall bezüglich ζ und $i\varkappa$

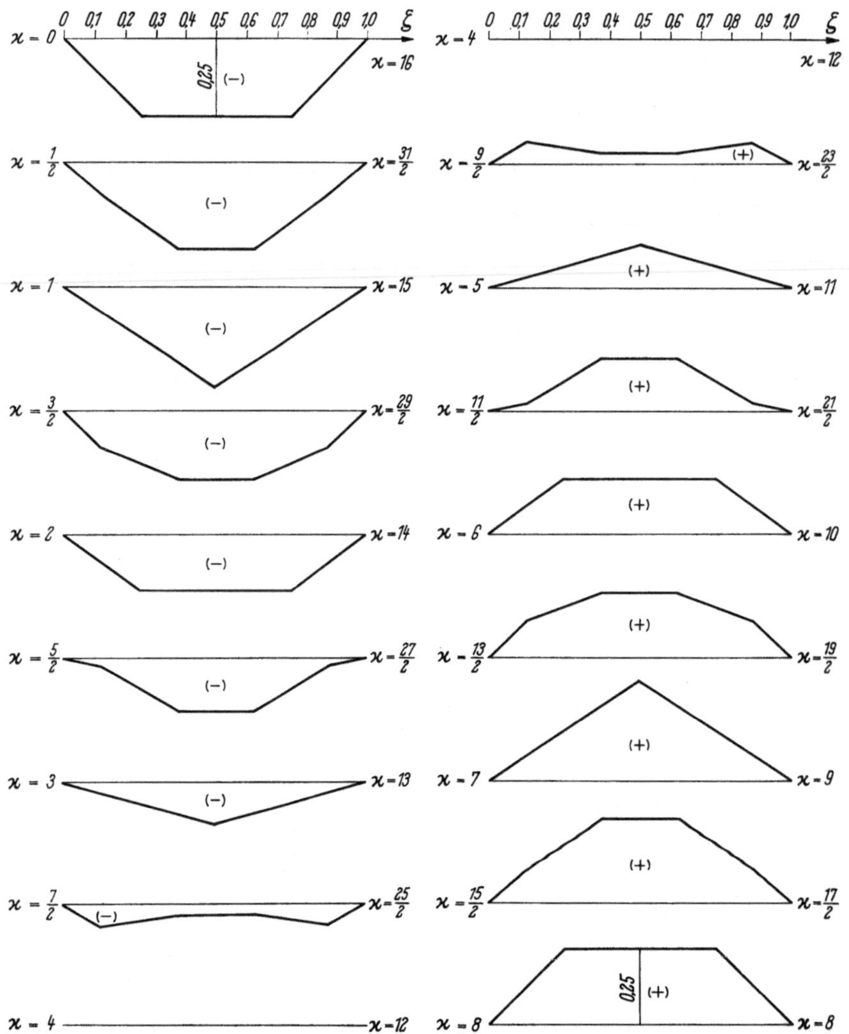

Abb. 384. Verlauf der Funktion $\operatorname{Re} D_{5,2}(\zeta, i\varkappa)$ für ein halbes Periodenintervall bezüglich ζ und $i\varkappa$

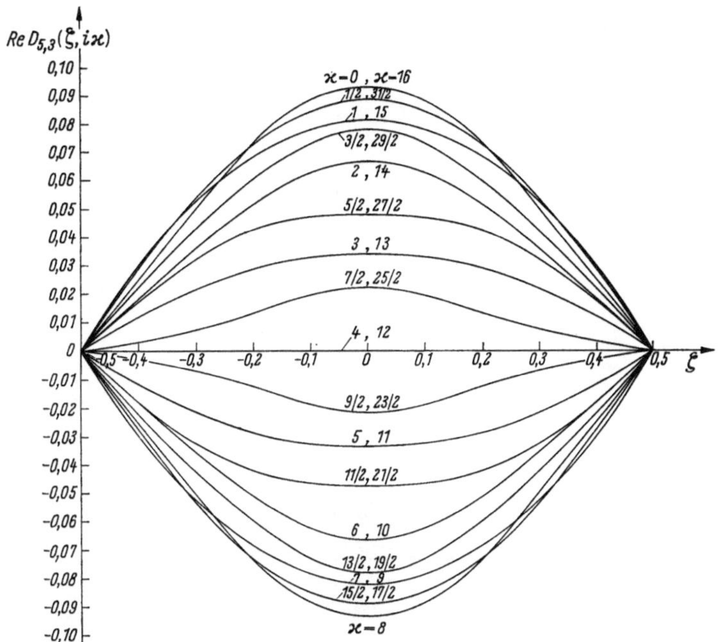

Abb. 385. Verlauf der Funktion $\mathrm{Re}\,D_{5,3}(\zeta, i\varkappa)$ für ein halbes Periodenintervall bezüglich ζ und $i\varkappa$

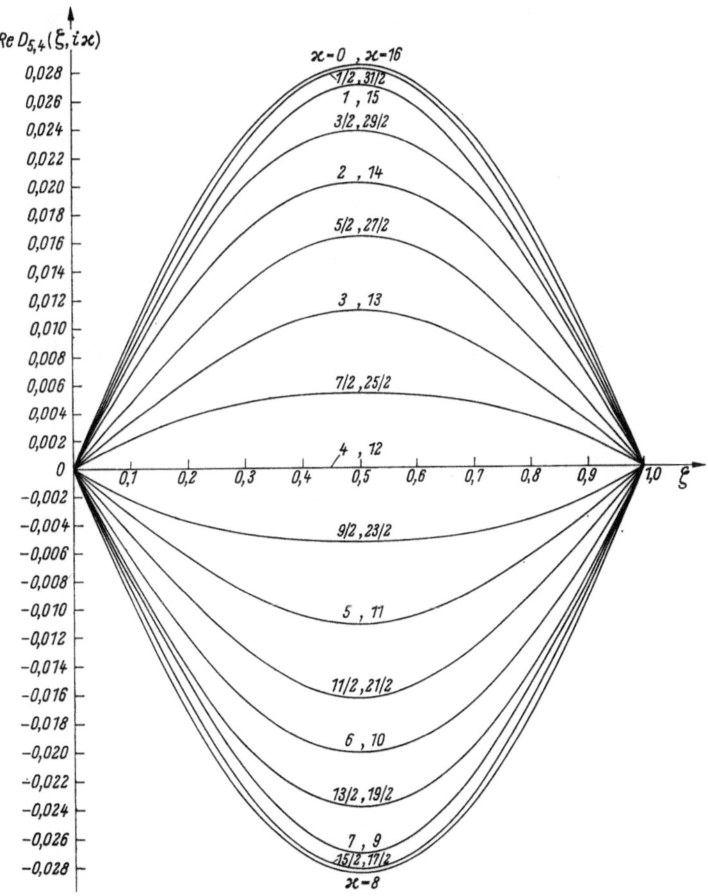

Abb. 386. Verlauf der Funktion $\mathrm{Re}\,D_{5,4}(\zeta, i\varkappa)$ für ein halbes Periodenintervall bezüglich ζ und $i\varkappa$

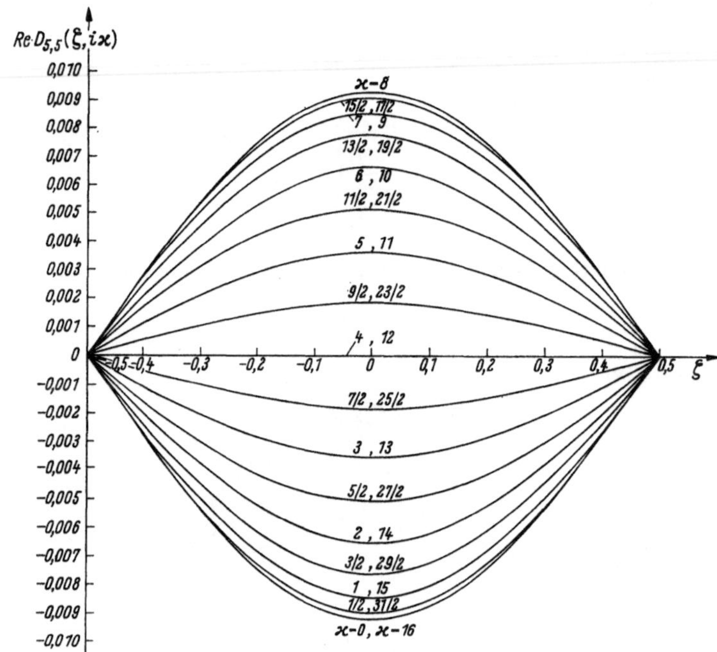

Abb. 387. Verlauf der Funktion $\mathrm{Re}\,D_{5,5}(\zeta, i\varkappa)$ für ein halbes Periodenintervall bezüglich ζ und $i\varkappa$

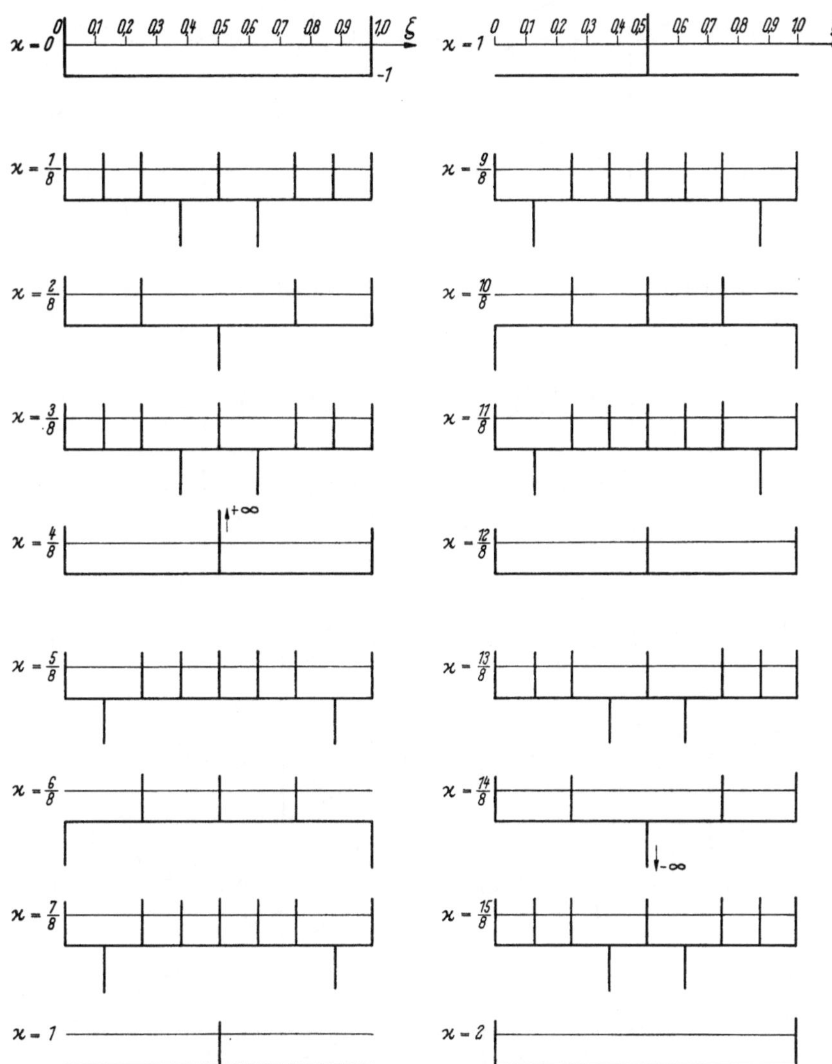

Abb. 388. Verlauf der Funktion $\operatorname{Re} D_{3,0}(\zeta, i\varkappa)$ für ein halbes Periodenintervall bezüglich ζ und ein ganzes Periodenintervall bezüglich $i\varkappa$

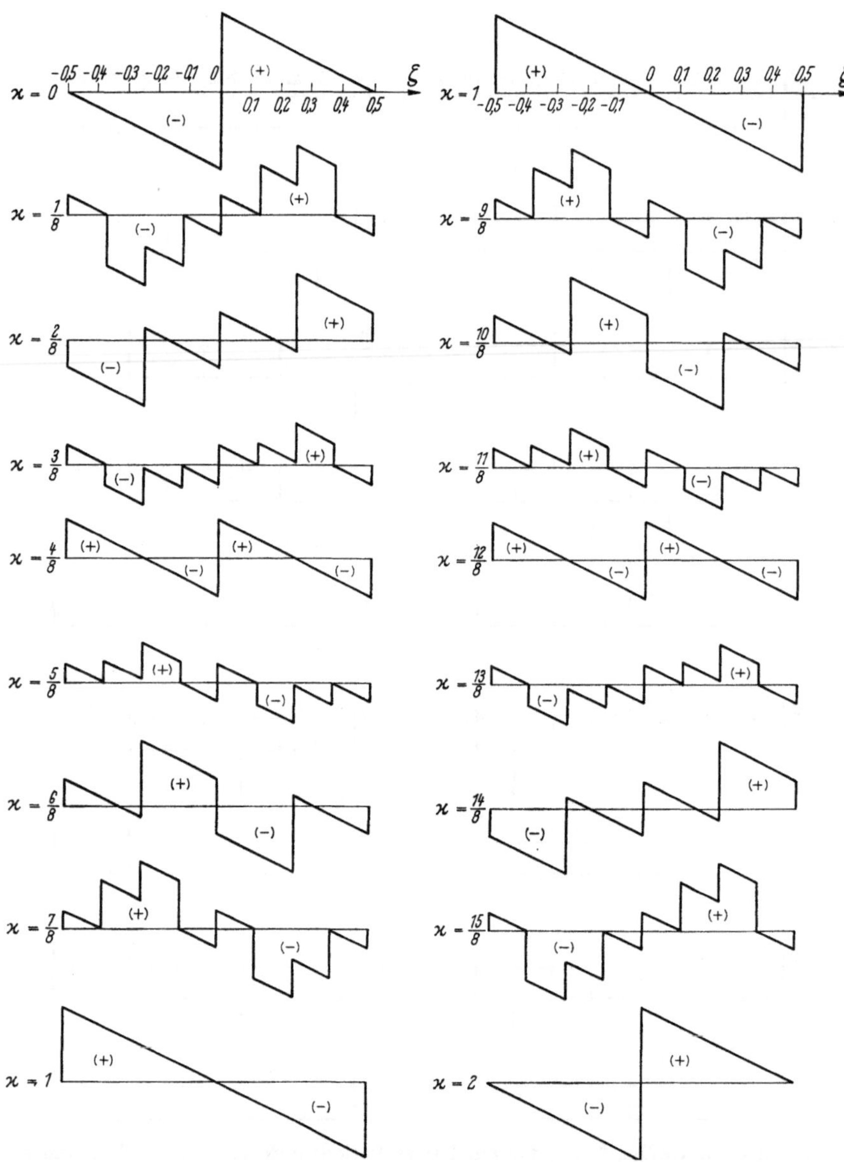

Abb. 389. Verlauf der Funktion $\mathrm{Re}\,D_{3,1}(\zeta, i\varkappa)$ für ein halbes Periodenintervall bezüglich ζ und ein ganzes Periodenintervall bezüglich $i\varkappa$

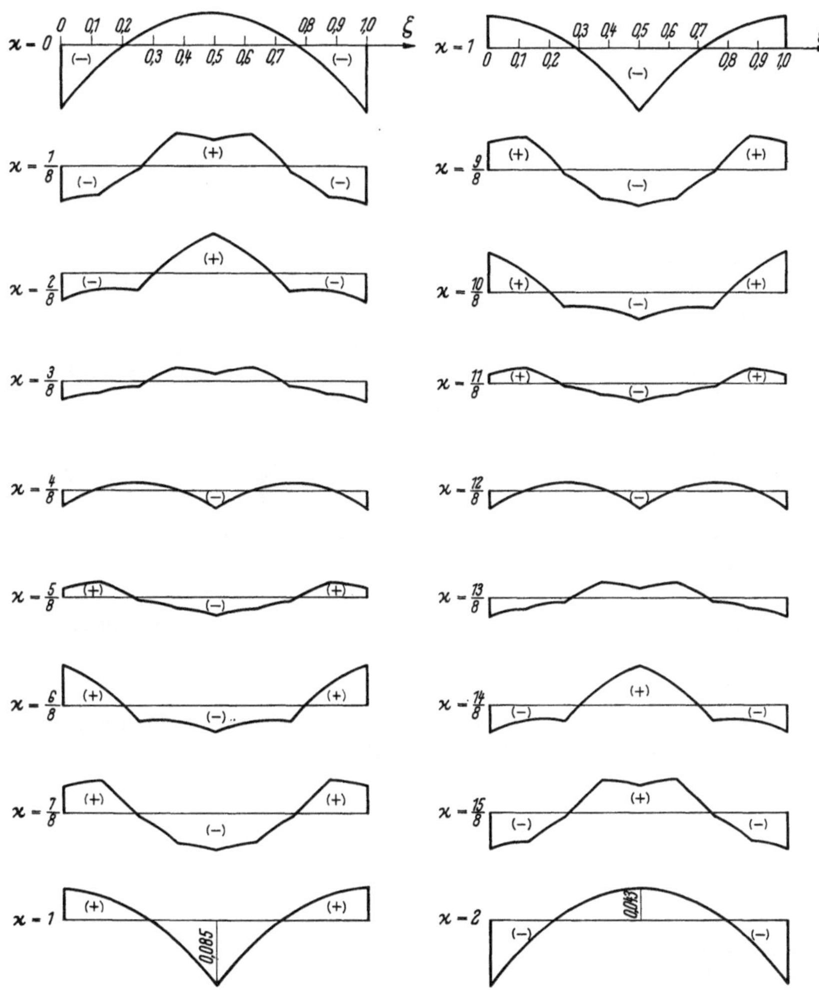

Abb. 390. Verlauf der Funktion $\mathrm{Re}\, D_{3,2}(\zeta, i\varkappa)$ für ein halbes Periodenintervall bezüglich ζ und ein ganzes Periodenintervall bezüglich $i\varkappa$

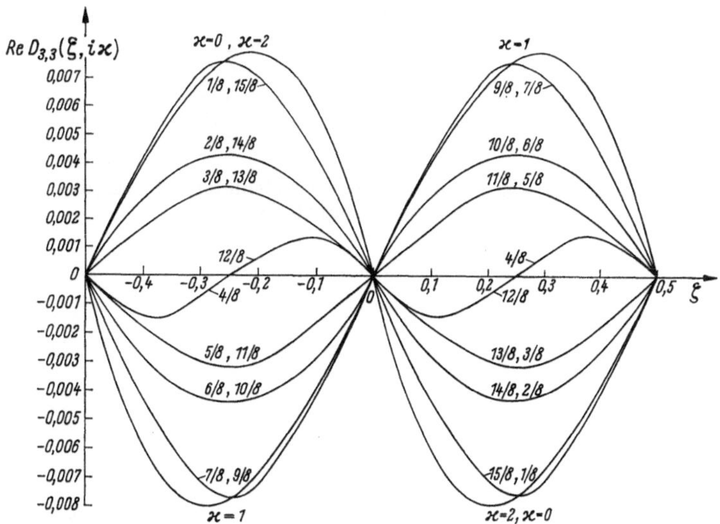

Abb. 391. Verlauf der Funktion $\mathrm{Re}\, D_{3,3}(\zeta, i\varkappa)$ für ein halbes Periodenintervall bezüglich ζ und ein ganzes Periodenintervall bezüglich $i\varkappa$

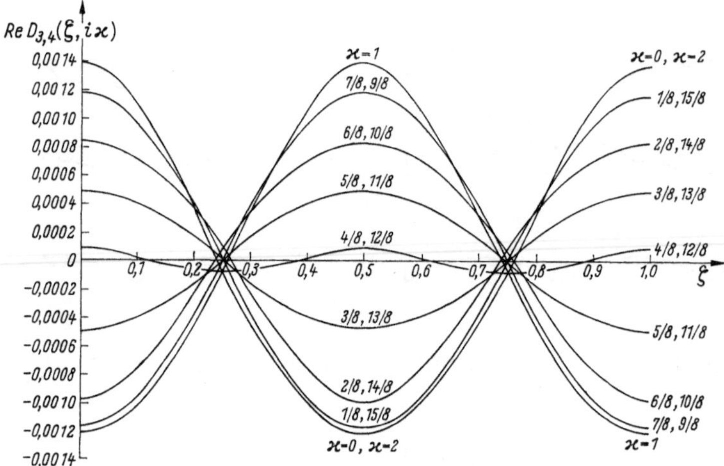

Abb. 392. Verlauf der Funktion $\mathrm{Re}\, D_{3,4}(\zeta, i\varkappa)$ für ein halbes Periodenintervall bezüglich ζ und ein ganzes Periodenintervall bezüglich $i\varkappa$

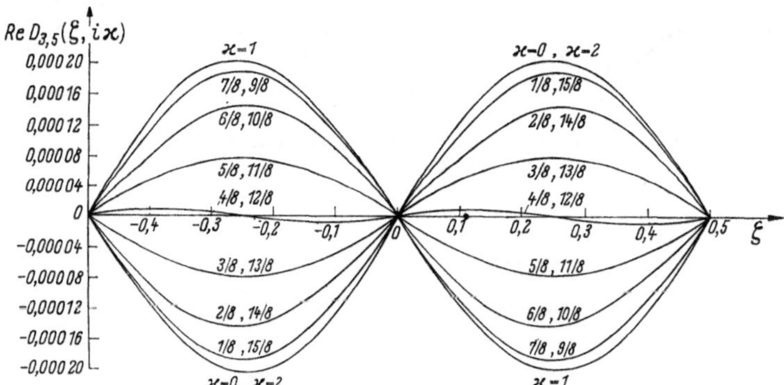

Abb. 393. Verlauf der Funktion $\mathrm{Re}\, D_{3,5}(\zeta, i\varkappa)$ für ein halbes Periodenintervall bezüglich ζ und ein ganzes Periodenintervall bezüglich $i\varkappa$

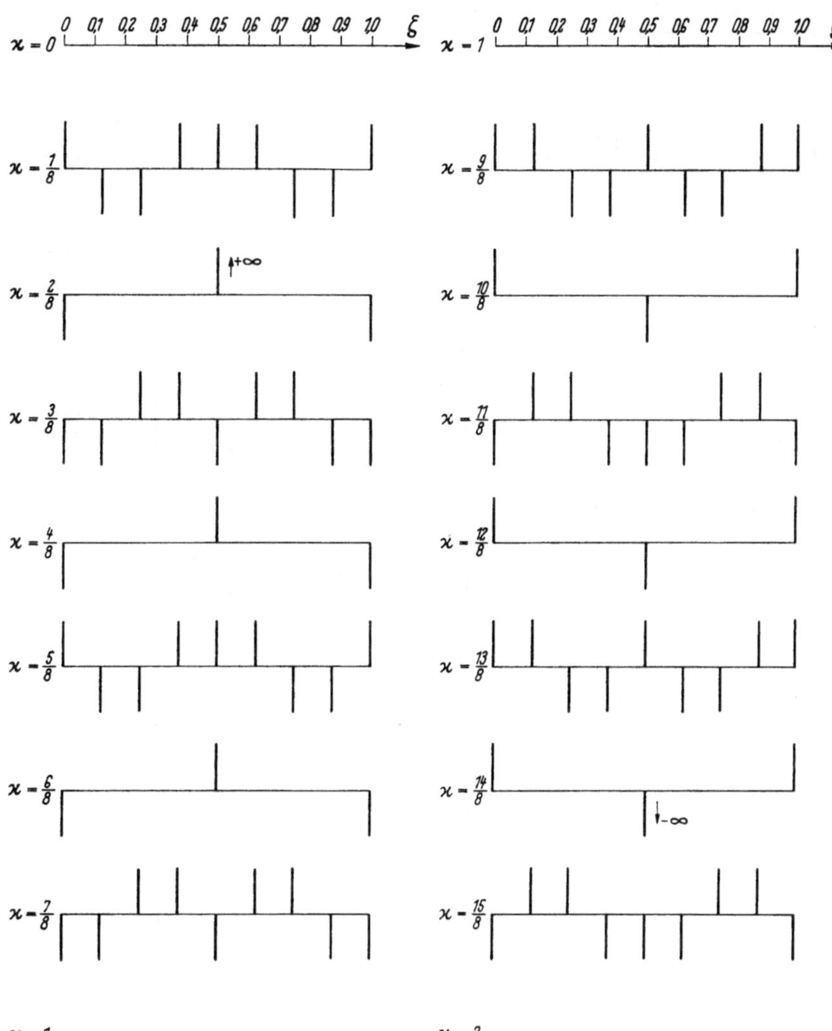

Abb. 394. Verlauf der Funktion $\operatorname{Im} D_{3,0}(\zeta, i\varkappa)$ für ein halbes Periodenintervall bezüglich ζ und ein ganzes Periodenintervall bezüglich $i\varkappa$

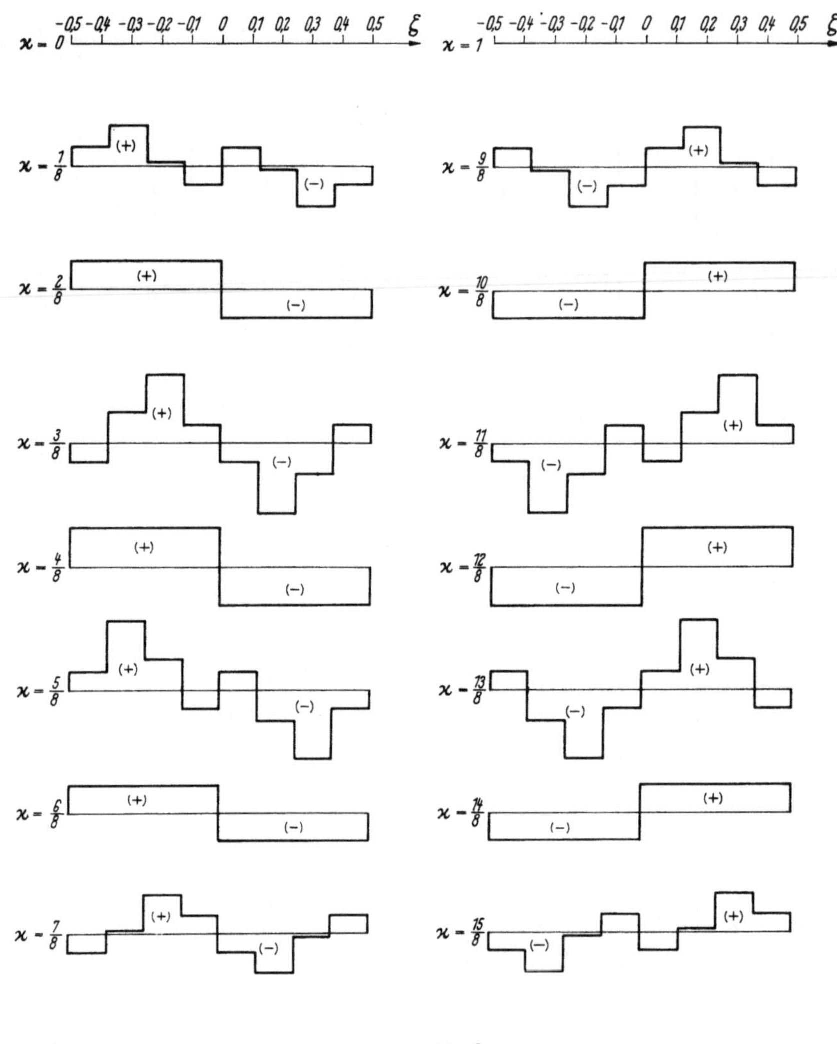

Abb. 395. Verlauf der Funktion $\operatorname{Im} D_{3,1}(\zeta, i\varkappa)$ für ein halbes Periodenintervall bezüglich ζ und ein ganzes Periodenintervall bezüglich $i\varkappa$

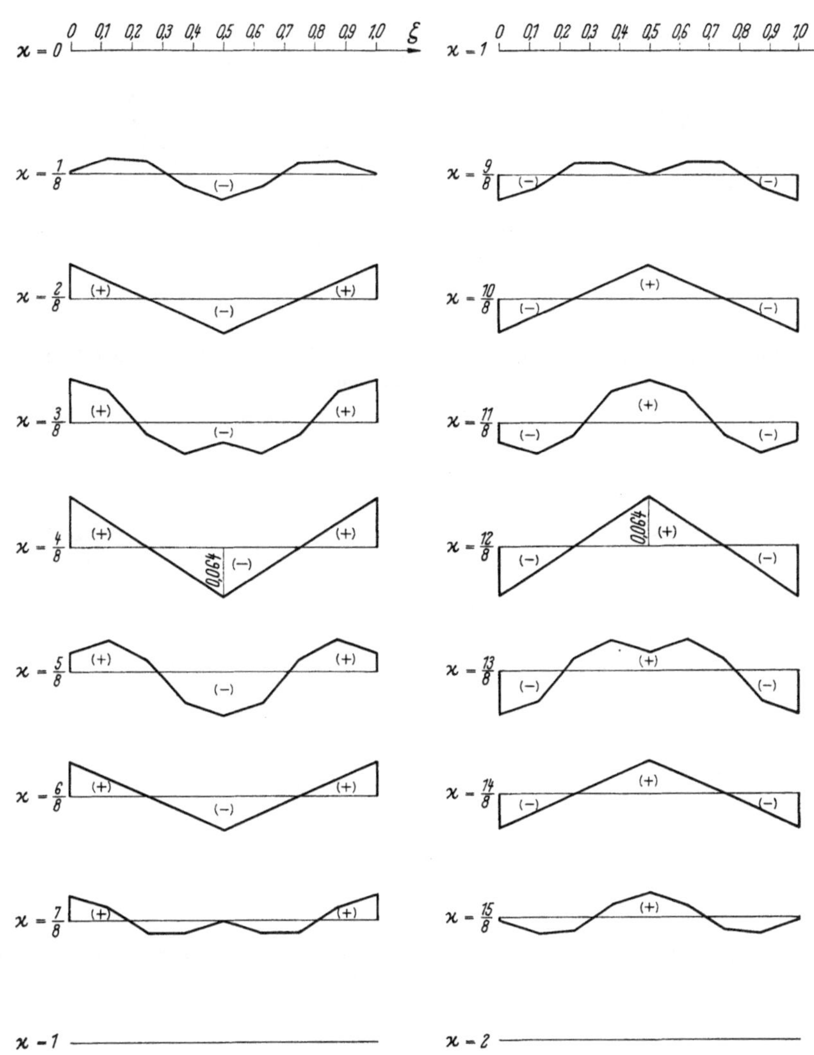

Abb. 396. Verlauf der Funktion $\operatorname{Im} D_{3,2}(\zeta, i\varkappa)$ für ein halbes Periodenintervall bezüglich ζ und ein ganzes Periodenintervall bezüglich $i\varkappa$

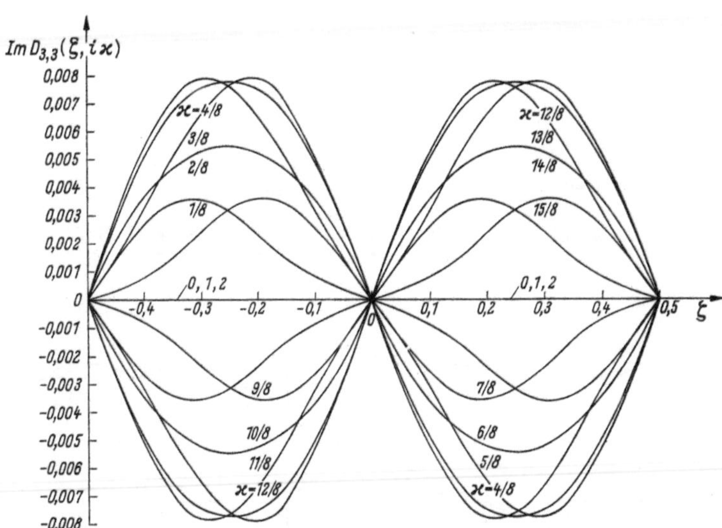

Abb. 397. Verlauf der Funktion $\operatorname{Im} D_{3,3}(\zeta, i\varkappa)$ für ein halbes Periodenintervall bezüglich ζ und ein ganzes Periodenintervall bezüglich $i\varkappa$

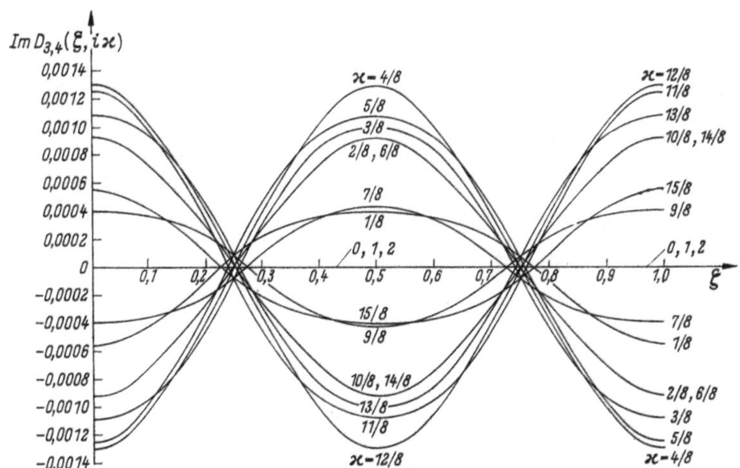

Abb. 398. Verlauf der Funktion $\operatorname{Im} D_{3,4}(\zeta, i\varkappa)$ für ein halbes Periodenintervall bezüglich ζ und ein ganzes Periodenintervall bezüglich $i\varkappa$

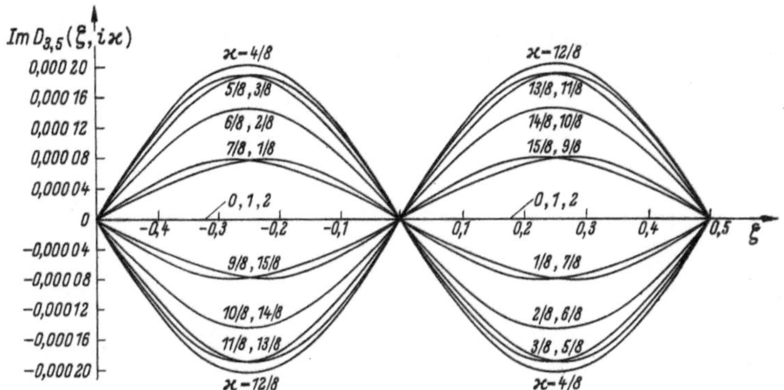

Abb. 399. Verlauf der Funktion $\operatorname{Im} D_{3,5}(\zeta, i\varkappa)$ für ein halbes Periodenintervall bezüglich ζ und ein ganzes Periodenintervall bezüglich $i\varkappa$

241. Zweidimensionale Theta- und D-Funktionen mit imaginären Parametern und zugehörige partielle Differentialgleichungen

Nach den Abschnitten 225 und 232 stellen sich zweidimensionale Theta- und D-Funktionen als Produkte gewöhnlicher Theta- und D-Funktionen dar. Die an keine Beschränkung des Parameters $\varkappa$ gebundenen Definitionsgleichungen (1402), (1449) und (1450) behalten auch für imaginäre Parameterwerte ihre Gültigkeit.

Werden die partiellen Differentialgleichungen (1403) und (1448) nun auch für imaginäre Parameterwerte betrachtet, so nehmen sie wie diejenigen der gewöhnlichen Theta- und D-Funktionen eine komplexe Form an, nämlich

$$\begin{aligned}
&\frac{\partial^2}{\partial \xi^2}\,\vartheta_{\substack{2,2\\3,2\\3,3}}\left(\xi,\frac{\eta}{\alpha},i\varkappa\right)+\frac{\partial^2}{\partial \eta^2}\,\vartheta_{\substack{2,2\\3,2\\3,3}}\left(\xi,\frac{\eta}{\alpha},i\varkappa\right)+4\pi i\frac{\partial}{\partial\varkappa}\,\vartheta_{\substack{2,2\\3,2\\3,3}}\left(\xi,\frac{\eta}{\alpha},i\varkappa\right)=0,\\
&\frac{\partial^2}{\partial \xi^2}\,\vartheta_{6,6}\left(\xi,\frac{\eta}{\alpha},i\varkappa\right)+\frac{\partial^2}{\partial \eta^2}\,\vartheta_{6,6}\left(\xi,\frac{\eta}{\alpha},i\varkappa\right)+8\pi i\frac{\partial}{\partial\varkappa}\,\vartheta_{6,6}\left(\xi,\frac{\eta}{\alpha},i\varkappa\right)=0
\end{aligned}\tag{1515}$$

bzw. für $m = 0, 1, 2, 3, \ldots$ und $n = 0, 1, 2, 3, \ldots$

$$\begin{aligned}
&\frac{\partial^2}{\partial \xi^2}D_{\substack{i\\j},m,n}\left(\xi,\frac{\eta}{\alpha},i\varkappa\right)+\frac{\partial^2}{\partial \eta^2}D_{\substack{i\\j},m,n}\left(\xi,\frac{\eta}{\alpha},i\varkappa\right)+4\pi i\frac{\partial}{\partial\varkappa}D_{\substack{i\\j},m,n}\left(\xi,\frac{\eta}{\alpha},i\varkappa\right)=0,\quad\left(\substack{i\\j}=1,2,3,4\right)\\
&\frac{\partial^2}{\partial \xi^2}D_{\substack{i\\j},m,n}\left(\xi,\frac{\eta}{\alpha},i\varkappa\right)+\frac{\partial^2}{\partial \eta^2}D_{\substack{i\\j},m,n}\left(\xi,\frac{\eta}{\alpha},i\varkappa\right)+8\pi i\frac{\partial}{\partial\varkappa}D_{\substack{i\\j},m,n}\left(\xi,\frac{\eta}{\alpha},i\varkappa\right)=0.\quad\left(\substack{i\\j}=5,6\right)
\end{aligned}\tag{1516}$$

Man kann nun jede der Differentialgleichungen (1515) und (1516) zweimal nach ξ und zweimal nach η ableiten und die zusammengehörigen Differentialgleichungen superponieren. Werden dabei (1515) und (1516) beachtet, so ergeben sich reelle Differentialgleichungen vierter Ordnung. Sie lauten:

$$\begin{aligned}
&\frac{\partial^4}{\partial \xi^4}\,\vartheta_{\substack{2,2\\3,2\\3,3}}\left(\xi,\frac{\eta}{\alpha},i\varkappa\right)+2\frac{\partial^4}{\partial \xi^2\,\partial\eta^2}\,\vartheta_{\substack{2,2\\3,2\\3,3}}\left(\xi,\frac{\eta}{\alpha},i\varkappa\right)+\frac{\partial^4}{\partial \eta^4}\,\vartheta_{\substack{2,2\\3,2\\3,3}}\left(\xi,\frac{\eta}{\alpha},i\varkappa\right)+16\pi^2\frac{\partial^2}{\partial\varkappa^2}\,\vartheta_{\substack{2,2\\3,2\\3,3}}\left(\xi,\frac{\eta}{\alpha},i\varkappa\right)=0,\\
&\frac{\partial^4}{\partial \xi^4}\,\vartheta_{6,6}\left(\xi,\frac{\eta}{\alpha},i\varkappa\right)+2\frac{\partial^4}{\partial \xi^2\,\partial\eta^2}\,\vartheta_{6,6}\left(\xi,\frac{\eta}{\alpha},i\varkappa\right)+\frac{\partial^4}{\partial \eta^4}\,\vartheta_{6,6}\left(\xi,\frac{\eta}{\alpha},i\varkappa\right)+64\pi^2\frac{\partial^2}{\partial\varkappa^2}\,\vartheta_{6,6}\left(\xi,\frac{\eta}{\alpha},i\varkappa\right)=0
\end{aligned}\tag{1517}$$

bzw.

$$\begin{aligned}
&\frac{\partial^4}{\partial \xi^4}D_{\substack{i\\j},m,n}\left(\xi,\frac{\eta}{\alpha},i\varkappa\right)+2\frac{\partial^4}{\partial \xi^2\,\partial\eta^2}D_{\substack{i\\j},m,n}\left(\xi,\frac{\eta}{\alpha},i\varkappa\right)+\frac{\partial^4}{\partial \eta^4}D_{\substack{i\\j},m,n}\left(\xi,\frac{\eta}{\alpha},i\varkappa\right)+\\
&\qquad+16\pi^2\frac{\partial^2}{\partial\varkappa^2}D_{\substack{i\\j},m,n}\left(\xi,\frac{\eta}{\alpha},i\varkappa\right)=0,\quad\left(\substack{i\\j}=1,2,3,4\right)\\
&\frac{\partial^4}{\partial \xi^4}D_{\substack{i\\j},m,n}\left(\xi,\frac{\eta}{\alpha},i\varkappa\right)+2\frac{\partial^4}{\partial \xi^2\,\partial\eta^2}D_{\substack{i\\j},m,n}\left(\xi,\frac{\eta}{\alpha},i\varkappa\right)+\frac{\partial^4}{\partial \eta^4}D_{\substack{i\\j},m,n}\left(\xi,\frac{\eta}{\alpha},i\varkappa\right)+\\
&\qquad+64\pi^2\frac{\partial^2}{\partial\varkappa^2}D_{\substack{i\\j},m,n}\left(\xi,\frac{\eta}{\alpha},i\varkappa\right)=0.\quad\left(\substack{i\\j}=5,6\right)
\end{aligned}\tag{1518}$$

Die Differentialgleichungen (1517) und (1518) lassen sich auch als Differentialgleichungen freier transversaler Plattenschwingungen deuten. Schreibt man nämlich die zugehörige Differentialgleichung

$$\frac{\partial^4 w}{\partial x^4}+2\frac{\partial^4 w}{\partial x^2\,\partial y^2}+\frac{\partial^4 w}{\partial y^4}+\frac{12\gamma(1-\mu^2)}{E\,g\,h^2}\,\frac{\partial^2 w}{\partial t^2}=0\tag{1519}$$

(w = Amplitude, γ/g = bezogene Dichte, E = Elastizitätsmodul, h = Plattenstärke, μ = Querkontraktionszahl)

durch Einführen der Kennfunktionen

$$l=\frac{x}{\xi}=\frac{y}{\eta}\quad\text{(Plattenlänge)}\quad\text{und}\quad\frac{1}{4\pi}\sqrt{\frac{12(1-\mu^2)\,\gamma\,l^4}{g\,E\,h^2}}=\frac{t}{\varkappa}\quad\text{bzw.}\quad\frac{1}{8\pi}\sqrt{\frac{12(1-\mu^2)\,\gamma\,l^4}{g\,E\,h^2}}=\frac{t}{\varkappa}\tag{1520}$$

auf dimensionslose unabhängige Veränderliche um, so erhält man

$$\frac{\partial^4 w}{\partial \xi^4} + 2\frac{\partial^4 w}{\partial \xi^2 \partial \eta^2} + \frac{\partial^4 w}{\partial \eta^4} + 16\pi^2 \frac{\partial^2 w}{\partial \varkappa^2} = 0 \quad \text{bzw.} \quad \frac{\partial^4 w}{\partial \xi^4} + 2\frac{\partial^4 w}{\partial \xi^2 \partial \eta^2} + \frac{\partial^4 w}{\partial \eta^4} + 64\pi^2 \frac{\partial^2 w}{\partial \varkappa^2} = 0 \tag{1521}$$

in Übereinstimmung mit (1517) und (1518).

Die mit einer Konstanten von der Dimension einer Länge multiplizierten zweidimensionalen Theta- und D-Funktionen mit imaginären Parametern entsprechen somit Transversalschwingungen von Platten.

242. Dreidimensionale Theta- und D-Funktionen mit imaginären Parametern und zugehörige partielle Differentialgleichungen

Für die in den Abschnitten 229 und 233 behandelten dreidimensionalen Theta- und D-Funktionen gelten im Falle imaginärer Parameter sinngemäß die in Abschnitt 241 gemachten Bemerkungen. Die hier sich ergebenden reellen Differentialgleichungen vierter Ordnung lauten:

$$\left(\frac{\partial^4}{\partial \xi^4} + \frac{\partial^4}{\partial \eta^4} + \frac{\partial^4}{\partial \zeta^4} + 2\frac{\partial^4}{\partial \xi^2 \partial \eta^2} + 2\frac{\partial^4}{\partial \eta^2 \partial \zeta^2} + 2\frac{\partial^4}{\partial \zeta^2 \partial \xi^2} + 16\pi^2 \frac{\partial^2}{\partial \varkappa^2}\right) \vartheta_{\substack{2,2,2\\3,2,2\\3,3,2\\3,3,3}}\left(\xi, \frac{\eta}{\alpha}, \frac{\zeta}{\beta}, i\varkappa\right) = 0,$$

$$\left(\frac{\partial^4}{\partial \xi^4} + \frac{\partial^4}{\partial \eta^4} + \frac{\partial^4}{\partial \zeta^4} + 2\frac{\partial^4}{\partial \xi^2 \partial \eta^2} + 2\frac{\partial^4}{\partial \eta^2 \partial \zeta^2} + 2\frac{\partial^4}{\partial \zeta^2 \partial \xi^2} + 64\pi^2 \frac{\partial^2}{\partial \varkappa^2}\right) \vartheta_{6,6,6}\left(\xi, \frac{\eta}{\alpha}, \frac{\zeta}{\beta}, i\varkappa\right) = 0 \tag{1522}$$

bzw.

$$\left(\frac{\partial^4}{\partial \xi^4} + \frac{\partial^4}{\partial \eta^4} + \frac{\partial^4}{\partial \zeta^4} + 2\frac{\partial^4}{\partial \xi^2 \partial \eta^2} + 2\frac{\partial^4}{\partial \eta^2 \partial \zeta^2} + 2\frac{\partial^4}{\partial \zeta^2 \partial \xi^2} + 16\pi^2 \frac{\partial^2}{\partial \varkappa^2}\right) D_{\substack{i,l,m,n\\j\\k}}\left(\xi, \frac{\eta}{\alpha}, \frac{\zeta}{\beta}, i\varkappa\right) = 0,$$

$$(i, j, k = 1, 2, 3, 4)$$

$$\left(\frac{\partial^4}{\partial \xi^4} + \frac{\partial^4}{\partial \eta^4} + \frac{\partial^4}{\partial \zeta^4} + 2\frac{\partial^4}{\partial \xi^2 \partial \eta^2} + 2\frac{\partial^4}{\partial \eta^2 \partial \zeta^2} + 2\frac{\partial^4}{\partial \zeta^2 \partial \xi^2} + 64\pi^2 \frac{\partial^2}{\partial \varkappa^2}\right) D_{\substack{i,l,m,n\\j\\k}}\left(\xi, \frac{\eta}{\alpha}, \frac{\zeta}{\beta}, i\varkappa\right) = 0. \tag{1523}$$

$$(i, j, k = 5, 6)$$

Kapitel 17

Greensche Funktionen und Bilinear-Entwicklungen

243. Greensche Funktionen der eindimensionalen homogenen Fourierschen Differentialgleichung (Ω-Funktionen $2m$-ter Ordnung)

Den Ausgangspunkt der nachfolgenden Betrachtungen bilden die Bilinear-Entwicklungen bzw. GREENschen Funktionen

$$\Omega_{2,0}(\zeta, \zeta_0, \varkappa) = 2\sum_{1}^{\infty} {}_{\overline{m}}\, e^{-\overline{m}^2 \pi \varkappa/4} \sin \overline{m}\, \pi\, \zeta \sin \overline{m}\, \pi\, \zeta_0,$$

$$\Omega_{3,0}(\zeta, \zeta_0, \varkappa) = 2\sum_{1}^{\infty} {}_{\overline{m}}\, e^{-\overline{m}^2 \pi \varkappa/4} \cos \overline{m}\, \pi\, \zeta \cos \overline{m}\, \pi\, \zeta_0, \tag{1524}$$

die sich bei Aufspaltung nach ungeraden und geraden $\overline{m}$-Werten auch in der Form

$$\Omega_{2,0}(\zeta, \zeta_0, \varkappa) = 2\sum_{0}^{\infty} {}_{n}\, e^{-(n+\frac{1}{2})^2 \pi \varkappa} \sin(2n+1)\, \pi\, \zeta \sin(2n+1)\, \pi\, \zeta_0 + 2\sum_{1}^{\infty} {}_{n}\, e^{-n^2 \pi \varkappa} \sin 2n\, \pi\, \zeta \sin 2n\, \pi\, \zeta_0,$$

$$\Omega_{3,0}(\zeta, \zeta_0, \varkappa) = 2\sum_{0}^{\infty} {}_{n}\, e^{-(n+\frac{1}{2})^2 \pi \varkappa} \cos(2n+1)\, \pi\, \zeta \cos(2n+1)\, \pi\, \zeta_0 + 2\sum_{1}^{\infty} {}_{n}\, e^{-n^2 \pi \varkappa} \cos 2n\, \pi\, \zeta \cos 2n\, \pi\, \zeta_0,$$

schreiben lassen. Nun ist aber

$$2\sin r\,\pi\,\zeta\,\sin r\,\pi\,\zeta_0 = \cos r\,\pi(\zeta-\zeta_0) - \cos r\,\pi(\zeta+\zeta_0),$$
$$2\cos r\,\pi\,\zeta\,\cos r\,\pi\,\zeta_0 = \cos r\,\pi(\zeta-\zeta_0) + \cos r\,\pi(\zeta+\zeta_0).$$

Bei Berücksichtigung dieser Beziehungen ergibt sich die weitere Aufspaltung

$$\Omega_{\substack{2,0\\3,0}}(\zeta,\zeta_0,\varkappa) = \sum_0^\infty{}_n\, e^{-(n+\frac{1}{2})^2\pi\varkappa}\cos(2n+1)\,\pi(\zeta-\zeta_0) \mp \sum_0^\infty{}_n\, e^{-(n+\frac{1}{2})^2\pi\varkappa}\cos(2n+1)\,\pi\,(\zeta+\zeta_0) +$$
$$+ \sum_1^\infty{}_n\, e^{-n^2\pi\varkappa}\cos 2n\,\pi(\zeta-\zeta_0) \mp \sum_1^\infty{}_n\, e^{-n^2\pi\varkappa}\cos 2n\pi(\zeta+\zeta_0).$$

In dieser stellen nun nach (1347) und (1348) die Summen die Funktionen $\frac{1}{2}D_{2,0}(\zeta-\zeta_0,\varkappa)$, $\frac{1}{2}D_{2,0}(\zeta+\zeta_0,\varkappa)$, $\frac{1}{2}D_{3,0}(\zeta-\zeta_0,\varkappa)$, $\frac{1}{2}D_{3,0}(\zeta+\zeta_0,\varkappa)$ dar. Somit folgt

$$\begin{aligned}\Omega_{2,0}(\zeta,\zeta_0,\varkappa) &= \tfrac{1}{2}[D_{2,0}(\zeta-\zeta_0,\varkappa) - D_{2,0}(\zeta+\zeta_0,\varkappa) + D_{3,0}(\zeta-\zeta_0,\varkappa) - D_{3,0}(\zeta+\zeta_0,\varkappa)],\\ \Omega_{3,0}(\zeta,\zeta_0,\varkappa) &= \tfrac{1}{2}[D_{2,0}(\zeta-\zeta_0,\varkappa) + D_{2,0}(\zeta+\zeta_0,\varkappa) + D_{3,0}(\zeta-\zeta_0,\varkappa) + D_{3,0}(\zeta+\zeta_0,\varkappa)],\end{aligned} \tag{1525}$$

d. h., die Bilinear-Entwicklungen (1524) lassen sich geschlossen durch D-Funktionen der zweiten und dritten Charakteristik und nullten Ordnung darstellen, die nach (1341) der eindimensionalen homogenen FOURIERschen Differentialgleichung genügen.

Wird eine $2m$-fache Integration der Gln. (1524) durch den Index 2,2m bzw. 3,2m gekennzeichnet, so folgt bei Bezugnahme auf ζ als Integrationsveränderliche

$$\begin{aligned}\Omega_{2,2m}(\zeta,\zeta_0,\varkappa) &= \frac{2(-1)^m}{\pi^{2m}}\sum_1^\infty{}_{\overline{m}}\,\frac{1}{\overline{m}^{2m}}\,e^{-\overline{m}^2\pi\varkappa/4}\sin\overline{m}\,\pi\,\zeta\,\sin\overline{m}\,\pi\,\zeta_0,\\ \Omega_{3,2m}(\zeta,\zeta_0,\varkappa) &= \frac{2(-1)^m}{\pi^{2m}}\sum_1^\infty{}_{\overline{m}}\,\frac{1}{\overline{m}^{2m}}\,e^{-\overline{m}^2\pi\varkappa/4}\cos\overline{m}\,\pi\,\zeta\,\cos\overline{m}\,\pi\,\zeta_0,\end{aligned} \tag{1526}$$

während die $2m$-fache Integration der Gln. (1525) nach (1344) bei Berücksichtigung des Funktionsverhaltens an den Stellen $\zeta = 0$ und $\zeta = 1$

$$\Omega_{\substack{2,2m\\3,2m}}(\zeta,\zeta_0,\varkappa) = \tfrac{1}{2}[D_{2,2m}(\zeta-\zeta_0,\varkappa) \mp D_{2,2m}(\zeta+\zeta_0,\varkappa) + D_{3,2m}(\zeta-\zeta_0,\varkappa) \mp D_{3,2m}(\zeta+\zeta_0,\varkappa)] \tag{1527}$$

liefert.

Nach (1526) können die Ω-Funktionen als Kerne linearer FREDHOLMscher Integralgleichungen angesehen werden. Da die in den Bilinear-Entwicklungen auftretenden Funktionen den Orthogonalitätsbedingungen

$$\int_0^1 \sin m\,\pi\,\zeta_0\,\sin\overline{m}\,\pi\,\zeta_0\,d\zeta_0 = 0 \quad\text{und}\quad \int_0^1 \cos m\,\pi\,\zeta_0\,\cos\overline{m}\,\pi\,\zeta_0\,d\zeta_0 = 0 \quad\text{für}\quad m \neq \overline{m}$$

genügen, lauten die Integralgleichungen, wenn die hierfür belanglose Parameterabhängigkeit durch Nullsetzen von $\varkappa$ unterdrückt wird,

$$y(\zeta) = \lambda\int_0^1 \Omega_{\substack{2,2m\\3,2m}}(\zeta,\zeta_0,0)\,y(\zeta_0)\,d\zeta_0 \tag{1528}$$

mit den Eigenfunktionen

$$y(\zeta) = \sin\overline{m}\,\pi\,\zeta \quad\text{bzw.}\quad y(\zeta) = \cos\overline{m}\,\pi\,\zeta \quad (\overline{m} = 1,2,3,\ldots) \tag{1529}$$

und den Eigenwerten

$$\lambda_{\overline{m}} = \tfrac{1}{2}(-1)^m(\overline{m}\,\pi)^{2m} \quad (\overline{m} = 1,2,3,\ldots). \tag{1530}$$

Ähnlich wie die Funktionen nullter Ordnung sind auch die Ω-Funktionen $2m$-ter Ordnung GREENsche Funktionen der eindimensionalen homogenen FOURIERschen Differentialgleichung (7), was aus (1339) in Verbindung mit (1527) hervorgeht. Es gilt daher für kartesische bzw. zonale Kugelkoordinaten

$$\left(\frac{\partial^2}{\partial\zeta^2} - 4\pi\frac{\partial}{\partial\varkappa}\right)\Omega_{\substack{2,2m\\3,2m}}(\zeta,\zeta_0,\varkappa) = 0 \quad\text{bzw.}\quad \left(\frac{\partial^2}{\partial\zeta^2} + \frac{2}{\zeta}\frac{\partial}{\partial\zeta} - 4\pi\frac{\partial}{\partial\varkappa}\right)\frac{\Omega_{\substack{2,2m\\3,2m}}(\zeta,\zeta_0,\varkappa)}{\zeta} = 0 \quad (m = 0,1,2,\ldots). \tag{1531}$$

Nach (1526) besitzen die $\Omega_{2,2m}$-Funktionen und die Ableitungen der $\Omega_{3,2m}$-Funktionen nach ζ für ganzzahlige ζ-Werte Knotenpunkte, d. h., es ist

$$\Omega_{2,2m}(\zeta, \zeta_0, \varkappa) = 0, \quad \frac{\partial}{\partial \zeta} \Omega_{3,2m}(\zeta, \zeta_0, \varkappa) = 0 \quad \text{für} \quad \zeta = 0, \pm 1, \pm 2, \ldots \tag{1532}$$

Ersetzt man in (1526) ζ durch $-\zeta$, so folgt

$$\Omega_{2,2m}(-\zeta, \zeta_0, \varkappa) = -\Omega_{2,2m}(\zeta, \zeta_0, \varkappa), \quad \Omega_{3,2m}(-\zeta, \zeta_0, \varkappa) = \Omega_{3,2m}(\zeta, \zeta_0, \varkappa). \tag{1533}$$

Vertauscht man ζ mit $\zeta \pm 2n$, so ergibt sich

$$\Omega_{\substack{2,2m\\3,2m}}(\zeta \pm 2n, \zeta_0, \varkappa) = \Omega_{\substack{2,2m\\3,2m}}(\zeta, \zeta_0, \varkappa), \tag{1534}$$

d. h., die Ω-Funktionen besitzen die Periode 2 bezüglich ζ.

Nach (1525) werden die Ω-Funktionen der nullten Ordnung mit den entsprechenden D-Funktionen für $\varkappa = 0$ singulär. Die Singularitätsstellen sind

$$\pm\zeta_0, \quad \pm\zeta_0 \pm 2, \quad \pm\zeta_0 \pm 4, \ldots$$

und das Funktionsverhalten ist dort durch die Grenzwerte

$$\lim_{\varkappa \to 0} \Omega_{2,0}(\pm\zeta_0 \pm 2n, \zeta_0, \varkappa) = \pm \lim_{\Delta\zeta \to 0} \frac{1}{\Delta\zeta}, \quad \lim_{\varkappa \to 0} \Omega_{3,0}(\pm\zeta_0 \pm 2n, \zeta_0, \varkappa) = \lim_{\Delta\zeta \to 0} \frac{1}{\Delta\zeta},$$

denen die Integralwerte

$$\int_0^1 \Omega_{\substack{2,0\\3,0}}(\zeta, \zeta_0, 0)\, d\zeta = 1, \quad \int_0^1 (1 + \Omega_{3,0}(\zeta, \zeta_0, 0))\, d\zeta = 2 \tag{1535}$$

entsprechen, gekennzeichnet. Aus den Abb. 400 bis 402 ist der Verlauf der Funktionen $\Omega_{\substack{2,0\\3,0}}(\zeta, \zeta_0, \varkappa)$ und $\frac{1}{\zeta}\Omega_{2,0}(\zeta, \zeta_0, \varkappa)$ für $\zeta_0 = \frac{1}{4}$ ersichtlich.

Die Funktionen der zweiten Ordnung bleiben auch noch für $\varkappa = 0$ stetig und weisen gemäß (1535) in den Ableitungen einen Sprung vom Betrage 1 auf. Der Funktionsverlauf von $\Omega_{2,2}(\zeta, \zeta_0, 0)$ und $\Omega_{3,2}(\zeta, \zeta_0, 0)$ besteht daher aus antimetrisch bzw. symmetrisch gespiegelten Kurvenzügen, die an den singulären Stellen einen Knick haben. Im Falle von $\Omega_{2,2}(\zeta, \zeta_0, 0)$ sind die Kurvenzüge geradlinig und können ausgehend von dem zwischen $\zeta = 0$ und $\zeta = 1$ vorhandenen Dreiecksdiagramm als analytische Fortsetzung des sogenannten Dreieckskerns betrachtet werden. Die Abb. 403 bis 405 zeigen den Verlauf der Funktionen $\Omega_{\substack{2,2\\3,2}}(\zeta, \zeta_0, \varkappa)$ und $\frac{1}{\zeta}\Omega_{2,2}(\zeta, \zeta_0, \varkappa)$ für $\zeta_0 = \frac{1}{4}$.

Deutet man für den Bereich $0 \leqq \zeta \leqq 1$ die Abb. 400 bis 405 als Temperaturfelder, so beschreiben sie Wärmeausgleichvorgänge in plattenförmigen bzw. kugeligen Körpern. Die Ausgangstemperaturen sind in der nullten Ordnung singulär und in der zweiten Ordnung stetig verteilt, während die Randtemperaturen im Falle von $i = 2$ verschwinden und im Falle von $i = 3$ einer Isolierung entsprechen.

Für die Integrale der Ω-Funktionen nach $\varkappa$ ergibt sich mit (1344)

$$\int \Omega_{\substack{2,2m\\3,2m}}(\zeta, \zeta_0, \varkappa)\, d\varkappa = 4\pi\, \Omega_{\substack{2,2m+2\\3,2m+2}}(\zeta, \zeta_0, \varkappa). \tag{1536}$$

Zwischen den Integralen nach ζ und ζ_0 bestehen nach (1526) die Beziehungen

$$\int \Omega_{\substack{2,2m\\3,2m}}(\zeta, \zeta_0, \varkappa)\, d\zeta = -\int \Omega_{\substack{3,2m\\2,2m}}(\zeta, \zeta_0, \varkappa)\, d\zeta_0. \tag{1537}$$

Werden die Integrale nach ζ_0 gemäß (1527) unter Heranziehung von (1344) gebildet, so erhält man

$$\int \Omega_{\substack{2,2m\\3,2m}}(\zeta, \zeta_0, \varkappa)\, d\zeta_0 = -\tfrac{1}{2} D_{2,2m+1}(\zeta - \zeta_0, \varkappa) \mp \tfrac{1}{2} D_{2,2m+1}(\zeta + \zeta_0, \varkappa) - \tfrac{1}{2} D_{3,2m+1}(\zeta - \zeta_0, \varkappa) \mp \tfrac{1}{2} D_{3,2m+1}(\zeta + \zeta_0, \varkappa). \tag{1538}$$

Aus (1538) und (1344) folgen bei Heranziehung der partiellen Integration zahlreiche weitere Integrale. So ergibt sich beispielsweise

$$\int \zeta_0\, \Omega_{\substack{2,\,2m\\3,\,2m}}(\zeta,\zeta_0,\varkappa)\, d\zeta_0 = -\frac{\zeta_0}{2}\left[D_{2,\,2m+1}(\zeta-\zeta_0,\varkappa) \pm D_{2,\,2m+1}(\zeta+\zeta_0,\varkappa) + D_{3,\,2m+1}(\zeta-\zeta_0,\varkappa) \pm D_{3,\,2m+1}(\zeta+\zeta_0,\varkappa)\right] -$$

$$- \tfrac{1}{2}\left[D_{2,\,2m+2}(\zeta-\zeta_0,\varkappa) \mp D_{2,\,2m+2}(\zeta+\zeta_0,\varkappa) + D_{3,\,2m+2}(\zeta-\zeta_0,\varkappa) \mp D_{3,\,2m+2}(\zeta+\zeta_0,\varkappa)\right]. \tag{1539}$$

Die durch (1538) und (1539) dargestellten Funktionen sind, wenn die unbestimmte Integration durch eine bestimmte zwischen $\zeta_0 = a$ und $\zeta_0 = b$ ersetzt wird, insbesondere für die nullte Ordnung

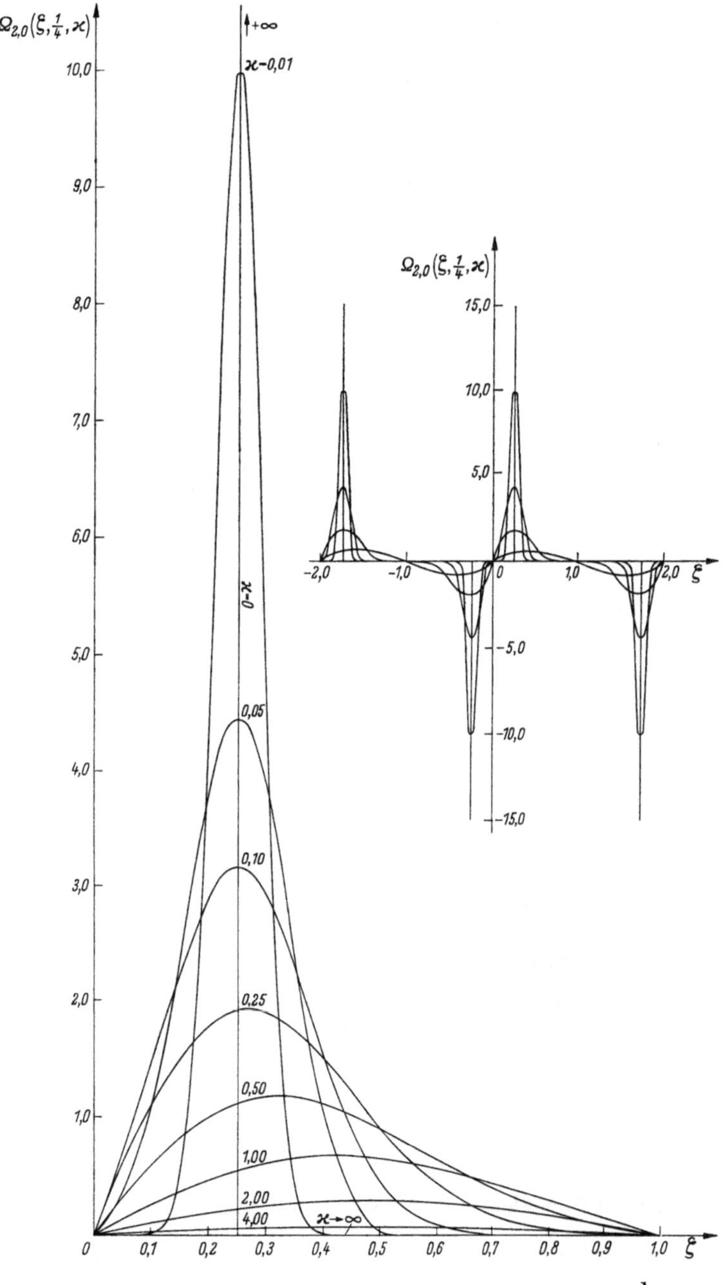

Abb. 400. Verlauf der Funktion $\Omega_{2.0}(\zeta,\zeta_0,\varkappa)$ für $\zeta_0 = \frac{1}{4}$

interessant, da ihnen für $\varkappa = 0$ ein streckenweise konstanter oder streckenweise linearer Verlauf entspricht. Bei Beschränkung auf den Argumentbereich $0 \leqq \zeta \leqq 1$, die zweite Charakteristik

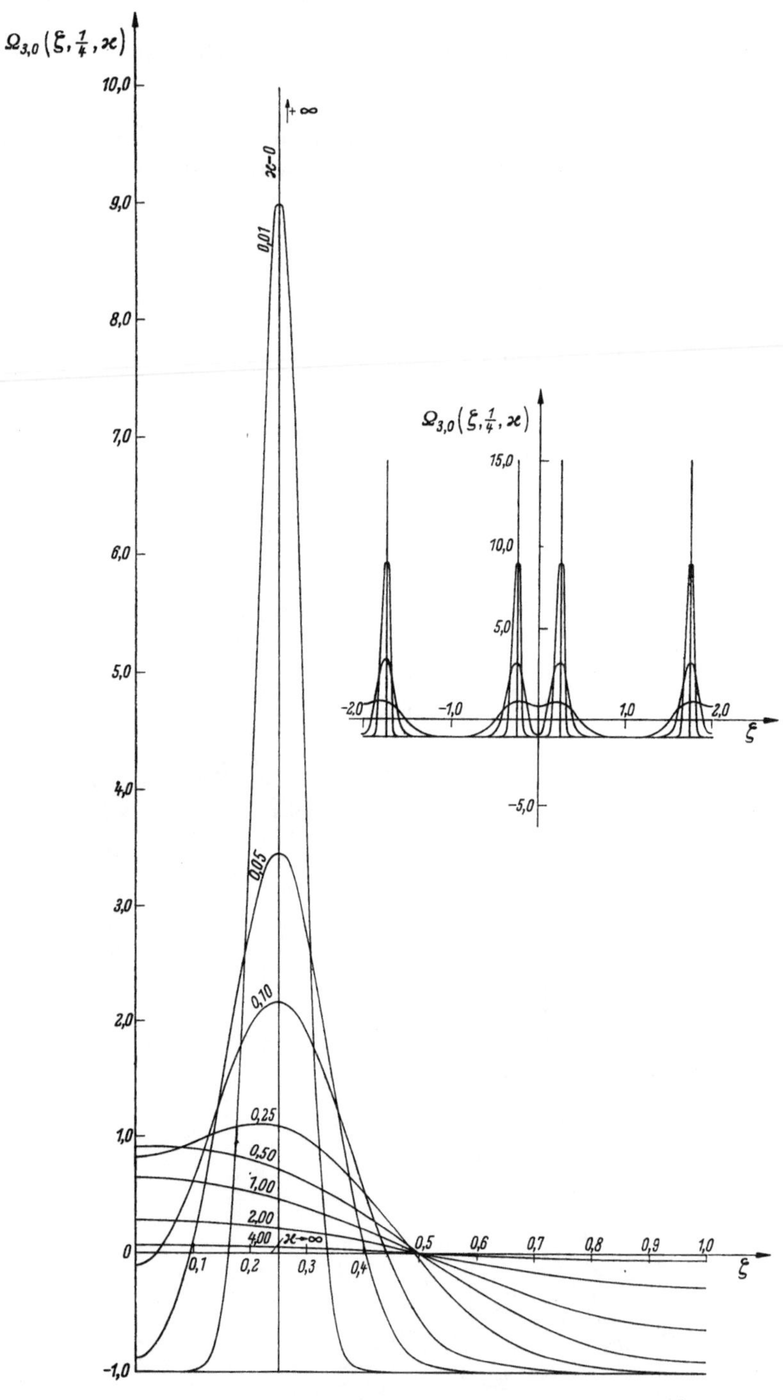

Abb. 401. Verlauf der Funktion $\Omega_{3,0}(\zeta, \zeta_0, \varkappa)$ für $\zeta_0 = \dfrac{1}{4}$

und die nullte Ordnung ergibt sich auch dann noch in (1539) ein streckenweise konstanter Funktionsverlauf für $\varkappa = 0$, wenn die Gleichung durch ζ dividiert wird.

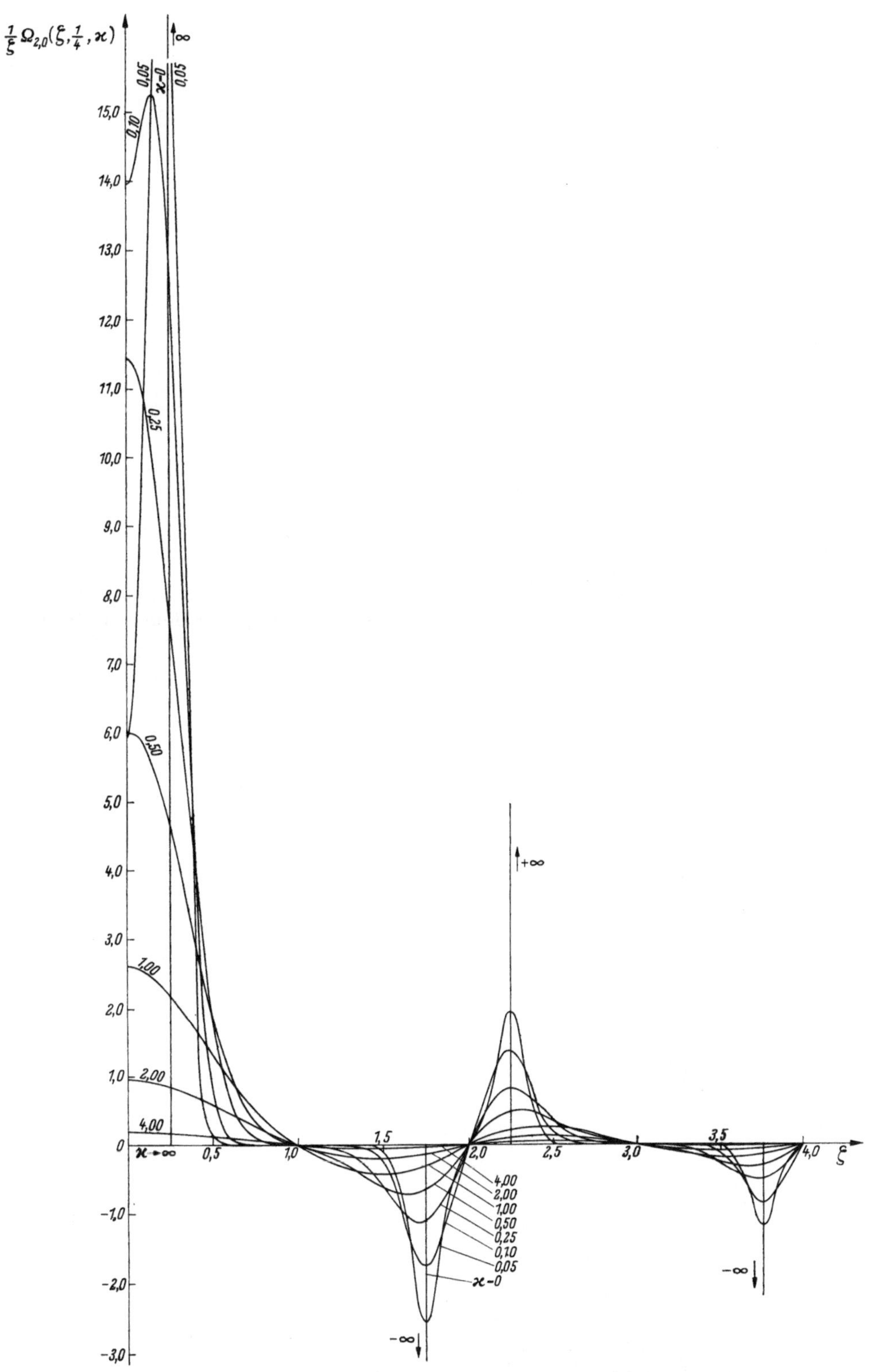

Abb. 402. Verlauf der Funktion $\frac{1}{\zeta}\,\Omega_{2,0}(\zeta,\zeta_0,\varkappa)$ für $\zeta_0 = \frac{1}{4}$

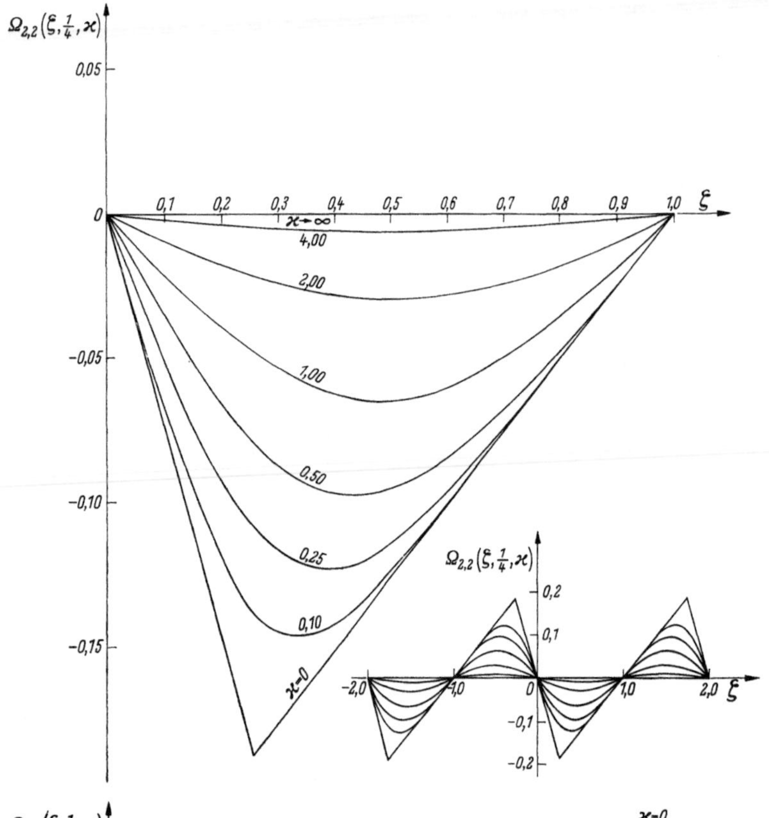

Abb. 403
Verlauf der Funktion $\Omega_{2,2}(\zeta,\zeta_0,\varkappa)$ für $\zeta_0 = \frac{1}{4}$

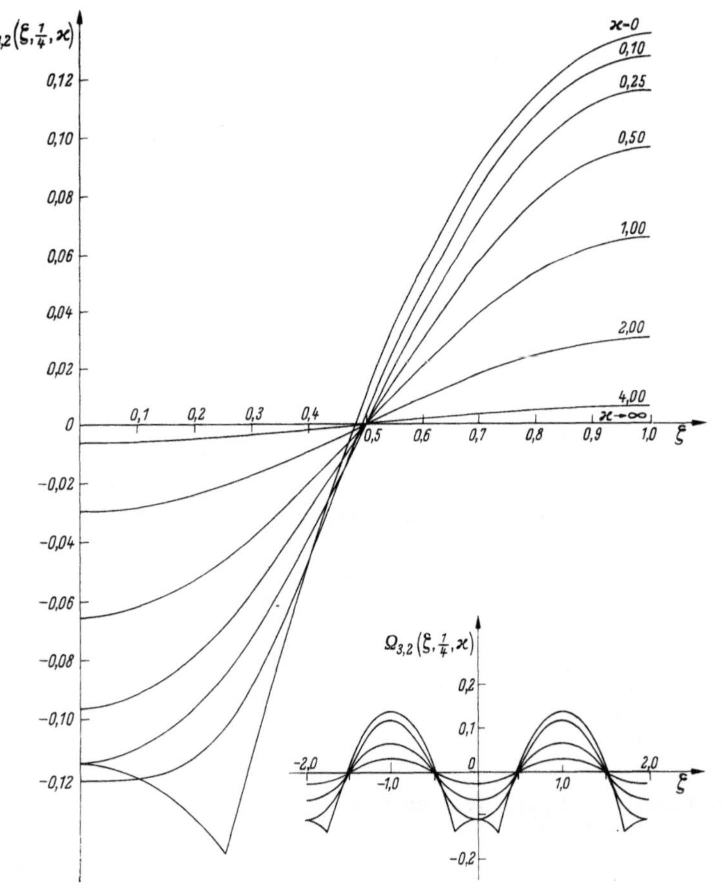

Abb. 404
Verlauf der Funktion $\Omega_{3,2}(\zeta,\zeta_0,\varkappa)$ für $\zeta_0 = \frac{1}{4}$

Deutet man für den Bereich $0 \leqq \zeta \leqq 1$ die fünf zu $m = 0$ gehörigen Funktionen

$$\int_a^b \Omega_{\substack{2,0\\3,0}}(\zeta, \zeta_0, \varkappa)\, d\zeta_0, \quad \int_a^b \zeta_0\, \Omega_{\substack{2,0\\3,0}}(\zeta, \zeta_0, \varkappa)\, d\zeta_0, \quad \int_a^b \zeta_0 \frac{\Omega_{2,0}(\zeta, \zeta_0, \varkappa)}{\zeta}\, d\zeta_0$$

als Temperaturfelder von Wärmeausgleichvorgängen in plattenförmigen bzw. kugeligen Körpern, so entsprechen ihnen streckenweise konstant oder linear verlaufende Ausgangstemperaturen bei

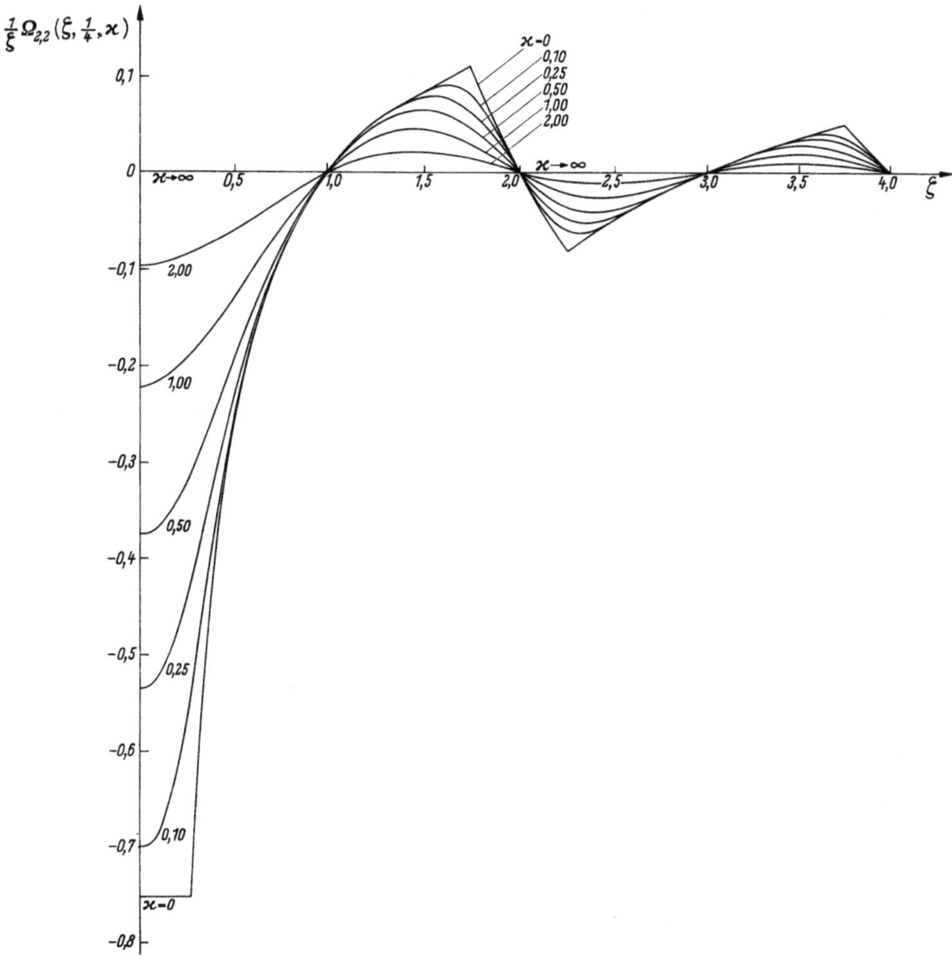

Abb. 405. Verlauf der Funktion $\frac{1}{\zeta}\,\Omega_{2,2}(\zeta, \zeta_0, \varkappa)$ für $\zeta_0 = \frac{1}{4}$

verschwindenden oder durch eine Isolierung ausgelösten Randtemperaturen. Die $a = 0$ und $b = \frac{1}{4}$ entsprechenden Temperaturfelder sind aus den Abb. 406 bis 410 ersichtlich.

Es sollen nun noch einige zu (1538) und (1539) gehörige Integrale mit festen Grenzen durch D-Funktionen dargestellt werden. In Verbindung mit (1362) und (1364) folgt für die über den Halbperiodenbereich erstreckten Integrale

$$\begin{aligned} &\int_0^1 \Omega_{2,2m}(\zeta, \zeta_0, \varkappa)\, d\zeta_0 = 2 D_{2,2m+1}(\zeta, \varkappa), && \int_0^1 \zeta_0\, \Omega_{2,2m}(\zeta, \zeta_0, \varkappa)\, d\zeta_0 = D_{2,2m+1}(\zeta, \varkappa) - D_{3,2m+1}(\zeta, \varkappa), \\ &\int_0^1 \Omega_{3,2m}(\zeta, \zeta_0, \varkappa)\, d\zeta_0 = 0, && \int_0^1 \zeta_0\, \Omega_{3,2m}(\zeta, \zeta_0, \varkappa)\, d\zeta_0 = 2 D_{2,2m+2}(\zeta, \varkappa). \end{aligned} \tag{1540}$$

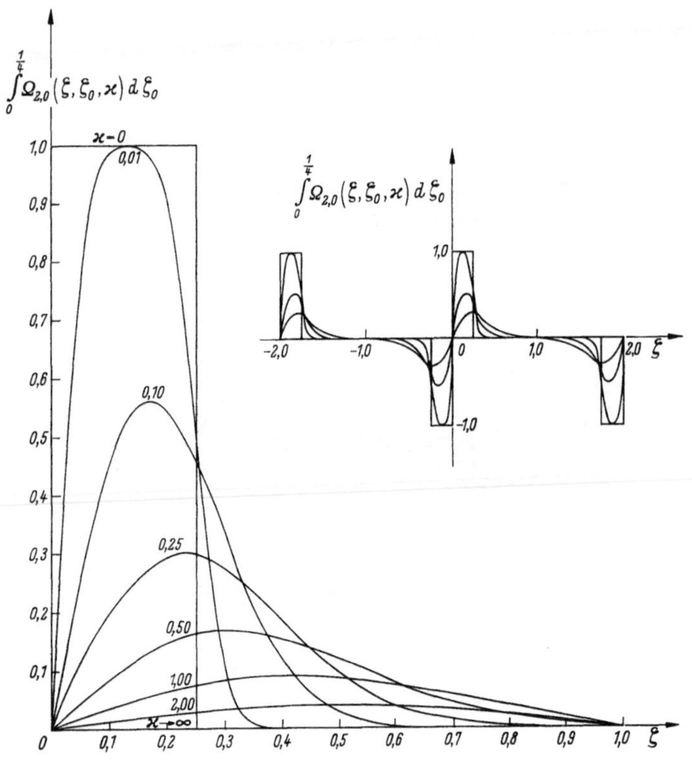

Abb. 406. Verlauf der Funktion $\int_a^b \Omega_{2,0}(\zeta, \zeta_0, \varkappa) d\zeta_0$ für $a = 0$ und $b = \frac{1}{4}$

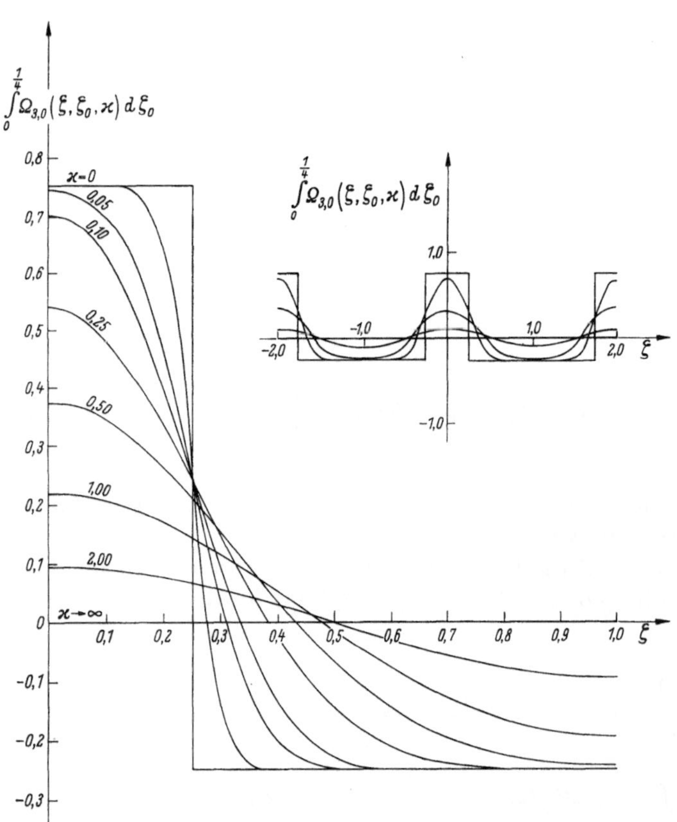

Abb. 407. Verlauf der Funktion $\int_a^b \Omega_{3,0}(\zeta, \zeta_0, \varkappa) d\zeta_0$ für $a = 0$ und $b = \frac{1}{4}$

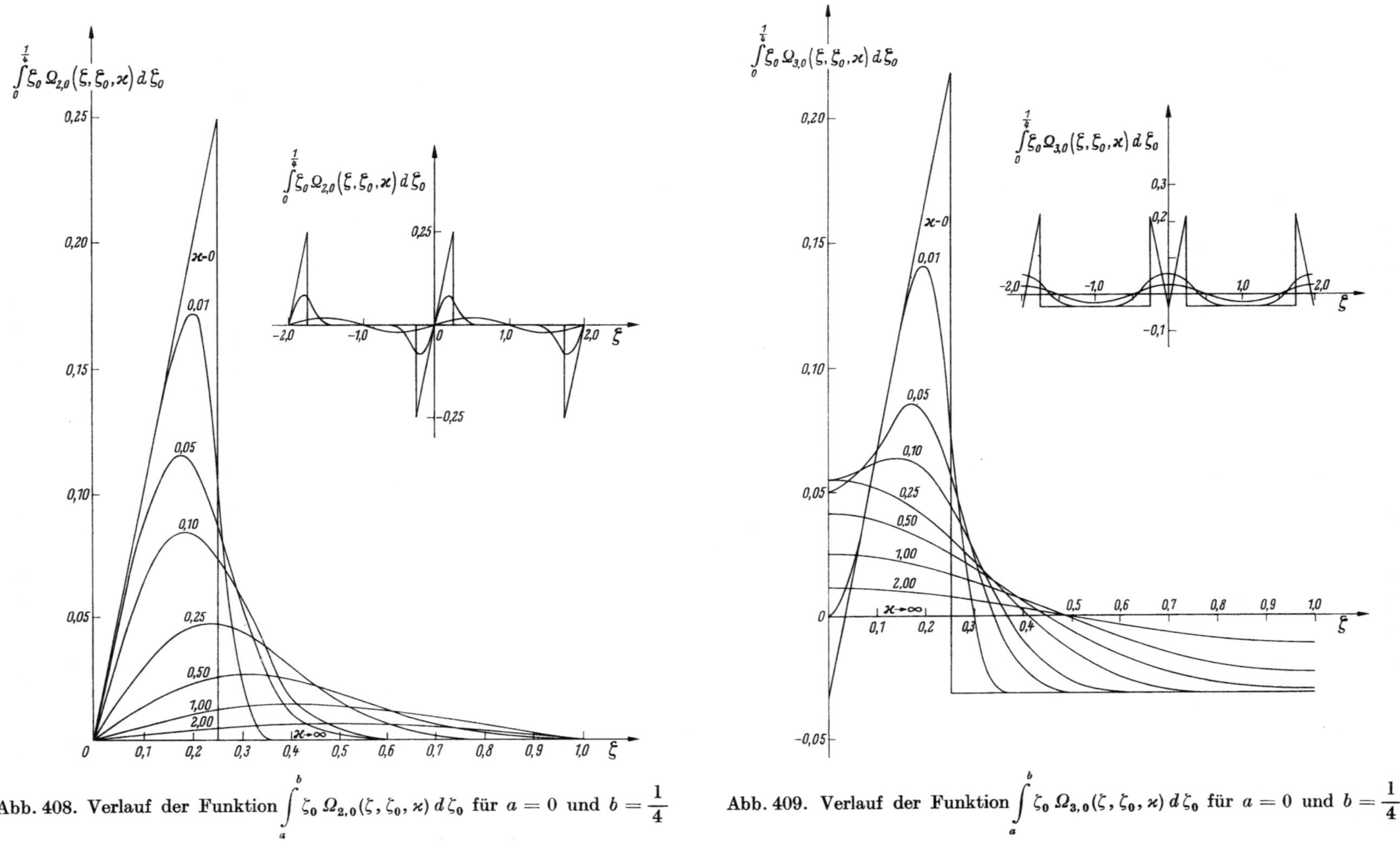

Abb. 408. Verlauf der Funktion $\int_a^b \zeta_0\, \Omega_{2,0}(\zeta, \zeta_0, \varkappa)\, d\zeta_0$ für $a = 0$ und $b = \frac{1}{4}$

Abb. 409. Verlauf der Funktion $\int_a^b \zeta_0\, \Omega_{3,0}(\zeta, \zeta_0, \varkappa)\, d\zeta_0$ für $a = 0$ und $b = \frac{1}{4}$

Für die Integrale der Ω-Funktionen zwischen $-\alpha$ und $+\alpha$ erhält man

$$\begin{aligned}&\int\limits_{-\alpha}^{+\alpha} \Omega_{2,\,2m}(\zeta,\zeta_0,\varkappa)\,d\zeta_0 = 0,\\ &\int\limits_{-\alpha}^{+\alpha} \Omega_{3,\,2m}(\zeta,\zeta_0,\varkappa)\,d\zeta_0 = -D_{2,\,2m+1}(\zeta-\alpha,\varkappa) + D_{2,\,2m+1}(\zeta+\alpha,\varkappa) - D_{3,\,2m+1}(\zeta-\alpha,\varkappa) + D_{3,\,2m+1}(\zeta+\alpha,\varkappa).\end{aligned} \tag{1541}$$

Wird in (1541) $\alpha = \frac{1}{2}$ gesetzt, so ergibt sich

$$\int\limits_{-\frac{1}{2}}^{+\frac{1}{2}} \Omega_{2,\,2m}(\zeta,\zeta_0,\varkappa)\,d\zeta_0 = 0, \quad \int\limits_{-\frac{1}{2}}^{+\frac{1}{2}} \Omega_{3,\,2m}(\zeta,\zeta_0,\varkappa)\,d\zeta_0 = -2\,D_{1,\,2m+1}(\zeta,\varkappa). \tag{1542}$$

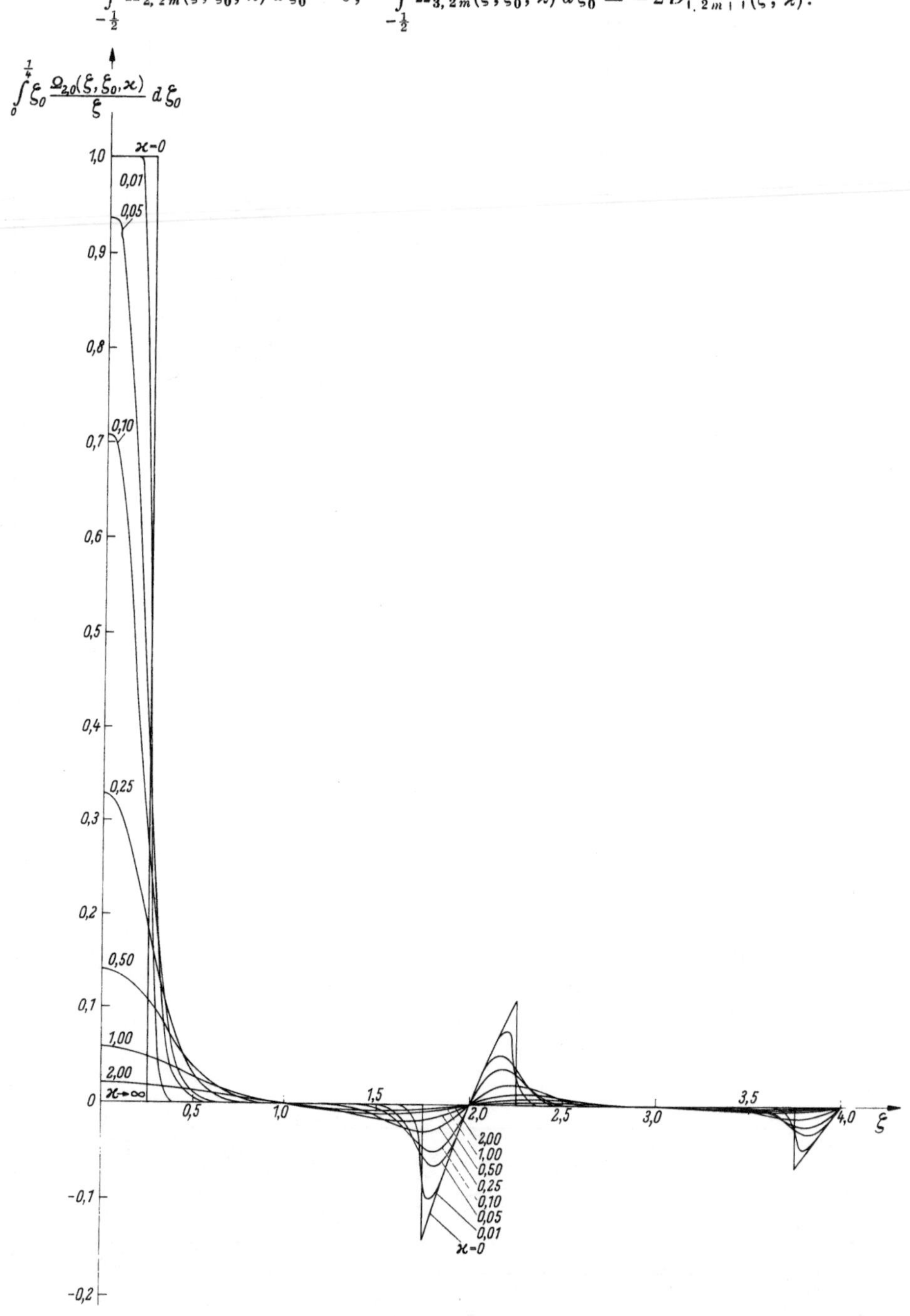

Abb. 410. Verlauf der Funktion $\int\limits_a^b \zeta_0 \frac{\Omega_{2,0}(\zeta,\zeta_0,\varkappa)}{\zeta}\,d\zeta_0$ für $a = 0$ und $b = \frac{1}{4}$

Für die Grenzen $\frac{1}{4}$ und $\frac{3}{4}$ lauten die Integralformeln

$$\left.\begin{aligned}
&\int_{\frac{1}{4}}^{\frac{3}{4}} \Omega_{2,2m}(\zeta,\zeta_0,\varkappa)\,d\zeta_0 = +D_{2,2m+1}(\zeta+\tfrac{1}{4},\varkappa) + D_{2,2m+1}(\zeta-\tfrac{1}{4},\varkappa),\\
&\int_{\frac{1}{4}}^{\frac{3}{4}} \Omega_{3,2m}(\zeta,\zeta_0,\varkappa)\,d\zeta_0 = -D_{3,2m+1}(\zeta+\tfrac{1}{4},\varkappa) + D_{3,2m+1}(\zeta-\tfrac{1}{4},\varkappa).
\end{aligned}\right\} \tag{1543}$$

Das obere der Integrale (1543) läßt sich nach (1364) und (1383) auch in der Form

$$\int_{\frac{1}{4}}^{\frac{3}{4}} \Omega_{2,2m}(\zeta,\zeta_0,\varkappa)\,d\zeta_0 = D_{6,2m+1}(\zeta,2\varkappa) \tag{1544}$$

schreiben.

244. Greensche Funktionen der eindimensionalen inhomogenen Fourierschen Differentialgleichung ($\overline{\Omega}$- und $\overline{\overline{\Omega}}$-Funktionen $2m$-ter Ordnung)

Nach (1527) stellen die Ω-Funktionen $2m$-ter Ordnung eine lineare Funktion von D-Funktionen der gleichen Ordnung dar. Man kann daher zufolge des für lineare Differentialbeziehungen gültigen Superpositionsgesetzes die in Abschnitt 223 betrachteten, aus D-Funktionen aufgebauten Lösungen der inhomogenen FOURIERschen Differentialgleichung einschließlich der Störungsfunktion durch Superposition auf die den Ω-Funktionen entsprechende Form bringen.

Setzt man in Analogie zu den in Abschnitt 223 eingeführten Funktionen

$$\left.\begin{aligned}
&\overline{\Omega}_{2,2m}(\zeta,\zeta_0,\varkappa) = \Omega_{2,2m}(\zeta,\zeta_0,\varkappa) - \Omega_{2,2m}(\zeta,\zeta_0,0), \qquad (m \geqq 1)\\
&\overline{\Omega}_{3,2}(\zeta,\zeta_0,\varkappa) \;= \Omega_{3,2}(\zeta,\zeta_0,\varkappa) - \Omega_{3,2}(\zeta,\zeta_0,0) + \frac{\varkappa}{4\pi},\\
&\overline{\Omega}_{3,2m}(\zeta,\zeta_0,\varkappa) = \Omega_{3,2m}(\zeta,\zeta_0,\varkappa) - \Omega_{3,2m}(\zeta,\zeta_0,0), \qquad (m > 1)
\end{aligned}\right\} \tag{1545}$$

so tritt an die Stelle der Gln. (1389) und (1390)

$$\left.\begin{aligned}
&\left(\frac{\partial^2}{\partial\zeta^2} - 4\pi\frac{\partial}{\partial\varkappa}\right)\overline{\Omega}_{2,2m} = -\Omega_{2,2m-2}, \quad \left(\frac{\partial^2}{\partial\zeta^2} + \frac{2}{\zeta}\frac{\partial}{\partial\zeta} - 4\pi\frac{\partial}{\partial\varkappa}\right)\frac{\overline{\Omega}_{2,2m}}{\zeta} = -\frac{\Omega_{2,2m-2}}{\zeta}, \quad (m \geqq 1)\\
&\left(\frac{\partial^2}{\partial\zeta^2} - 4\pi\frac{\partial}{\partial\varkappa}\right)\overline{\Omega}_{3,2} \;= -\Omega_{3,0} - 1, \quad \left(\frac{\partial^2}{\partial\zeta^2} + \frac{2}{\zeta}\frac{\partial}{\partial\zeta} - 4\pi\frac{\partial}{\partial\varkappa}\right)\frac{\overline{\Omega}_{3,2}}{\zeta} = -\frac{\Omega_{3,0}+1}{\zeta},\\
&\left(\frac{\partial^2}{\partial\zeta^2} - 4\pi\frac{\partial}{\partial\varkappa}\right)\overline{\Omega}_{3,2m} = -\Omega_{3,2m-2}, \quad \left(\frac{\partial^2}{\partial\zeta^2} + \frac{2}{\zeta}\frac{\partial}{\partial\zeta} - 4\pi\frac{\partial}{\partial\varkappa}\right)\frac{\overline{\Omega}_{3,2m}}{\zeta} = -\frac{\Omega_{3,2m-2}}{\zeta}. \quad (m > 1)
\end{aligned}\right\} \tag{1546}$$

Es handelt sich bei den durch (1545) gegebenen Lösungen der eindimensionalen inhomogenen FOURIERschen Differentialgleichungen (1546) ebenfalls um GREENsche Funktionen, denn die Einführung von (1526) in (1545) liefert

$$\left.\begin{aligned}
&\overline{\Omega}_{2,2m}(\zeta,\zeta_0,\varkappa) = \frac{2(-1)^{m+1}}{\pi^{2m}}\sum_{1}^{\infty}{}_{\overline{m}}\,\frac{1}{\overline{m}^{2m}}\left(1 - e^{-\overline{m}^2\pi\varkappa/4}\right)\sin\overline{m}\,\pi\,\zeta\,\sin\overline{m}\,\pi\,\zeta_0, \qquad (m \geqq 1)\\
&\overline{\Omega}_{3,2}(\zeta,\zeta_0,\varkappa) \;= +\frac{2}{\pi^2}\sum_{1}^{\infty}{}_{\overline{m}}\,\frac{1}{\overline{m}^2}\left(1 - e^{-\overline{m}^2\pi\varkappa/4}\right)\cos\overline{m}\,\pi\,\zeta\,\cos\overline{m}\,\pi\,\zeta_0 + \frac{\varkappa}{4\pi},\\
&\overline{\Omega}_{3,2m}(\zeta,\zeta_0,\varkappa) = \frac{2(-1)^{m+1}}{\pi^{2m}}\sum_{1}^{\infty}{}_{\overline{m}}\,\frac{1}{\overline{m}^{2m}}\left(1 - e^{-\overline{m}^2\pi\varkappa/4}\right)\cos\overline{m}\,\pi\,\zeta\,\cos\overline{m}\,\pi\,\zeta_0. \qquad (m > 1)
\end{aligned}\right\} \tag{1547}$$

In Analogie zu der zweiten in Abschnitt 223 untersuchten Funktionsgruppe seien nun die Funktionen

$$\left.\begin{aligned}
&\overline{\overline{\Omega}}_{2,2m}(\zeta,\zeta_0,\varkappa) = \Omega_{2,2m}(\zeta,\zeta_0,\varkappa) - \Omega_{2,2m}(\zeta,\zeta_0,0) - \frac{\varkappa}{4\pi}\,\Omega_{2,2m-2}(\zeta,\zeta_0,0), \qquad (m \geqq 2)\\
&\overline{\overline{\Omega}}_{3,4}(\zeta,\zeta_0,\varkappa) \;= \Omega_{3,4}(\zeta,\zeta_0,\varkappa) - \Omega_{3,4}(\zeta,\zeta_0,0) - \frac{\varkappa}{4\pi}\,\Omega_{3,2}(\zeta,\zeta_0,0) - \frac{\varkappa^2}{32\pi^2},\\
&\overline{\overline{\Omega}}_{3,2m}(\zeta,\zeta_0,\varkappa) = \Omega_{3,2m}(\zeta,\zeta_0,\varkappa) - \Omega_{3,2m}(\zeta,\zeta_0,0) - \frac{\varkappa}{4\pi}\,\Omega_{3,2m-2}(\zeta,\zeta_0,0) \qquad (m > 2)
\end{aligned}\right\} \tag{1548}$$

betrachtet. Sie genügen den eine Verallgemeinerung von (1392) und (1393) darstellenden inhomogenen FOURIERschen Differentialgleichungen

$$\left.\begin{aligned}
&\left(\frac{\partial^2}{\partial\zeta^2}-4\pi\frac{\partial}{\partial\varkappa}\right)\overline{\overline{\Omega}}_{2,2m}=-\frac{\varkappa}{4\pi}\,\Omega_{2,2m-4}, && \left(\frac{\partial^2}{\partial\zeta^2}+\frac{2}{\zeta}\frac{\partial}{\partial\zeta}-4\pi\frac{\partial}{\partial\varkappa}\right)\frac{\overline{\overline{\Omega}}_{2,2m}}{\zeta}=-\frac{\varkappa}{4\pi}\,\frac{\Omega_{2,2m-4}}{\zeta}, \quad (m\geqq 2)\\
&\left(\frac{\partial^2}{\partial\zeta^2}-4\pi\frac{\partial}{\partial\varkappa}\right)\overline{\overline{\Omega}}_{3,4}=-\frac{\varkappa}{4\pi}\,(\Omega_{3,0}+1), && \left(\frac{\partial^2}{\partial\zeta^2}+\frac{2}{\zeta}\frac{\partial}{\partial\zeta}-4\pi\frac{\partial}{\partial\varkappa}\right)\frac{\overline{\overline{\Omega}}_{3,4}}{\zeta}=-\frac{\varkappa}{4\pi}\,\frac{\Omega_{3,0}+1}{\zeta},\\
&\left(\frac{\partial^2}{\partial\zeta^2}-4\pi\frac{\partial}{\partial\varkappa}\right)\overline{\overline{\Omega}}_{3,2m}=-\frac{\varkappa}{4\pi}\,\Omega_{3,2m-4}, && \left(\frac{\partial^2}{\partial\zeta^2}+\frac{2}{\zeta}\frac{\partial}{\partial\zeta}-4\pi\frac{\partial}{\partial\varkappa}\right)\frac{\overline{\overline{\Omega}}_{3,2m}}{\zeta}=-\frac{\varkappa}{4\pi}\,\frac{\Omega_{3,2m-4}}{\zeta}. \quad (m>2)
\end{aligned}\right\}\quad(1549)$$

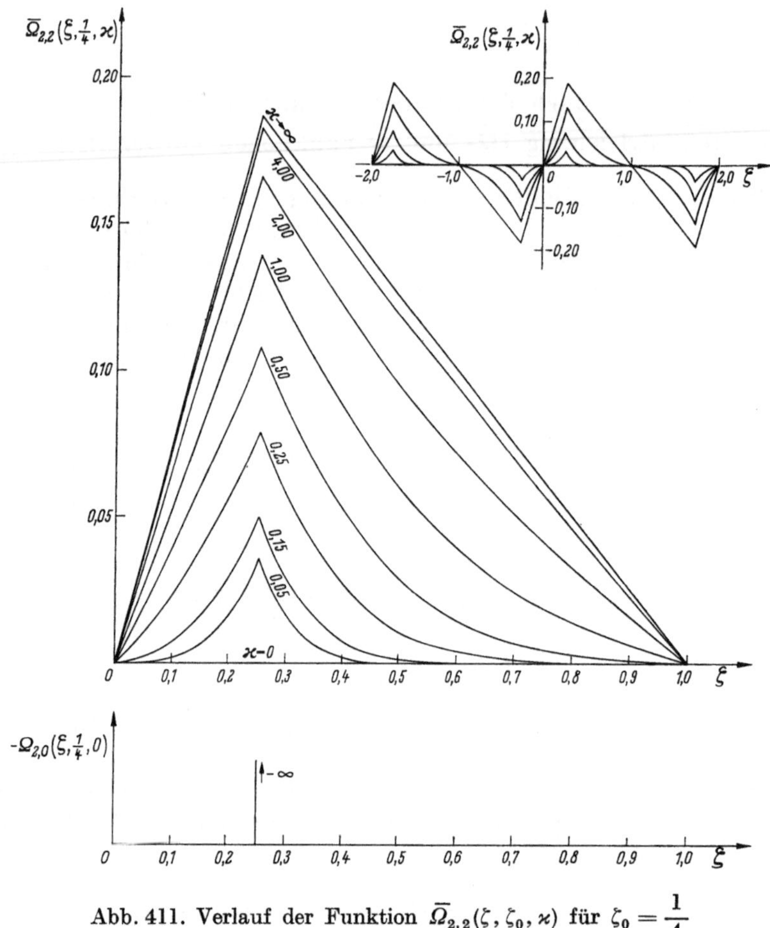

Abb. 411. Verlauf der Funktion $\overline{\Omega}_{2,2}(\zeta,\zeta_0,\varkappa)$ für $\zeta_0=\dfrac{1}{4}$

Die Einführung von (1526) in (1548) zeigt, daß es sich bei den $\overline{\overline{\Omega}}$-Funktionen um GREENsche Funktionen mit den Bilinear-Entwicklungen

$$\left.\begin{aligned}
\overline{\overline{\Omega}}_{2,2m}(\zeta,\zeta_0,\varkappa)&=\frac{2(-1)^{m+1}}{\pi^{2m}}\sum_{\overline{m}=1}^{\infty}\left(\frac{\varkappa\pi}{4\overline{m}^{2m-2}}+\frac{1-e^{-\frac{1}{4}\overline{m}^2\pi\varkappa}}{\overline{m}^{2m}}\right)\sin\overline{m}\,\pi\,\zeta\,\sin\overline{m}\,\pi\,\zeta_0, \quad (m\geqq 2)\\
\overline{\overline{\Omega}}_{3,4}(\zeta,\zeta_0,\varkappa)&=-\frac{2}{\pi^4}\sum_{\overline{m}=1}^{\infty}\left(\frac{\varkappa\pi}{4\overline{m}^2}+\frac{1-e^{-\frac{1}{4}\overline{m}^2\pi\varkappa}}{\overline{m}^4}\right)\cos\overline{m}\,\pi\,\zeta\,\cos\overline{m}\,\pi\,\zeta_0-\frac{\varkappa^2}{32\pi^2},\\
\overline{\overline{\Omega}}_{3,2m}(\zeta,\zeta_0,\varkappa)&=\frac{2(-1)^{m+1}}{\pi^{2m}}\sum_{\overline{m}=1}^{\infty}\left(\frac{\varkappa\pi}{4\overline{m}^{2m-2}}+\frac{1-e^{-\frac{1}{4}\overline{m}^2\pi\varkappa}}{\overline{m}^{2m}}\right)\cos\overline{m}\,\pi\,\zeta\,\cos\overline{m}\,\pi\,\zeta_0 \quad (m>2)
\end{aligned}\right\}\quad(1550)$$

handelt.

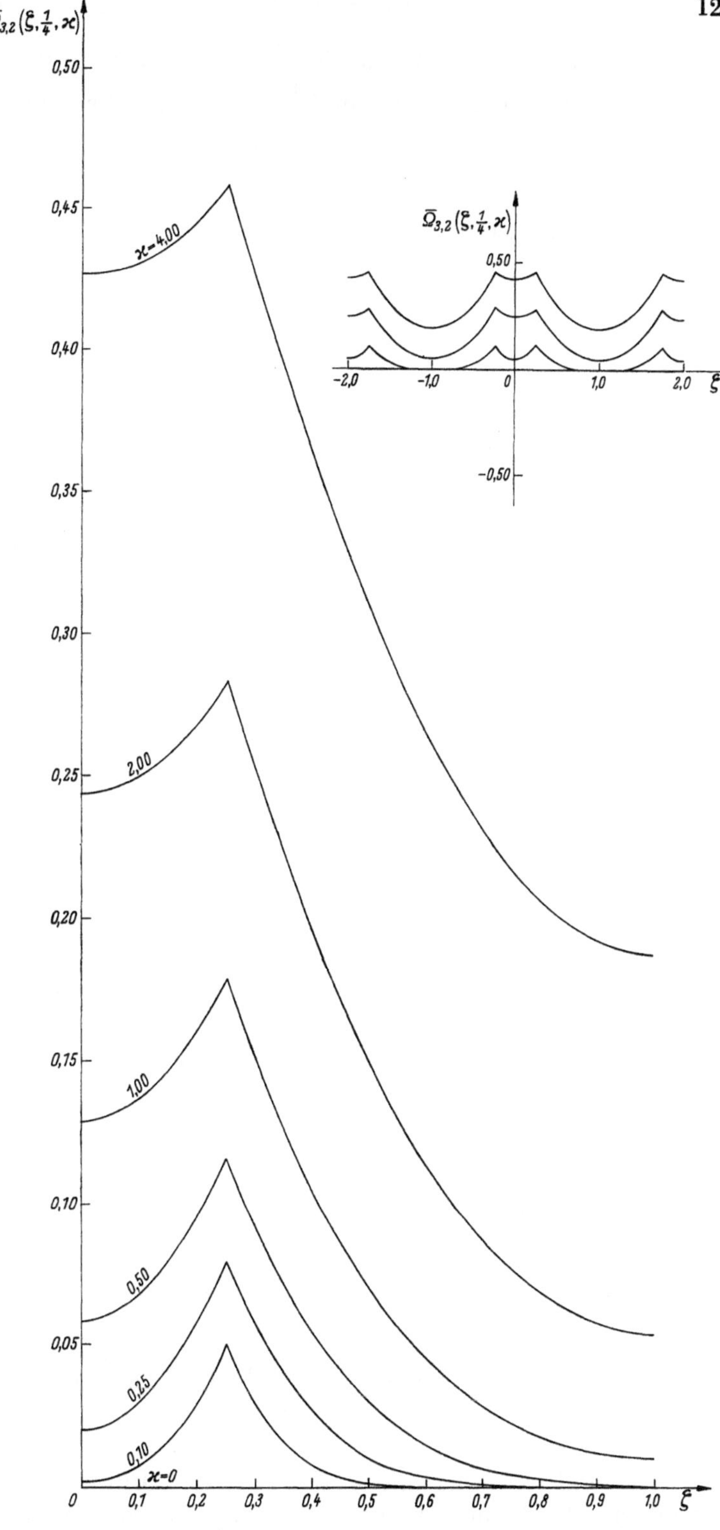

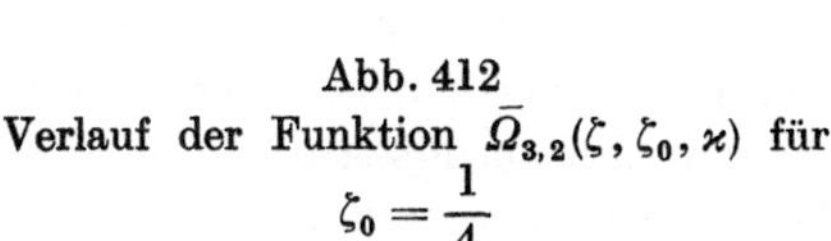

Abb. 412
Verlauf der Funktion $\bar{\Omega}_{3,2}(\zeta, \zeta_0, \varkappa)$ für $\zeta_0 = \dfrac{1}{4}$

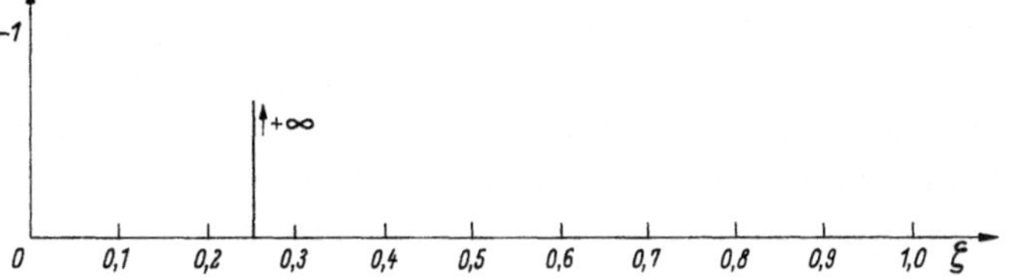

Aus den Abb. 411 bis 415 ist für $\zeta_0 = \frac{1}{4}$ der Verlauf der Funktionen der $\bar{\Omega}$-Gruppe ersichtlich. Die den Funktionen $\bar{\Omega}_{2,2}$, $\bar{\Omega}_{3,2}$ und $\frac{1}{\zeta}\bar{\Omega}_{2,2}$ entsprechenden Abb. 411 bis 413 zeigen die charakteristischen Merkmale der zweiten Ordnung, die den Funktionen $\bar{\Omega}_{2,4}$ und $\bar{\Omega}_{3,4}$ entsprechenden

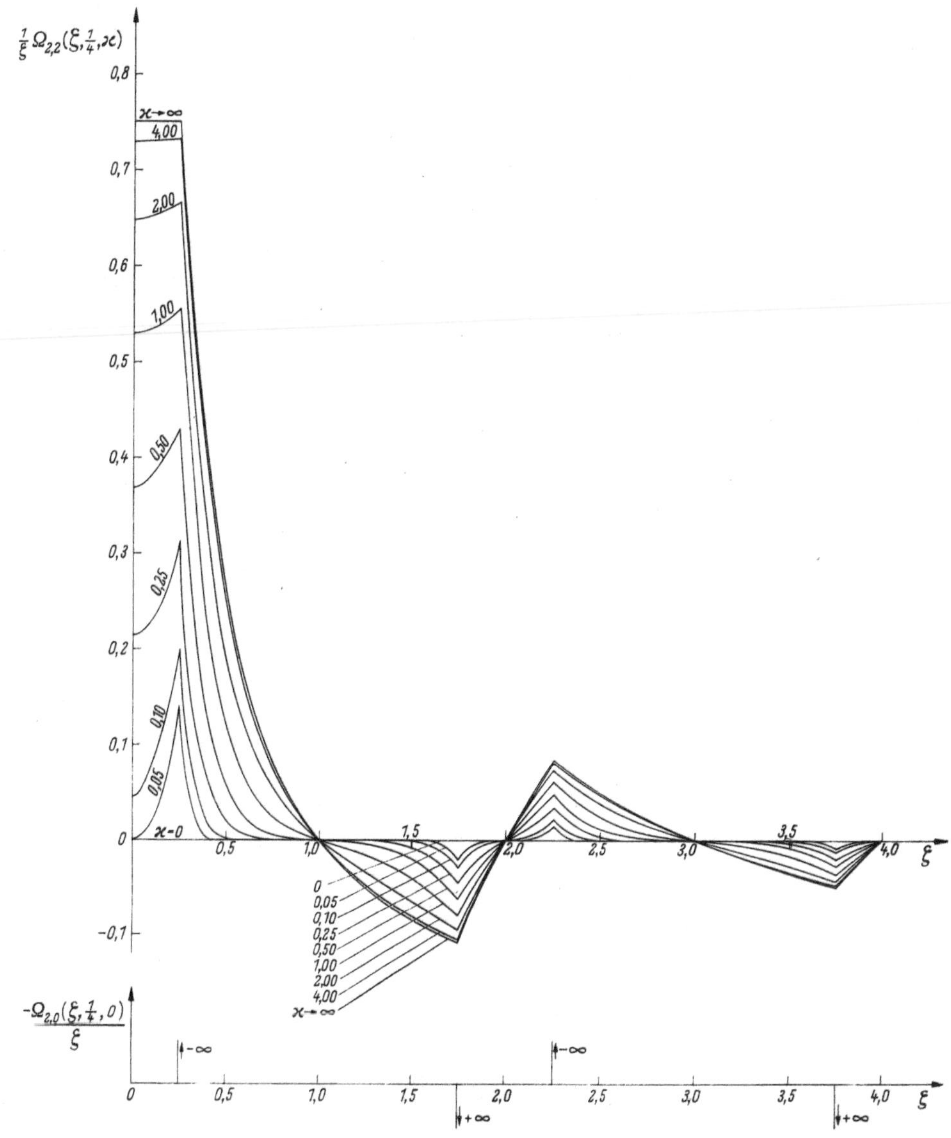

Abb. 413. Verlauf der Funktion $\frac{1}{\zeta}\bar{\Omega}_{2,2}(\zeta, \zeta_0, \varkappa)$ für $\zeta_0 = \frac{1}{4}$

Abb. 414 und 415 diejenigen der vierten Ordnung. Die in den zugehörigen Differentialgleichungen (1546) auftretenden Störungsfunktionen sind in die Abbildungen mit aufgenommen worden.

Die Abb. 411, 412, 414, 415 lassen sich, bei Beschränkung auf den Argumentbereich $0 \leqq \zeta \leqq 1$, als Temperaturfelder von plattenförmigen Körpern deuten, während man der Abb. 413 das Temperaturfeld eines kugeligen Körpers zuordnen kann. Die Randtemperaturen entsprechen dabei im Falle der Abb. 411, 413 und 414 einer unendlich großen Wärmeübergangszahl mit $\vartheta = 0$, im Falle der Abb. 412 und 415 einer totalen Isolierung ($\vartheta' = 0$). Die Temperaturfelder der zweiten

Ordnung werden durch Wärmequellen an der Stelle ζ_0 erzeugt, diejenigen der vierten Ordnung durch stetig verteilte exotherme Wärmeentwicklungen, deren mit ζ veränderliche Intensität den aus den Abbildungen ersichtlichen Störungsfunktionen proportional ist. Dem Wert $\varkappa \to \infty$ sind in den Fällen der Abb. 411, 413, 414, 415 diejenigen stationären Temperaturverteilungen

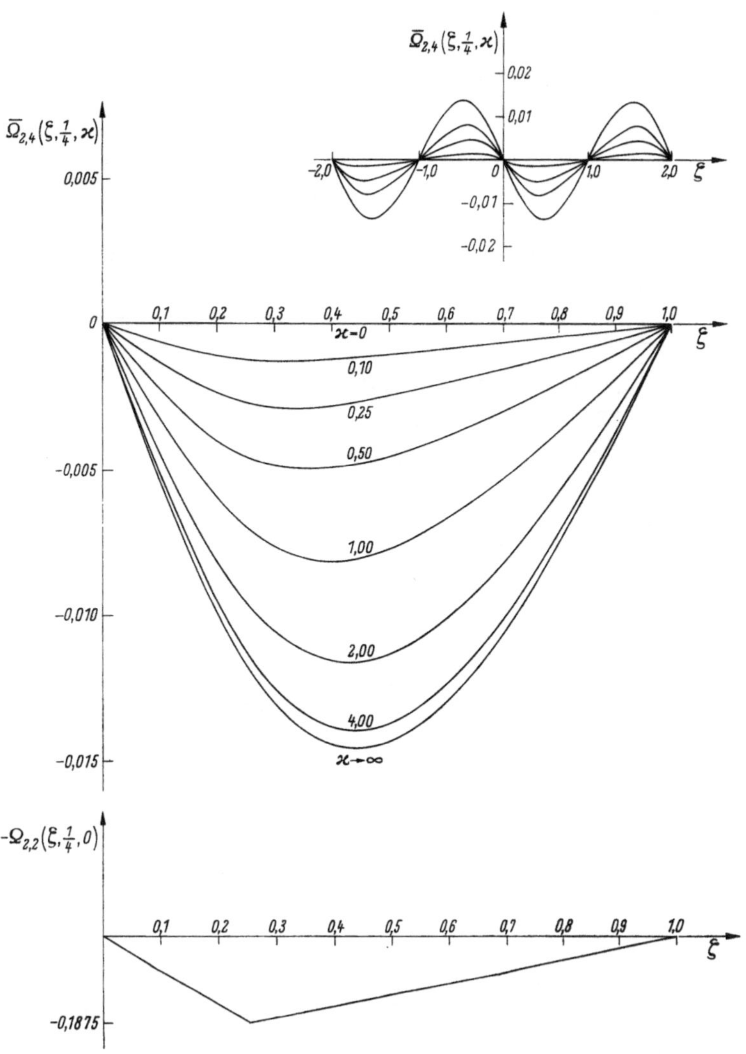

Abb. 414. Verlauf der Funktion $\overline{\Omega}_{2,4}(\zeta, \zeta_0, \varkappa)$ für $\zeta_0 = \dfrac{1}{4}$

zugeordnet, die sich am Ende der Anlaufzeit einstellen und die insbesondere bei den Abb. 411 und 413 durch ganz oder teilweise geradlinig verlaufende Temperaturen gekennzeichnet sind. Bei der Abb. 412 ist kein Wärmesättigungszustand vorhanden, da angesichts der beiderseitigen totalen Isolierung die Temperaturen zufolge der bis zu $\varkappa \to \infty$ fortgesetzten Wärmeentwicklung unbegrenzt ansteigen müssen.

Die Abb. 416 bis 418 zeigen, ebenfalls für $\zeta_0 = \frac{1}{4}$, den Verlauf der Funktionen $\overline{\overline{\Omega}}_{2,4}$, $\overline{\overline{\Omega}}_{3,4}$ und $\frac{1}{\zeta}\,\overline{\overline{\Omega}}_{2,4}$ der zweiten Gruppe, bei welcher die Störungsfunktionen nach (1549) auch noch, und zwar linear, von $\varkappa$ abhängen. Sie lassen sich als Temperaturfelder deuten, die durch flächenhaft verteilte Wärmequellen mit zeitlich linear anwachsender Intensität erzeugt werden.

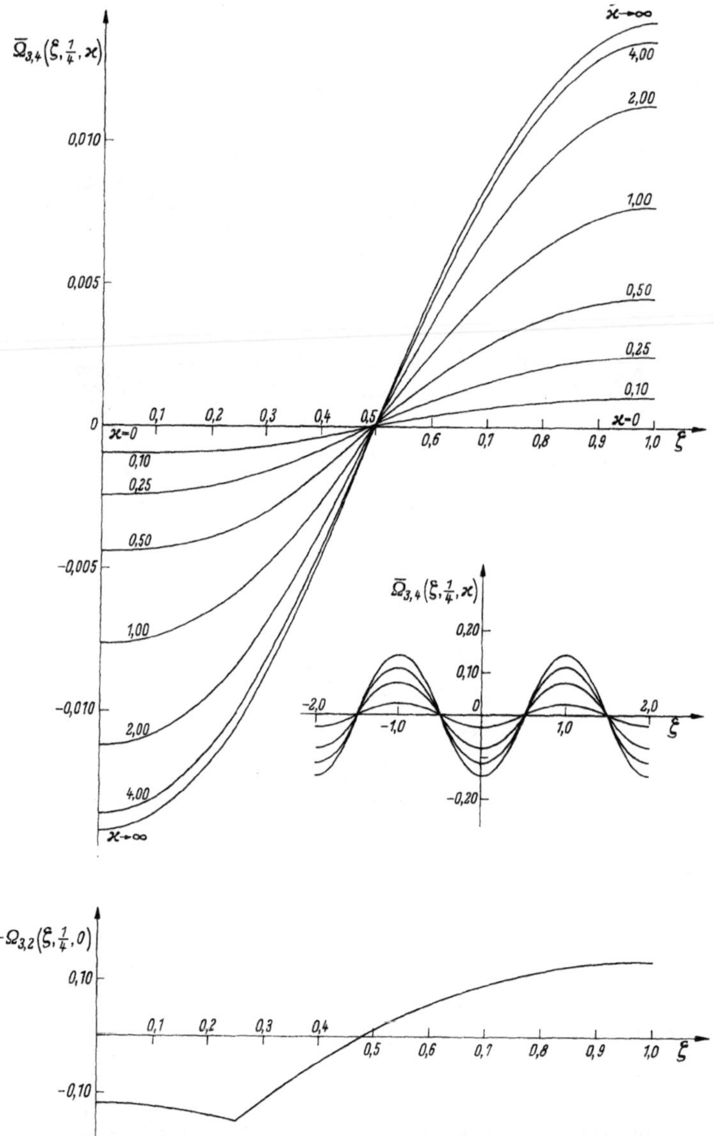

Abb. 415. Verlauf der Funktion $\overline{\Omega}_{3,4}(\zeta, \zeta_0, \varkappa)$ für $\zeta_0 = \frac{1}{4}$

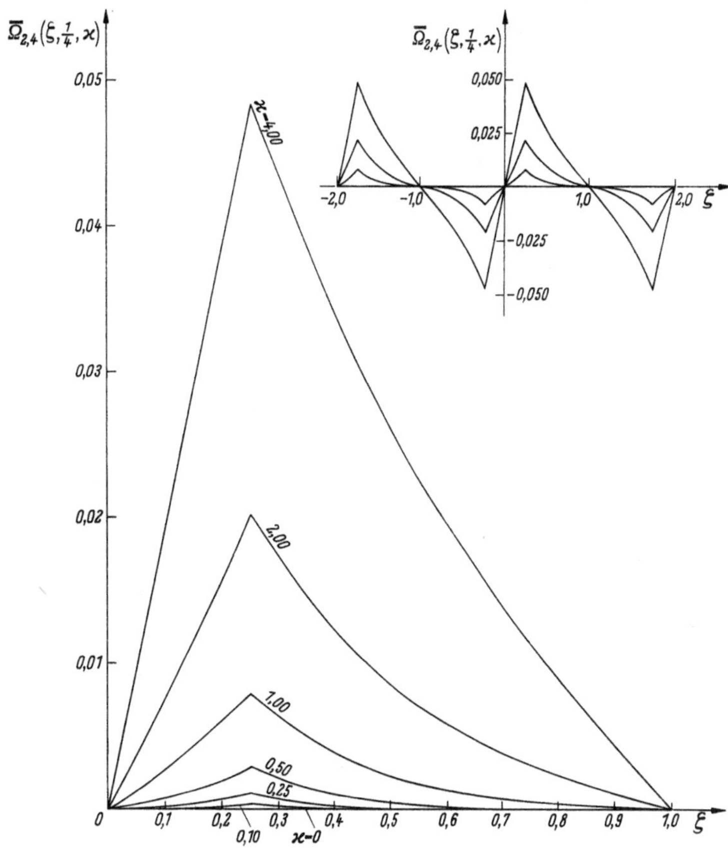

Abb. 416. Verlauf der Funktion $\overline{\overline{\Omega}}_{2,4}(\zeta, \zeta_0, \varkappa)$ für $\zeta_0 = \dfrac{1}{4}$

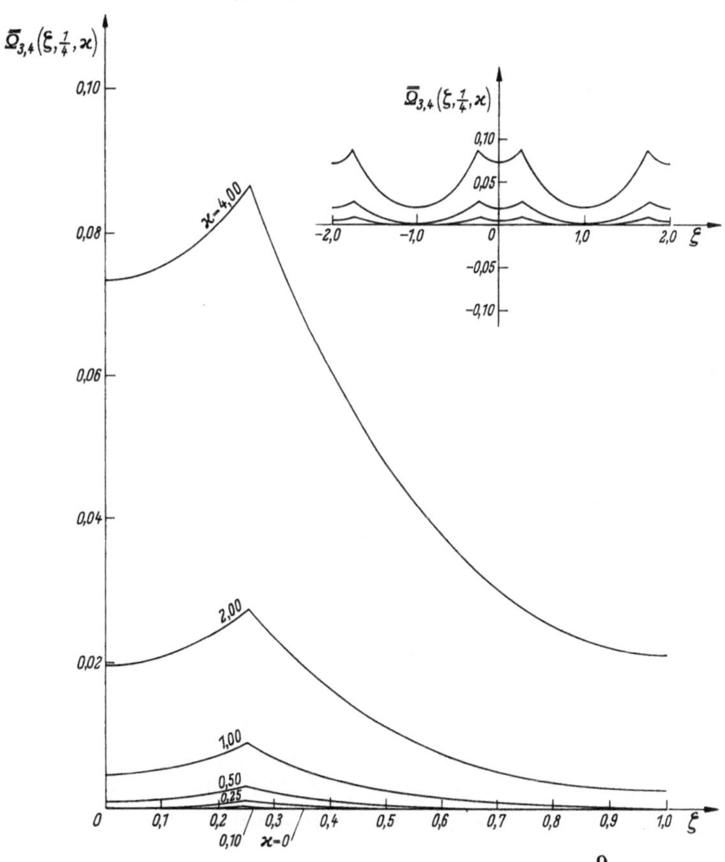

Abb. 417. Verlauf der Funktion $\overline{\overline{\Omega}}_{3,4}(\zeta, \zeta_0, \varkappa)$ für $\zeta_0 = \dfrac{1}{4}$

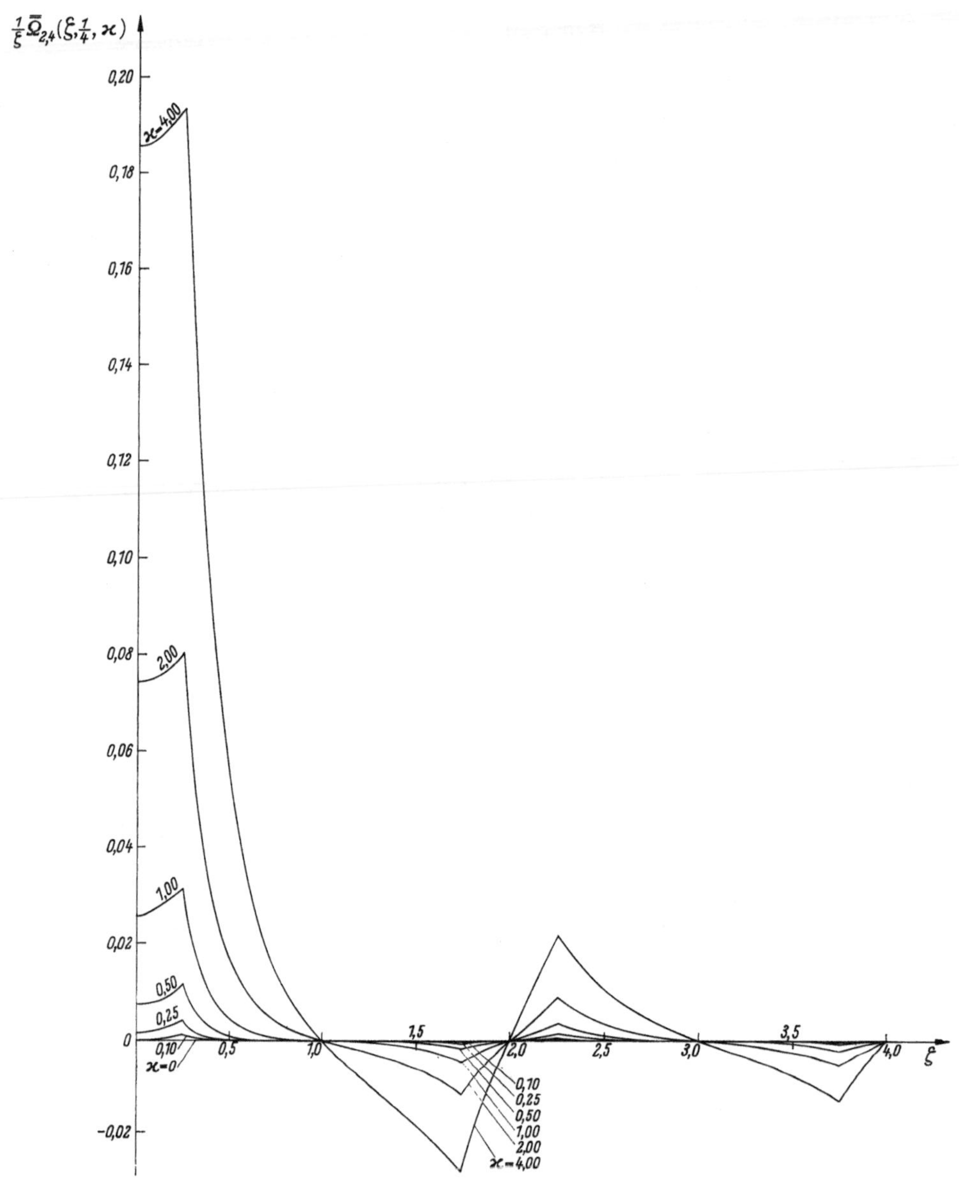

Abb. 418. Verlauf der Funktion $\frac{1}{\zeta}\,\bar{\bar{\Omega}}_{2,4}(\zeta,\zeta_0,\varkappa)$ für $\zeta_0 = \frac{1}{4}$

245. Integrale der $\bar{\Omega}$- und $\bar{\bar{\Omega}}$-Funktionen nach ζ_0

Die Integrale der $\bar{\Omega}$- und $\bar{\bar{\Omega}}$-Funktionen sowie diejenigen der $1/\zeta_0$-fachen Funktionen nach ζ_0 lassen sich durch Integration von (1545) und (1548) unter Beachtung von (1538) und (1539) durch D-Funktionen geschlossen darstellen. Auf eine Wiedergabe der sich ergebenden Ausdrücke kann verzichtet werden. Die zugehörigen FOURIERschen Differentialgleichungen folgen unmittelbar durch Integration der Differentialgleichungen (1546) und (1549) sowie der vorher mit $1/\zeta_0$ multiplizierten Differentialgleichungen nach ζ_0.

Wird die Integration wie im Abschnitt 243 zwischen festen Grenzen a und b durchgeführt, so ergeben sich für die zweite Ordnung der $\bar{\Omega}$-Gruppe und für die vierte der $\bar{\bar{\Omega}}$-Gruppe nach (1546) und (1549) in Verbindung mit (1527) streckenweise konstante oder linear veränderliche Störungsfunktionen. Das gleiche gilt für die mit $1/\zeta$ multiplizierten Integrale nach ζ_0, deren Störungsfunktionen man durch Integration der rechten Gruppen der Gln. (1546) und (1549) erhält. Die den beiden Ordnungen entsprechenden Integrale lauten:

$$\int_a^b \overline{\Omega}_{\substack{2,2\\3,2}}(\zeta, \zeta_0, \varkappa)\, d\zeta_0, \quad \int_a^b \zeta_0\, \overline{\Omega}_{\substack{2,2\\3,2}}(\zeta, \zeta_0, \varkappa)\, d\zeta_0, \quad \int_a^b \zeta_0\, \frac{\overline{\Omega}_{2,2}(\zeta, \zeta_0, \varkappa)}{\zeta}\, d\zeta_0,$$

und

$$\int_a^b \overline{\overline{\Omega}}_{\substack{2,4\\3,4}}(\zeta, \zeta_0, \varkappa)\, d\zeta_0, \quad \int_a^b \zeta_0\, \overline{\overline{\Omega}}_{\substack{2,4\\3,4}}(\zeta, \zeta_0, \varkappa)\, d\zeta_0, \quad \int_a^b \zeta_0\, \frac{\overline{\overline{\Omega}}_{2,4}(\zeta, \zeta_0, \varkappa)}{\zeta}\, d\zeta_0.$$

Werden diese Integrale innerhalb des Bereiches $0 \leqq \zeta \leqq 1$ als Temperaturfelder gedeutet, so entsprechen ihnen exotherme Prozesse in plattenförmigen und kugeligen Körpern mit streckenweise konstanter oder linear veränderlicher Wärmeentwicklung. In der oberen Gruppe ist die Wärmeentwicklung zeitlich konstant, während sie in der unteren linear mit der Zeit zunimmt.

246. Greensche Funktionen der eindimensionalen homogenen Wellengleichung (X-Funktionen $2m$-ter Ordnung)

Wenn in (1527) dem Parameter der Wert Null und dem Argument der Wert $\tau - \zeta$ bzw. $\tau + \zeta$ zugeordnet wird, so entstehen, sofern man τ und ζ nunmehr als unabhängige Veränderliche ansieht, Funktionen, die der eindimensionalen homogenen normierten Wellengleichung

$$\frac{\partial^2 w}{\partial \tau^2} - \frac{\partial^2 w}{\partial \zeta^2} = 0 \tag{1551}$$

genügen, die aus der allgemeinen Wellengleichung

$$\frac{\partial^2 w}{\partial t^2} - a^2 \frac{\partial^2 w}{\partial z^2} = 0, \tag{1552}$$

in welcher a die Wellenfortpflanzungsgeschwindigkeit bezeichnet, durch Einführung der dimensionslosen Veränderlichen

$$\zeta = \frac{z}{l}, \qquad \tau = \frac{a}{l}\, t \tag{1553}$$

hervorgeht, d. h., es gilt, ausführlich geschrieben,

$$\left(\frac{\partial^2}{\partial \tau^2} - \frac{\partial^2}{\partial \zeta^2}\right) \Omega_{\substack{2,2m\\3,2m}}(\tau - \zeta, \zeta_0, 0) = 0, \qquad \left(\frac{\partial^2}{\partial \tau^2} - \frac{\partial^2}{\partial \zeta^2}\right) \Omega_{\substack{2,2m\\3,2m}}(\tau + \zeta, \zeta_0, 0) = 0. \tag{1554}$$

Um nun zu GREENschen Funktionen der Differentialgleichungen (1551) zu gelangen, brauchen die zu $\tau - \zeta$ und $\tau + \zeta$ gehörigen Ω-Funktionen nur in geeigneter Weise superponiert zu werden, und zwar muß man in der zweiten Charakteristik die Funktionen subtrahieren, in der dritten addieren. Werden die beiden in dieser Weise gebildeten Funktionen von τ, ζ und ζ_0 als $X_{2,2m}$- und $X_{3,2m}$-Funktionen bezeichnet, so lauten die sie als Wellenfortpflanzungsfunktionen ausweisenden Definitionsgleichungen

$$\begin{aligned} X_{2,2m}(\tau, \zeta, \zeta_0) &= \tfrac{1}{2}\left[\Omega_{2,2m}(\tau - \zeta, \zeta_0, 0) - \Omega_{2,2m}(\tau + \zeta, \zeta_0, 0)\right], \\ X_{3,2m}(\tau, \zeta, \zeta_0) &= \tfrac{1}{2}\left[\Omega_{3,2m}(\tau - \zeta, \zeta_0, 0) + \Omega_{3,2m}(\tau + \zeta, \zeta_0, 0)\right]. \end{aligned} \tag{1555}$$

In Analogie zu (1554) gilt

$$\frac{\partial^2}{\partial \tau^2} X_{\substack{2,2m\\3,2m}}(\tau, \zeta, \zeta_0) - \frac{\partial^2}{\partial \zeta^2} X_{\substack{2,2m\\3,2m}}(\tau, \zeta, \zeta_0) = 0. \tag{1556}$$

Werden die beiden X-Funktionen durch Einführung von (1526) in (1555) entwickelt, so folgt bei Heranziehung des Additionstheorems der trigonometrischen Funktionen

$$\begin{aligned} X_{2,2m}(\tau, \zeta, \zeta_0) &= \frac{2(-1)^{m+1}}{\pi^{2m}} \sum_{\overline{m}=1}^{\infty} \frac{\cos \overline{m}\, \pi\, \tau \sin \overline{m}\, \pi\, \zeta \sin \overline{m}\, \pi\, \zeta_0}{\overline{m}^{2m}}, \\ X_{3,2m}(\tau, \zeta, \zeta_0) &= \frac{2(-1)^{m}}{\pi^{2m}} \sum_{\overline{m}=1}^{\infty} \frac{\cos \overline{m}\, \pi\, \tau \cos \overline{m}\, \pi\, \zeta \cos \overline{m}\, \pi\, \zeta_0}{\overline{m}^{2m}}. \end{aligned} \tag{1557}$$

Aus (1556) und (1557) sieht man, daß es sich bei den X-Funktionen um GREENsche Funktionen der eindimensionalen homogenen Wellengleichung handelt. Wird in (1555) $\tau = 0$ gesetzt, so erhält man bei Beachtung von (1528)

$$X_{2,2m}(0, \zeta, \zeta_0) = -\Omega_{2,2m}(\zeta, \zeta_0, 0), \quad X_{3,2m}(0, \zeta, \zeta_0) = \Omega_{3,2m}(\zeta, \zeta_0, 0). \tag{1558}$$

Aus (1558) ist ersichtlich, daß die Funktionen $X_{2,2m}(0, \zeta, \zeta_0)$ und $X_{3,2m}(0, \zeta, \zeta_0)$ mit den entsprechenden Ω-Funktionen bis auf das Vorzeichen identisch sind. Sie genügen daher den Integralgleichungen (1528) mit den Eigenfunktionen gemäß (1529) und den Eigenwerten gemäß (1530).

Werden in die beiden Gln. (1555) die Ω-Funktionen nach (1527) eingeführt, so ergeben sich die Ausdrücke

$$X_{\substack{2,2m\\3,2m}}(\tau, \zeta, \zeta_0) = \tfrac{1}{4}\,[D_{2,2m}(\tau - \zeta - \zeta_0, 0) \mp D_{2,2m}(\tau + \zeta - \zeta_0, 0) \mp D_{2,2m}(\tau - \zeta + \zeta_0, 0) + D_{2,2m}(\tau + \zeta + \zeta_0, 0) + \\ + D_{3,2m}(\tau - \zeta - \zeta_0, 0) \mp D_{3,2m}(\tau + \zeta - \zeta_0, 0) \mp D_{3,2m}(\tau - \zeta + \zeta_0, 0) + D_{3,2m}(\tau + \zeta + \zeta_0, 0)]. \tag{1559}$$

Aus (1557) liest man die Beziehungen

$$X_{2,2m}(\tau, \zeta, \zeta_0) = 0 \quad \text{und} \quad \frac{\partial}{\partial \zeta} X_{3,2m}(\tau, \zeta, \zeta_0) = 0 \quad \text{für} \quad \zeta = 0, \pm 1, \pm 2, \pm 3, \ldots \tag{1560}$$

ab. Die $X_{2,2m}$-Funktionen und die Ableitungen der $X_{3,2m}$-Funktionen nach ζ weisen also für ganzzahlige ζ-Werte Knotenpunkte auf.

In dem Falle $\zeta_0 = \frac{1}{2}$ besitzt auch die $X_{3,2m}$-Funktion Knotenpunkte, und zwar in den Viertelspunkten, denn aus (1557) folgt

$$X_{3,2m}\left(\tau, \frac{2n+1}{4}, \frac{1}{2}\right) = 0 \quad \text{für} \quad n = 0, \pm 1, \pm 2, \pm 3, \ldots. \tag{1560'}$$

Bezüglich τ stellen die X-Funktionen nach (1557) periodische Funktionen mit der Periode 2 dar, deren Ableitungen für $\tau = 0$ identisch verschwinden. Es gilt also, ausführlich geschrieben,

$$\frac{\partial}{\partial \tau} X_{\substack{2,2m\\3,2m}}(\tau, \zeta, \zeta_0) = 0 \quad \text{für} \quad \tau = 0, \pm 1, \pm 2, \pm 3, \ldots. \tag{1561}$$

Wird in (1557) und (1559) τ mit ζ_0 vertauscht, so folgt

$$\begin{aligned} X_{2,2m}(\zeta_0, \zeta, \tau) &= \frac{2(-1)^{m+1}}{\pi^{2m}} \sum_{\overline{m}=1}^{\infty} \frac{\sin \overline{m}\,\pi\,\tau \sin \overline{m}\,\pi\,\zeta \cos \overline{m}\,\pi\,\zeta_0}{\overline{m}^{2m}}, \\ X_{3,2m}(\zeta_0, \zeta, \tau) &= \frac{2(-1)^{m}}{\pi^{2m}} \sum_{\overline{m}=1}^{\infty} \frac{\cos \overline{m}\,\pi\,\tau \cos \overline{m}\,\pi\,\zeta \cos \overline{m}\,\pi\,\zeta_0}{\overline{m}^{2m}} \end{aligned} \tag{1562}$$

bzw.

$$X_{\substack{2,2m\\3,2m}}(\zeta_0, \zeta, \tau) = \tfrac{1}{4}\,[D_{2,2m}(\zeta_0 - \zeta - \tau, 0) \mp D_{2,2m}(\zeta_0 + \zeta - \tau, 0) \mp D_{2,2m}(\zeta_0 - \zeta + \tau, 0) + D_{2,2m}(\zeta_0 + \zeta + \tau, 0) + \\ + D_{3,2m}(\zeta_0 - \zeta - \tau, 0) \mp D_{3,2m}(\zeta_0 + \zeta - \tau, 0) \mp D_{3,2m}(\zeta_0 - \zeta + \tau, 0) + D_{3,2m}(\zeta_0 + \zeta + \tau, 0)]. \tag{1563}$$

Der Vergleich von (1559) und (1563) liefert

$$X_{3,2m}(\tau, \zeta, \zeta_0) = X_{3,2m}(\zeta_0, \zeta, \tau). \tag{1564}$$

Die Funktionen $X_{\substack{2,2m\\3,2m}}(\zeta_0, \zeta, \tau)$ genügen, wovon man sich anhand von (1562) sofort überzeugt, ebenfalls der Wellengleichung (1556).

Die Bedeutung der Funktionen $X_{2,2m}(\zeta_0, \zeta, \tau)$ und $X_{3,2m}(\zeta_0, \zeta, \tau)$ liegt darin, daß sie außer der Wellengleichung auch noch, wie man in Verbindung mit Gl. (1562) bestätigt, den simultanen Differentialgleichungen

$$\begin{aligned} \frac{\partial}{\partial \tau} X_{2,2m}(\zeta_0, \zeta, \tau) + \frac{\partial}{\partial \zeta} X_{3,2m}(\zeta_0, \zeta, \tau) &= 0, \\ \frac{\partial}{\partial \zeta} X_{2,2m}(\zeta_0, \zeta, \tau) + \frac{\partial}{\partial \tau} X_{3,2m}(\zeta_0, \zeta, \tau) &= 0 \end{aligned} \tag{1565}$$

genügen, die bis auf das Vorzeichen den CAUCHY-RIEMANNschen Differentialgleichungen entsprechen.

Nach (1565) können die beiden Funktionen $X_{2,2m}(\zeta_0, \zeta, \tau)$ und $X_{3,2m}(\zeta_0, \zeta, \tau)$ als miteinander in Wechselbeziehung stehende Wellenfunktionen betrachtet werden. Bei hydraulischen Leitungen sind solche Funktionen z. B. der Druck p und die mit der Wellenfortpflanzungsgeschwindigkeit a multiplizierte Bewegungsgröße ϱv, wenn $\varrho = \gamma/g$ die Dichte und v die Geschwindigkeit des

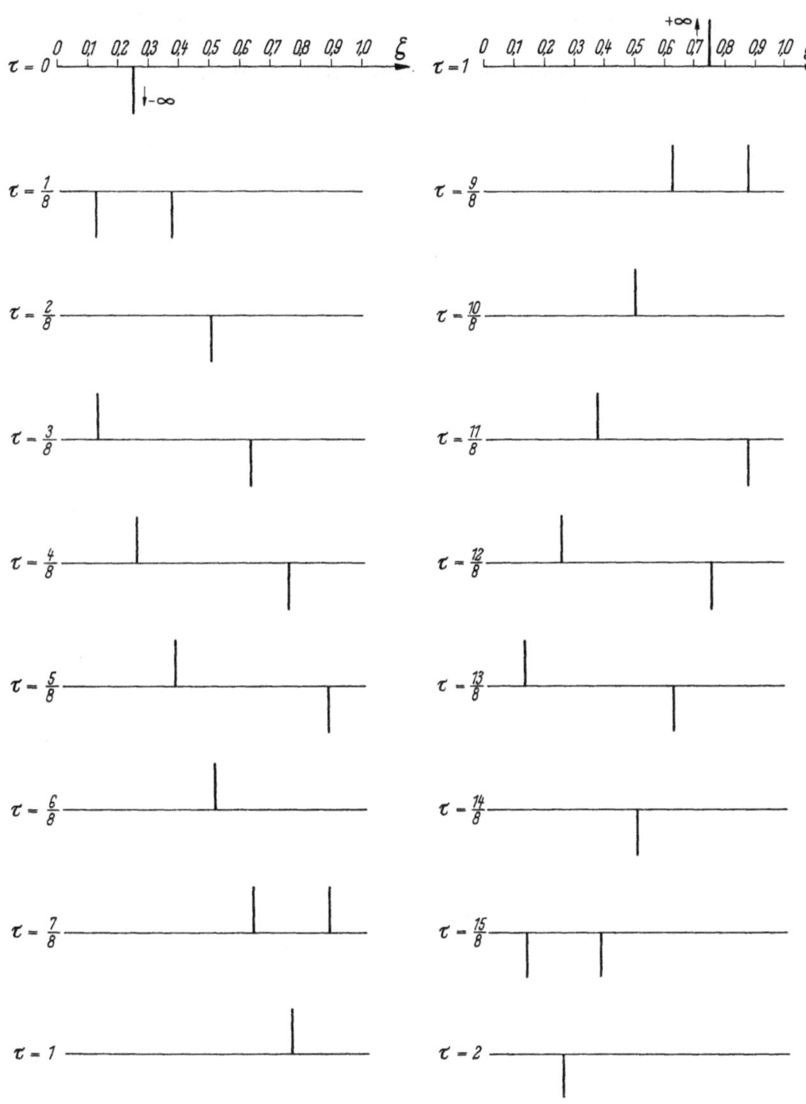

Abb. 419. Verlauf der Funktion $X_{2,0}(\tau, \zeta, \zeta_0)$ für $\zeta_0 = \frac{1}{4}$

strömenden Mediums bezeichnen. Diese Funktionen genügen den beiden Differentialgleichungen

$$\frac{\partial p}{\partial t} + a \frac{\partial(\varrho a v)}{\partial z} = 0, \quad \frac{\partial p}{\partial z} + \frac{1}{a} \frac{\partial(\varrho a v)}{\partial t} = 0, \tag{1566}$$

die durch Ableiten nach t und z und bei entsprechender Elimination in die Wellengleichungen

$$\frac{\partial^2 p}{\partial t^2} - a^2 \frac{\partial^2 p}{\partial z^2} = 0, \quad \frac{\partial^2(\varrho a v)}{\partial t^2} - a^2 \frac{\partial^2(\varrho a v)}{\partial z^2} = 0 \tag{1567}$$

übergehen. Bei Einführung dimensionsloser Veränderlicher gemäß (1553) wird aus (1566) und (1567) in Analogie zu (1565) und (1556)

$$\frac{\partial p}{\partial \tau} + \frac{\partial(\varrho a v)}{\partial \zeta} = 0, \quad \frac{\partial p}{\partial \zeta} + \frac{\partial(\varrho a v)}{\partial \tau} = 0 \quad \text{und} \quad \frac{\partial^2 p}{\partial \tau^2} - \frac{\partial^2 p}{\partial \zeta^2} = 0, \quad \frac{\partial^2(\varrho a v)}{\partial \tau^2} - \frac{\partial^2(\varrho a v)}{\partial \zeta^2} = 0, \tag{1568}$$

woraus ersichtlich ist, daß die Funktionen

$$p = 2p_0\,X_{2,2m}(\zeta_0, \zeta, \tau), \qquad v = 2v_0\,X_{3,2m}(\zeta_0, \zeta, \tau), \qquad v_0 = \frac{p_0}{\varrho\,a} \tag{1569}$$

bzw. die Funktionen

$$p = 2p_0\,X_{3,2m}(\zeta_0, \zeta, \tau), \qquad v = 2v_0\,X_{2,2m}(\zeta_0, \zeta, \tau), \qquad v_0 = \frac{p_0}{\varrho\,a} \tag{1570}$$

u. a. Wellenfortpflanzungserscheinungen in hydraulischen Leitungen beschreiben.

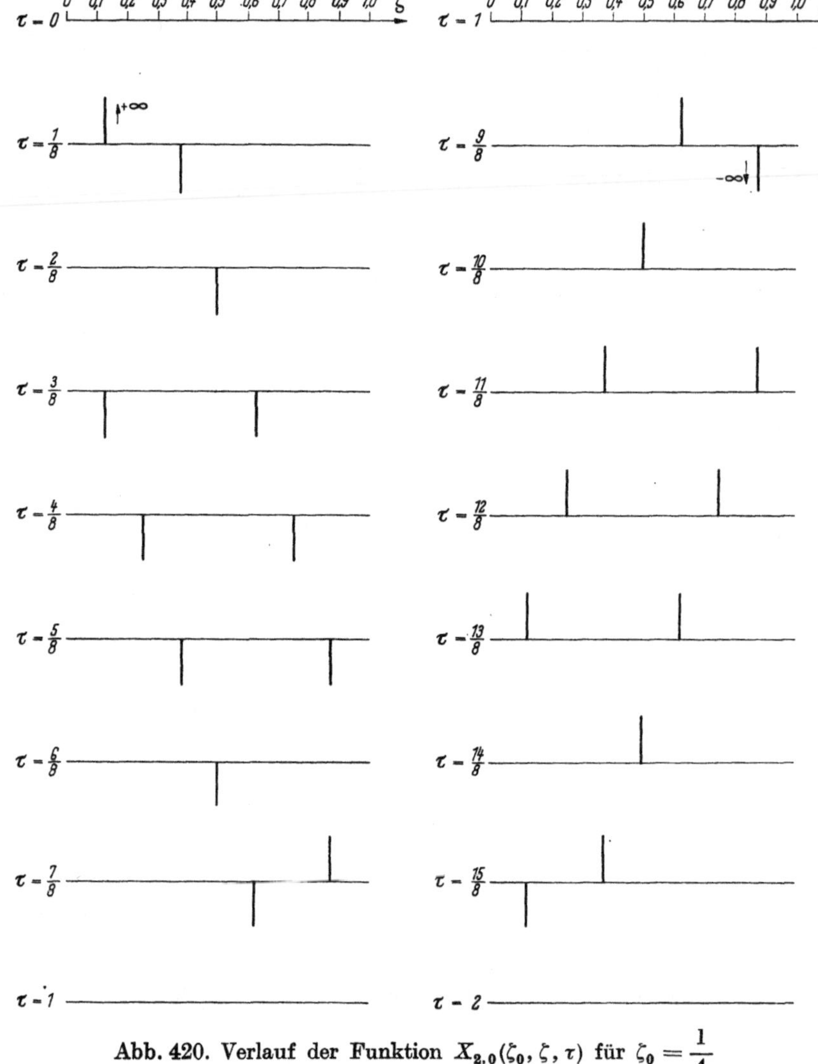

Abb. 420. Verlauf der Funktion $X_{2,0}(\zeta_0, \zeta, \tau)$ für $\zeta_0 = \frac{1}{4}$

Die X-Funktionen nullter Ordnung sind nach (1559) und (1563) aus zu $\varkappa = 0$ gehörigen D-Funktionen nullter Ordnung linear zusammengesetzt. Sie weisen daher singuläre Stellen auf, deren Lage sich mit ζ und τ stetig ändert. Zwischen den singulären Stellen sind die Funktionen entweder Null oder konstant. Aus den Abb. 419 und 421 ist der Verlauf der Funktionen $X_{2,0}'(\tau, \zeta, \zeta_0)$ und $X_{3,0}(\tau, \zeta, \zeta_0)$ und aus den Abb. 420 und 421 derjenige der Funktionen $X_{2,0}(\zeta_0, \zeta, \tau)$ und $X_{3,0}(\zeta_0, \zeta, \tau)$ für $\zeta_0 = \frac{1}{4}$ ersichtlich.

Werden die Abb. 420 und 421 mit Wellenfortpflanzungserscheinungen in hydraulischen Leitungen in Beziehung gebracht, so liegt der Fall einer Verbindungsleitung zwischen (unendlich großen) kommunizierenden Gefäßen vor, in der im gleichen Punkte eine Verdichtungswelle und eine Verdünnungswelle ausgelöst wird. Den Anschlußpunkten entsprechen $\zeta = 0$ und $\zeta = 1$, der Auslösestelle $\zeta = \zeta_0$ und dem Auslösezeitpunkt $\tau = 0$. Druckimpuls und Impulsgeschwindigkeit werden gemäß Abb. 420 und 421 durch p und v nach (1569) beschrieben. Wird der Auslösedruck (-sog) mit p_0 bezeichnet, so erhält man

$$p = 2p_0\, X_{2,0}(\zeta_0, \zeta, \tau), \qquad v = \frac{2p_0}{\varrho\, a}\, X_{3,0}(\zeta_0, \zeta, \tau).$$

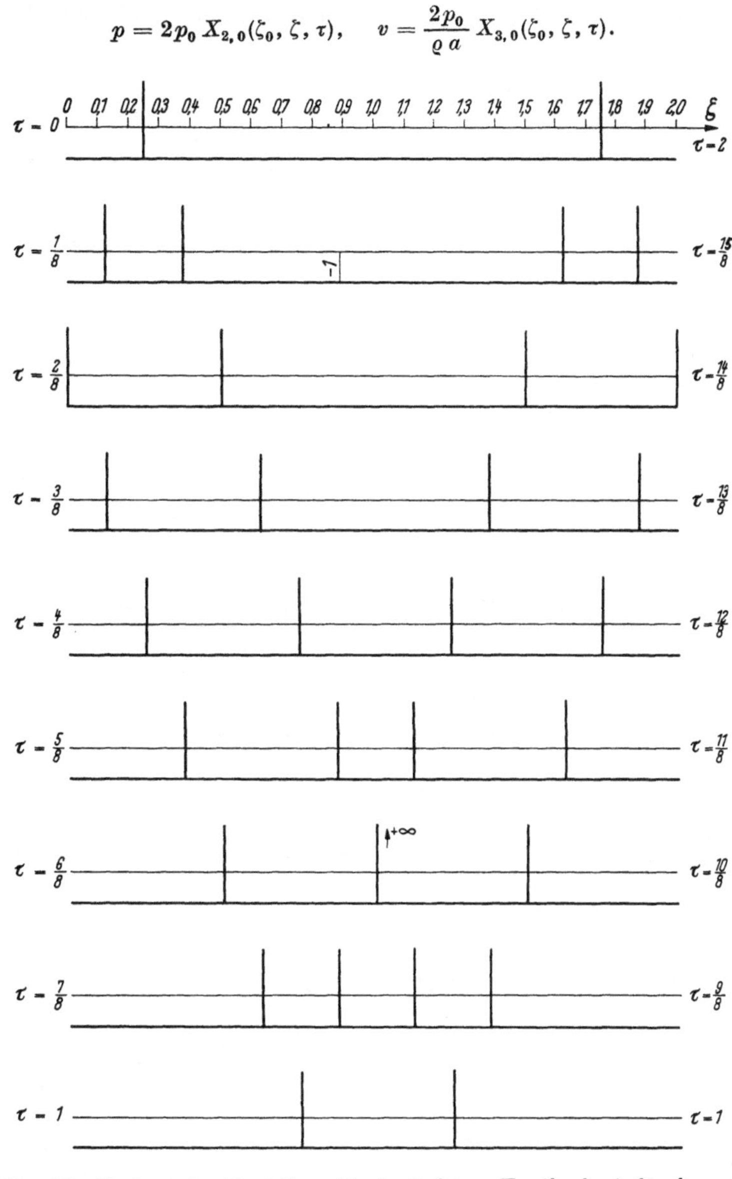

Abb. 421. Verlauf der Funktion $X_{3,0}(\tau, \zeta, \zeta_0) = X_{3,0}(\zeta_0, \zeta, \tau)$ für $\zeta_0 = \frac{1}{4}$

An den Stellen $\zeta = 0$ und $\zeta = 1$ findet nach (1562) eine Totalreflektion statt. Die Verdichtungswellen werden dadurch zu Verdünnungswellen und umgekehrt.

Die vier zu (1559) und (1562) gehörigen X-Funktionen der Ordnung $2m = 2$ sind für $\zeta_0 = \frac{1}{4}$ aus den Abb. 422 bis 424 ersichtlich. Es handelt sich hier um stetige Funktionen, die an den Singularitätsstellen der X-Funktionen nullter Ordnung Unstetigkeiten in der Ableitung nach ζ aufweisen. Die dazwischengelegenen Kurvenstücke sind bei den $X_{2,2}$-Funktionen gerade Linien, bei den $X_{3,2}$-Funktionen Parabelbögen.

Die Funktionen $X_{2,2}(\tau, \zeta, \zeta_0)$ und $X_{3,2}(\tau, \zeta, \zeta_0)$ beschreiben den Transversalschwingungszustand angezupfter Saiten oder plötzlich entlasteter, gespannter, biegungsschlaffer Seile, welcher der Wellengleichung (1552) genügt, wenn

$$a = \sqrt{\frac{S}{\varrho F}} \quad (S = \text{Spannkraft}, \ \varrho = \text{Dichte}, \ F = \text{Querschnitt})$$

gesetzt wird. Für das beiderseits unnachgiebig befestigte Seil von der Länge l, dessen Befestigungspunkten die Argumente $\zeta = 0$ und $\zeta = 1$ entsprechen, ergeben sich bei plötzlicher Entfernung

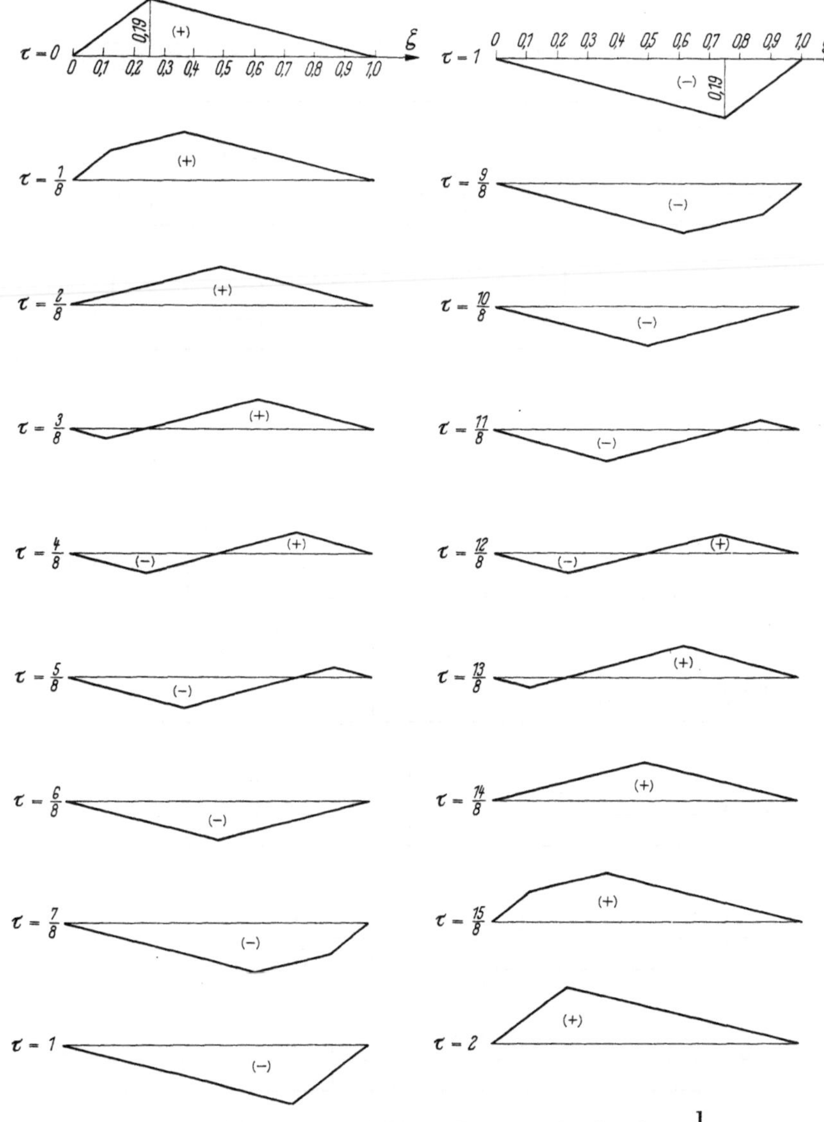

Abb. 422. Verlauf der Funktion $X_{2,2}(\tau, \zeta, \zeta_0)$ für $\zeta_0 = \frac{1}{4}$

einer Kraft P an der Stelle ζ_0 die Schwingungsausschläge

$$w = \frac{P\,l}{S} X_{2,2}(\tau, \zeta, \zeta_0),$$

die für $P\,l/S = 1$ der Abb. 422 entnommen werden können. Bei der zu $X_{3,2}$ gehörigen Transversalschwingung

$$w = \frac{P\,l}{S} X_{3,2}(\tau, \zeta, \zeta_0)$$

des gespannten Seiles sind die Endpunkte parallel zu ihrer Verbindungslinie geführt, wie es für $P\,l/S = 1$ Abb. 423 zeigt.

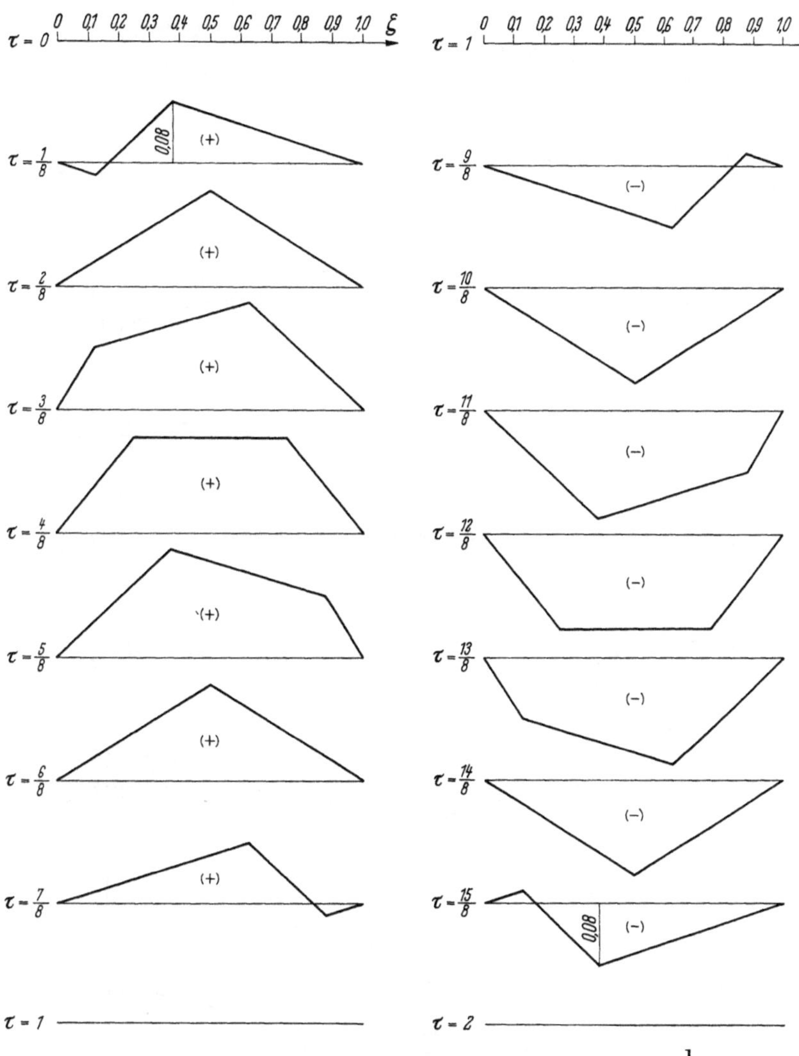

Abb. 423. Verlauf der Funktion $X_{2,2}(\zeta_0, \zeta, \tau)$ für $\zeta_0 = \frac{1}{4}$

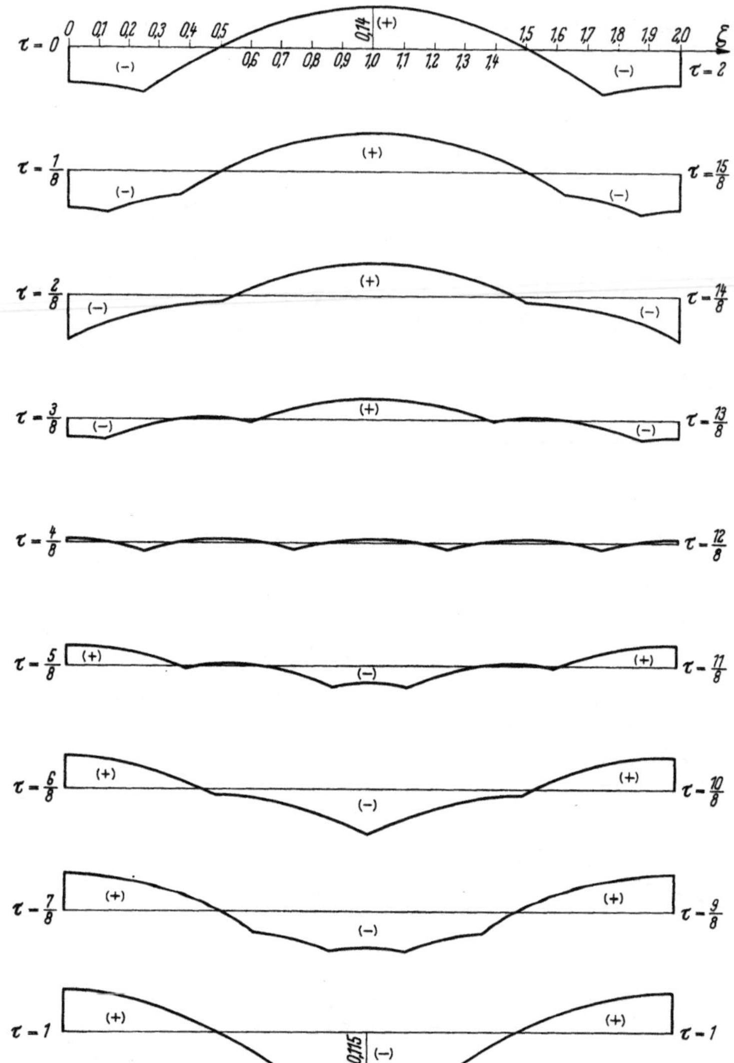

Abb. 424. Verlauf der Funktion $X_{3,2}(\tau, \zeta, \zeta_0) = X_{3,2}(\zeta_0, \zeta, \tau)$ für $\zeta_0 = \frac{1}{4}$

247. Integrale der X-Funktionen nach dem Parameter ζ_0

Durch eine Integration der X-Funktionen nach dem Parameter ζ_0 werden Ableitungen nach τ und ζ nicht berührt. Für die nachfolgenden Integrale behalten daher die Differentialgleichungen (1556) und (1565) ihre Gültigkeit.

Werden zunächst die Bilinear-Entwicklungen (1557) und (1562) zwischen 0 und ζ_0 integriert, so folgt

$$\int_0^{\zeta_0} X_{2,2m}(\tau, \zeta, \xi_0)\, d\xi_0 = \frac{2(-1)^{m+1}}{\pi^{2m+1}} \sum_{\bar m=1}^{\infty} \frac{\cos\bar m\,\pi\,\tau \sin\bar m\,\pi\,\zeta\,(1-\cos\bar m\,\pi\,\zeta_0)}{\bar m^{2m+1}},$$
$$\int_0^{\zeta_0} X_{3,2m}(\tau, \zeta, \xi_0)\, d\xi_0 = \frac{2(-1)^{m}}{\pi^{2m+1}} \sum_{\bar m=1}^{\infty} \frac{\cos\bar m\,\pi\,\tau \cos\bar m\,\pi\,\zeta \sin\bar m\,\pi\,\zeta_0}{\bar m^{2m+1}}, \tag{1571}$$

und

$$\int_0^{\zeta_0} X_{2,2m}(\xi_0, \zeta, \tau)\, d\xi_0 = \frac{2(-1)^{m+1}}{\pi^{2m+1}} \sum_{\bar m=1}^{\infty} \frac{\sin\bar m\,\pi\,\tau \sin\bar m\,\pi\,\zeta \sin\bar m\,\pi\,\zeta_0}{\bar m^{2m+1}},$$
$$\int_0^{\zeta_0} X_{3,2m}(\xi_0, \zeta, \tau)\, d\xi_0 = \frac{2(-1)^{m}}{\pi^{2m+1}} \sum_{\bar m=1}^{\infty} \frac{\cos\bar m\,\pi\,\tau \cos\bar m\,\pi\,\zeta \sin\bar m\,\pi\,\zeta_0}{\bar m^{2m+1}}. \tag{1572}$$

Ihre Darstellungen durch D-Funktionen ergeben sich durch Integration der Gln. (1559) und (1563) und lauten

$$\begin{aligned}
\int_0^{\zeta_0} X_{2,2m}(\tau, \zeta, \xi_0)\, d\xi_0 = {}& \tfrac{1}{4}[-D_{2,2m+1}(\tau-\zeta-\zeta_0, 0) + D_{2,2m+1}(\tau+\zeta-\zeta_0, 0) - D_{2,2m+1}(\tau-\zeta+\zeta_0, 0) + \\
&+ D_{2,2m+1}(\tau+\zeta+\zeta_0, 0) - D_{3,2m+1}(\tau-\zeta-\zeta_0, 0) + D_{3,2m+1}(\tau+\zeta-\zeta_0, 0) - \\
&- D_{3,2m+1}(\tau-\zeta+\zeta_0, 0) + D_{3,2m+1}(\tau+\zeta+\zeta_0, 0)] - \\
&- \tfrac{1}{2}[-D_{2,2m+1}(\tau-\zeta, 0) + D_{2,2m+1}(\tau+\zeta, 0) - D_{3,2m+1}(\tau-\zeta, 0) + D_{3,2m+1}(\tau+\zeta, 0)], \\
\int_0^{\zeta_0} X_{3,2m}(\tau, \zeta, \xi_0)\, d\xi_0 = {}& \tfrac{1}{4}[-D_{2,2m+1}(\tau-\zeta-\zeta_0, 0) - D_{2,2m+1}(\tau+\zeta-\zeta_0, 0) + D_{2,2m+1}(\tau-\zeta+\zeta_0, 0) + \\
&+ D_{2,2m+1}(\tau+\zeta+\zeta_0, 0) - D_{3,2m+1}(\tau-\zeta-\zeta_0, 0) - D_{3,2m+1}(\tau+\zeta-\zeta_0, 0) + \\
&+ D_{3,2m+1}(\tau-\zeta+\zeta_0, 0) + D_{3,2m+1}(\tau+\zeta+\zeta_0, 0)]
\end{aligned} \tag{1573}$$

und

$$\begin{aligned}
\int_0^{\zeta_0} X_{2,2m}(\xi_0, \zeta, \tau)\, d\xi_0 = {}& \tfrac{1}{4}[D_{2,2m+1}(\zeta_0-\zeta-\tau, 0) - D_{2,2m+1}(\zeta_0+\zeta-\tau, 0) - D_{2,2m+1}(\zeta_0-\zeta+\tau, 0) + \\
&+ D_{2,2m+1}(\zeta_0+\zeta+\tau, 0) + D_{3,2m+1}(\zeta_0-\zeta-\tau, 0) - D_{3,2m+1}(\zeta_0+\zeta-\tau, 0) - \\
&- D_{3,2m+1}(\zeta_0-\zeta+\tau, 0) + D_{3,2m+1}(\zeta_0+\zeta+\tau, 0)], \\
\int_0^{\zeta_0} X_{3,2m}(\xi_0, \zeta, \tau)\, d\xi_0 = {}& \tfrac{1}{4}[D_{2,2m+1}(\zeta_0-\zeta-\tau, 0) + D_{2,2m+1}(\zeta_0+\zeta-\tau, 0) + D_{2,2m+1}(\zeta_0-\zeta+\tau, 0) + \\
&+ D_{2,2m+1}(\zeta_0+\zeta+\tau, 0) + D_{3,2m+1}(\zeta_0-\zeta-\tau, 0) + D_{3,2m+1}(\zeta_0+\zeta-\tau, 0) + \\
&+ D_{3,2m+1}(\zeta_0-\zeta+\tau, 0) + D_{3,2m+1}(\zeta_0+\zeta+\tau, 0)].
\end{aligned} \tag{1574}$$

Aus (1571) und (1572) folgt

$$\int_0^{\zeta_0} X_{3,2m}(\tau, \zeta, \xi_0)\, d\xi_0 = \int_0^{\zeta_0} X_{3,2m}(\xi_0, \zeta, \tau)\, d\xi_0. \tag{1575}$$

Die Gleichungsgruppen (1572) bzw. (1574) beschreiben für $m = 0$ das sogenannte Phänomen des hydraulischen Widders oder JOUKOWSKY-Stoßes, das beim plötzlichen Schließen eines Wasserhahnes oder einer Armatur in hydraulischen Leitungen, die an einen (unendlich groß gedachten) Hochbehälter angeschlossen sind, auftritt. Sollen $\zeta = 0$ und $\zeta = 1$ dem Anfangs- und Endpunkt der Leitung von der Länge l entsprechen, so muß in den Integralen (1572) und (1574) ζ mit $\zeta/2$ und τ mit $\tau/2$ vertauscht werden, was offenbar die Gültigkeit der nach ζ_0 integriert zu denkenden Differentialgleichungen (1556) und (1565) nicht beeinträchtigt. Außerdem muß, wenn sich die Armatur am Ende der Leitung befinden soll, $\zeta_0 = \frac{1}{2}$ gesetzt werden. Schließlich sind zur Darstellung der physikalischen Kenngrößen die Integrale noch in die nach ζ_0 integriert zu denkenden Gln. (1569) und (1570) einzuführen, und zwar unter Bezugnahme auf v_0 als der Strömungsgeschwindigkeit im Augenblick des plötzlichen Schließens. So ergibt sich für Drucksteigerung und Geschwindigkeit

$$p = -2v_0\,\varrho\,a\int_0^{\frac{1}{2}} X_{2,0}\left(\zeta_0, \frac{\zeta}{2}, \frac{\tau}{2}\right)d\zeta_0, \qquad v = 2v_0\int_0^{\frac{1}{2}} X_{3,0}\left(\zeta_0, \frac{\zeta}{2}, \frac{\tau}{2}\right)d\zeta_0,$$

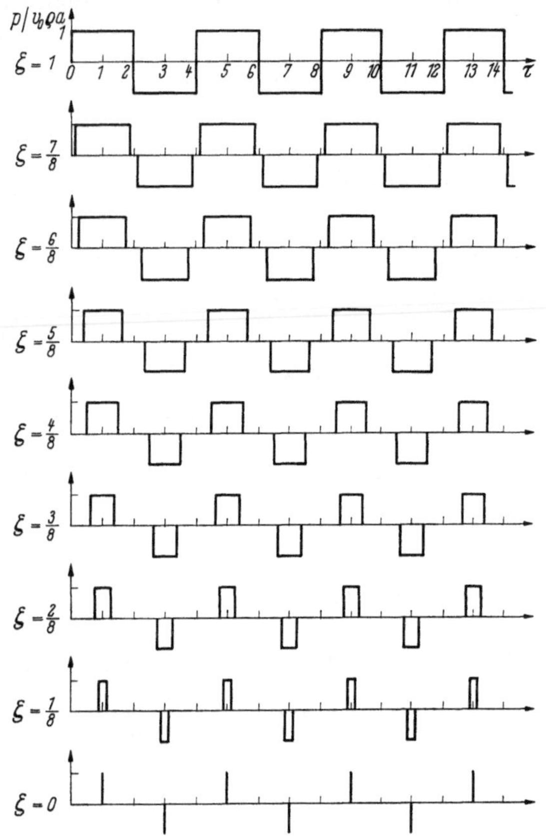

Abb. 425

Verlauf der Funktion $\dfrac{p}{v_0\,\varrho\,a} = -2\displaystyle\int_0^{1/2} X_{2,0}\left(\zeta_0, \frac{\zeta}{2}, \frac{\tau}{2}\right)d\zeta_0$
$= D_{1,1}\left(\dfrac{\zeta+\tau}{2}, 0\right) - D_{1,1}\left(\dfrac{\zeta-\tau}{2}, 0\right)$

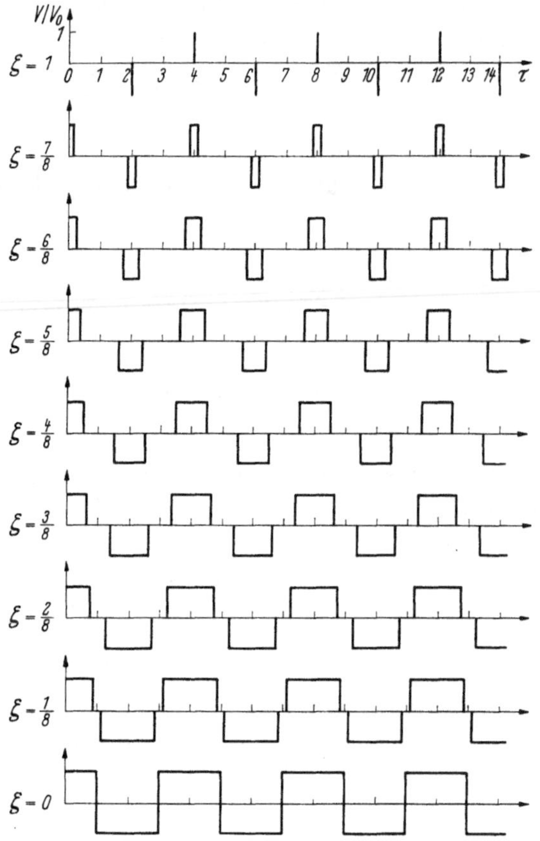

Abb. 426

Verlauf der Funktion $\dfrac{v}{v_0} = 2\displaystyle\int_0^{1/2} X_{3,0}\left(\zeta_0, \frac{\zeta}{2}, \frac{\tau}{2}\right)d\zeta_0$
$= -\left[D_{1,1}\left(\dfrac{\zeta+\tau}{2}, 0\right) + D_{1,1}\left(\dfrac{\zeta-\tau}{2}, 0\right)\right]$

wobei das negative Vorzeichen durch die Zugrundelegung einer positiven Drucksteigerung bedingt ist.

Werden die Integrale der Gln. (1572) unter Einführung einer neuen Zählzahl n bzw. die Integrale von (1574) unter Beachtung von (1364) in die Formeln für p und v eingeführt, so folgt

$$p = \frac{4v_0\,\varrho\,a}{\pi}\sum_0^\infty \frac{(-1)^n}{2n+1}\sin\frac{(2n+1)\,\pi\,\tau}{2}\sin\frac{(2n+1)\,\pi\,\zeta}{2},$$

$$v = \frac{4v_0}{\pi}\sum_0^\infty \frac{(-1)^n}{2n+1}\cos\frac{(2n+1)\,\pi\,\tau}{2}\cos\frac{(2n+1)\,\pi\,\zeta}{2}$$

bzw.

$$p = v_0\,\varrho\,a\left[D_{1,1}\left(\frac{\zeta+\tau}{2}, 0\right) - D_{1,1}\left(\frac{\zeta-\tau}{2}, 0\right)\right],$$

$$v = -v_0\left[D_{1,1}\left(\frac{\zeta+\tau}{2}, 0\right) + D_{1,1}\left(\frac{\zeta-\tau}{2}, 0\right)\right].$$

Den Bilinear-Entwicklungen sieht man unmittelbar an, daß die Randbedingungen am Hochbehälter bzw. Wasserhahn

$$p = 0 \quad \text{für} \quad \zeta = 0 \quad \text{bzw.} \quad v = 0 \quad \text{für} \quad \zeta = 1$$

erfüllt sind. Das gleiche gilt für die zu p gehörige Anfangsbedingung

$$p = 0 \quad \text{für} \quad \tau = 0.$$

Daß auch die zu v gehörige Anfangsbedingung

$$v = v_0 \quad \text{für} \quad \tau = 0$$

befriedigt ist, zeigt der Vergleich mit der zweiten der Gln. (1346) für $m = 0$, wenn gleichzeitig der Verlauf der $D_{1,1}(\zeta, 0)$-Funktion gemäß Abb. 319 beachtet wird.

Aus den Abb. 425 und 426 ist der Verlauf von $p/v_0\, \varrho\, a$ und v/v_0 ersichtlich. Weitere Beziehungen und Anwendungsmöglichkeiten der durch die Gleichungen (1555) bzw. (1559) bzw. (1563) definierten Wellenfortpflanzungsfunktionen sind in [3] enthalten.

248. Greensche Funktionen der homogenen Balkenschwingungsgleichung (Ω-Funktionen mit imaginären Parametern)

Wird in (1526) $\varkappa$ mit $i\,\varkappa$ vertauscht und nach Real- und Imaginärteilen aufgespalten, so ergeben sich die Bilinear-Entwicklungen

$$\left.\begin{aligned}
\Re\, \Omega_{2,2m}(\zeta, \zeta_0, i\,\varkappa) &= \frac{2(-1)^m}{\pi^{2m}} \sum_{\bar m=1}^{\infty} \frac{\cos \frac{1}{4} \bar m^2 \pi \varkappa}{\bar m^{2m}} \sin \bar m\, \pi\, \zeta \sin \bar m\, \pi\, \zeta_0, \\
\operatorname{Im} \Omega_{2,2m}(\zeta, \zeta_0, i\,\varkappa) &= \frac{2(-1)^{m+1}}{\pi^{2m}} \sum_{\bar m=1}^{\infty} \frac{\sin \frac{1}{4} \bar m^2 \pi \varkappa}{\bar m^{2m}} \sin \bar m\, \pi\, \zeta \sin \bar m\, \pi\, \zeta_0, \\
\Re\, \Omega_{3,2m}(\zeta, \zeta_0, i\,\varkappa) &= \frac{2(-1)^m}{\pi^{2m}} \sum_{\bar m=1}^{\infty} \frac{\cos \frac{1}{4} \bar m^2 \pi \varkappa}{\bar m^{2m}} \cos \bar m\, \pi\, \zeta \cos \bar m\, \pi\, \zeta_0, \\
\operatorname{Im} \Omega_{3,2m}(\zeta, \zeta_0, i\,\varkappa) &= \frac{2(-1)^{m+1}}{\pi^{2m}} \sum_{\bar m=1}^{\infty} \frac{\sin \frac{1}{4} \bar m^2 \pi \varkappa}{\bar m^{2m}} \cos \bar m\, \pi\, \zeta \cos \bar m\, \pi\, \zeta_0.
\end{aligned}\right\} \tag{1576}$$

Ihre Darstellungen durch D-Funktionen lauten nach (1527)

$$\begin{aligned}
{\Re \atop \operatorname{Im}} \Omega_{2,2m}(\zeta, \zeta_0, i\,\varkappa) &= {\Re \atop \operatorname{Im}} \tfrac{1}{2} [D_{2,2m}(\zeta - \zeta_0, i\,\varkappa) - D_{2,2m}(\zeta + \zeta_0, i\,\varkappa) + D_{3,2m}(\zeta - \zeta_0, i\,\varkappa) - D_{3,2m}(\zeta + \zeta_0, i\,\varkappa)], \\
{\Re \atop \operatorname{Im}} \Omega_{3,2m}(\zeta, \zeta_0, i\,\varkappa) &= {\Re \atop \operatorname{Im}} \tfrac{1}{2} [D_{2,2m}(\zeta - \zeta_0, i\,\varkappa) + D_{2,2m}(\zeta + \zeta_0, i\,\varkappa) + D_{3,2m}(\zeta - \zeta_0, i\,\varkappa) + D_{3,2m}(\zeta + \zeta_0, i\,\varkappa)].
\end{aligned} \tag{1577}$$

Nach (1577) müssen die Real- und Imaginärteile der Ω-Funktionen mit imaginärem Parameter der linken Gruppe von (1509) genügen. Es gilt also

$$\frac{\partial^4}{\partial \zeta^4} {\Re \atop \operatorname{Im}} \Omega_{2,2m \atop 3,2m}(\zeta, \zeta_0, i\,\varkappa) + 16\pi^2 \frac{\partial^2}{\partial \varkappa^2} {\Re \atop \operatorname{Im}} \Omega_{2,2m \atop 3,2m}(\zeta, \zeta_0, i\,\varkappa) = 0. \tag{1578}$$

Aus (1576) und (1578) folgt, daß die Real- und Imaginärteile der Ω-Funktionen GREENsche Funktionen der normierten homogenen Balkenschwingungsgleichung darstellen. Die zugehörige Integralgleichung lautet

$$y(\zeta) = \lambda \int_0^1 {\Re \atop \operatorname{Im}} \Omega_{2,2m \atop 3,2m}(\zeta, \zeta_0, i\,\varkappa)\, y(\zeta_0)\, d\zeta_0 \tag{1579}$$

mit den Eigenfunktionen

$$y(\zeta) = \sin \bar m\, \pi\, \zeta \quad \text{bzw.} \quad y(\zeta) = \cos \bar m\, \pi\, \zeta \quad (\bar m = 1, 2, 3, \ldots) \tag{1580}$$

und den Eigenwerten

$$\lambda_{\bar{m}} = \frac{(-1)^m (\bar{m}\,\pi)^{2m}}{2\cos\frac{1}{4}\,\bar{m}^2\,\pi\,\varkappa} \quad \text{und} \quad \lambda_{\bar{m}} = \frac{(-1)^{m+1} (\bar{m}\,\pi)^{2m}}{2\sin\frac{1}{4}\,\bar{m}^2\,\pi\,\varkappa}. \tag{1581}$$

Das Periodenverhalten der Ω-Funktionen mit imaginären Parametern ergibt sich aus (1576) und ist durch die Gleichungen

$$\begin{matrix}\Re\mathrm{e}\\ \mathrm{Im}\end{matrix}\,\Omega_{\substack{2,2m\\3,2m}}(\zeta \pm 2\bar{m},\, i\,\varkappa \pm 8\,i\,\bar{n}) = \begin{matrix}\Re\mathrm{e}\\ \mathrm{Im}\end{matrix}\,\Omega_{\substack{2,2m\\3,2m}}(\zeta,\, i\,\varkappa) \qquad (m,\, \bar{m},\, \bar{n} = 0, 1, 2, 3, \ldots) \tag{1582}$$

gekennzeichnet.

Die Abb. 427 bis 438 zeigen den Verlauf der durch (1577) auf D-Funktionen zurückgeführten Funktionen für die Ordnungen $2m = 0, 2, 4$ und $\zeta_0 = \frac{1}{4}$. Sie lassen sich als GREENsche Funktionen

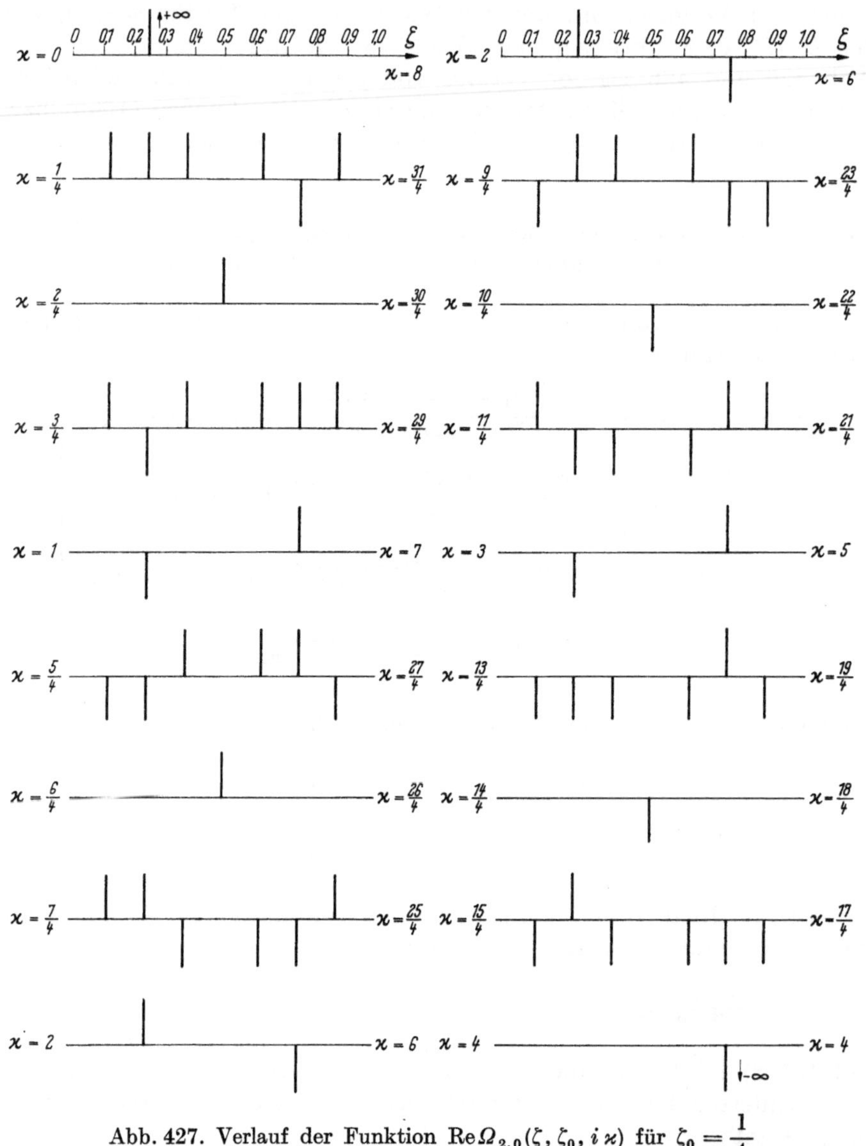

Abb. 427. Verlauf der Funktion $\mathrm{Re}\,\Omega_{2,0}(\zeta, \zeta_0, i\,\varkappa)$ für $\zeta_0 = \frac{1}{4}$

von stellvertretender Belastung, Biegungsmoment und Amplitude schwingender Balken deuten. Die Abb. 427, 428 und 429 liefern jene Größen beispielsweise für den gelenkig gelagerten Balken, die Abb. 433, 434 und 435 für den beiderseits querkraftfrei eingespannten Balken.

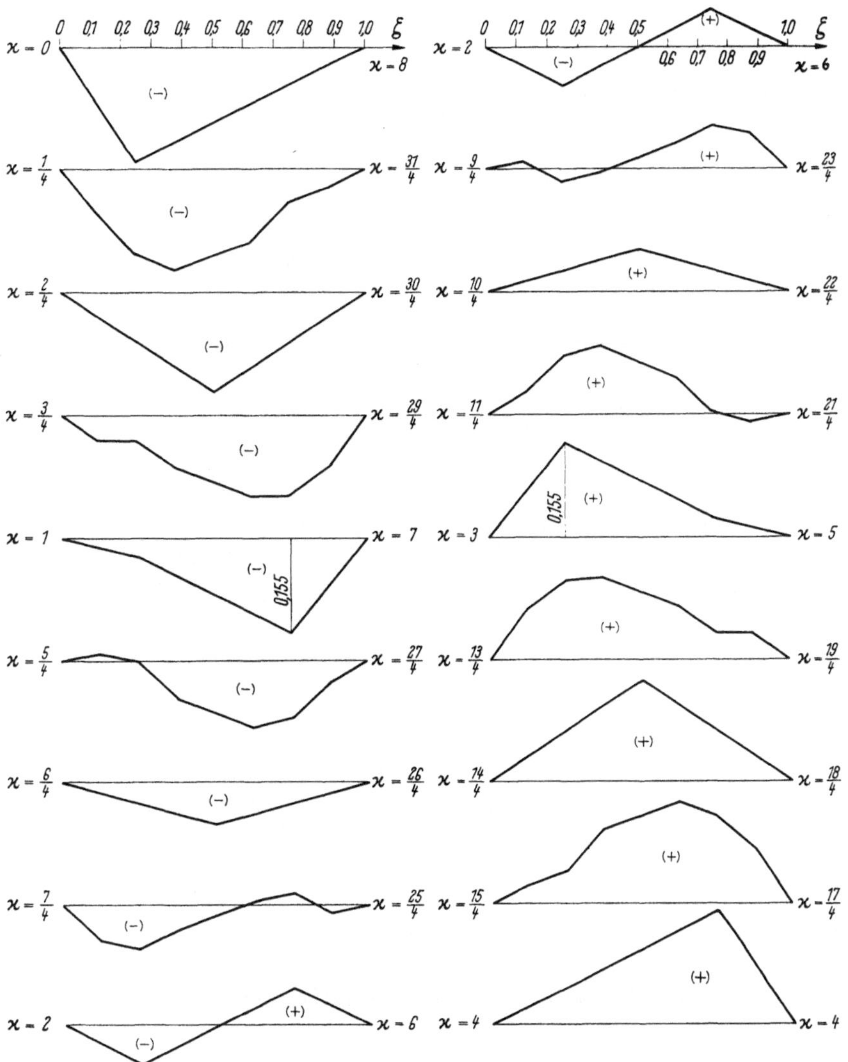

Abb. 428. Verlauf der Funktion $\mathrm{Re}\,\Omega_{2,2}(\zeta, \zeta_0, i\varkappa)$ für $\zeta_0 = \frac{1}{4}$

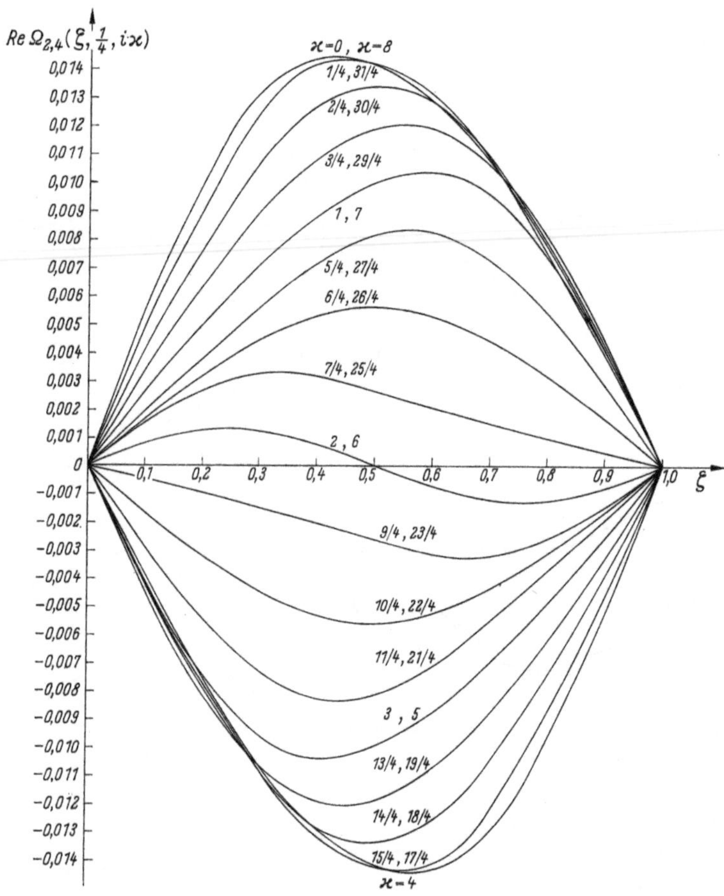

Abb. 429. Verlauf der Funktion $\mathrm{Re}\,\Omega_{2,4}(\zeta, \zeta_0, i\varkappa)$ für $\zeta_0 = \frac{1}{4}$

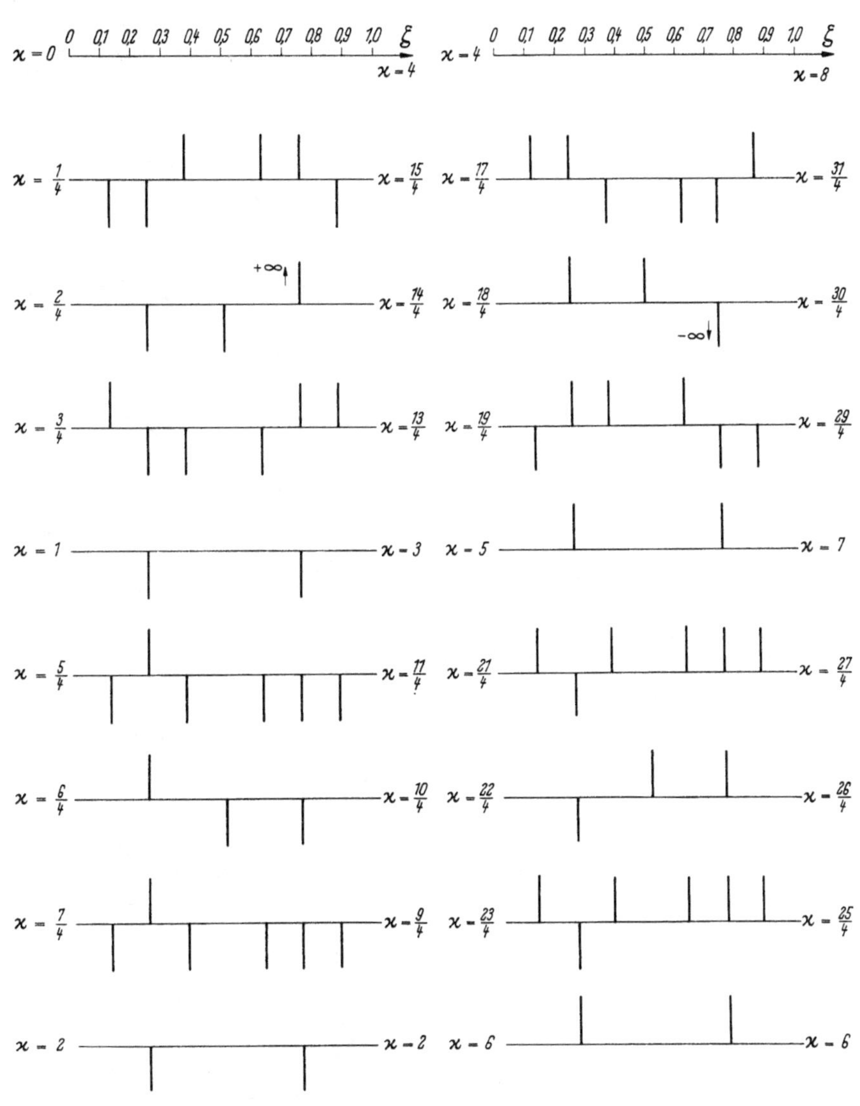

Abb. 430. Verlauf der Funktion $\operatorname{Im} \Omega_{2,0}(\zeta, \zeta_0, i\varkappa)$ für $\zeta_0 = \frac{1}{4}$

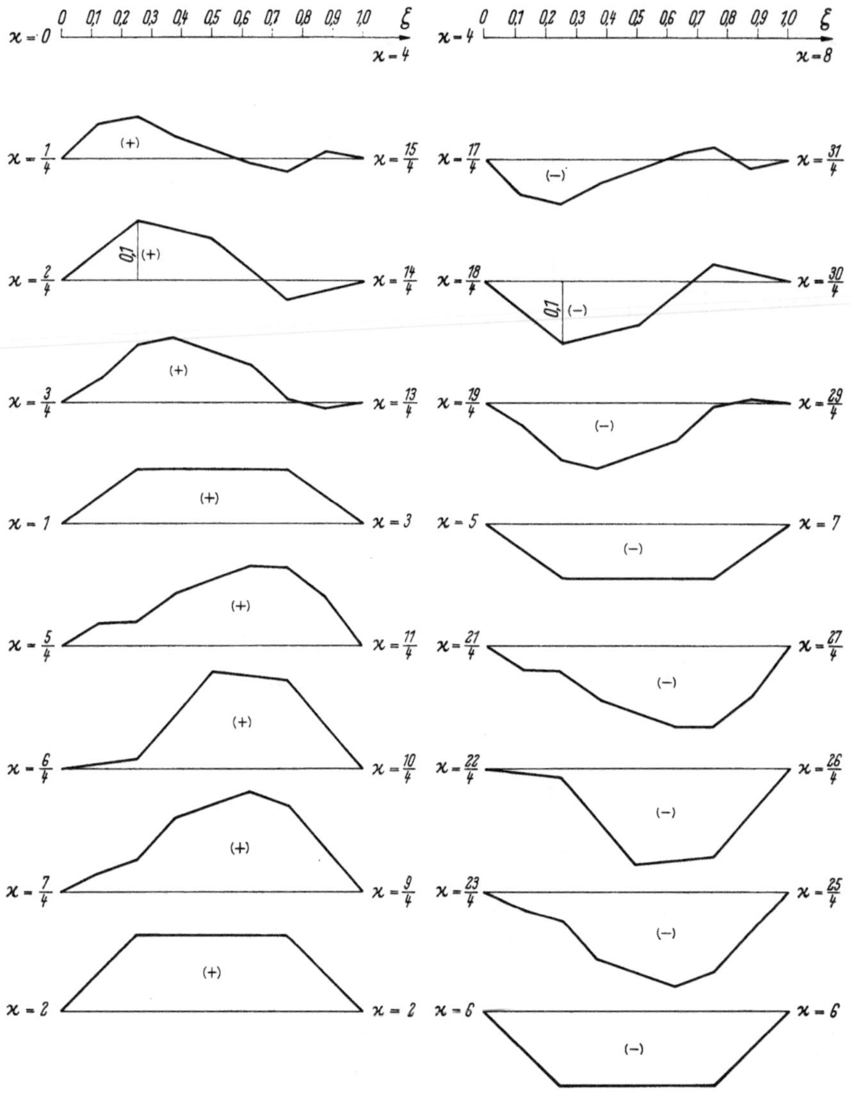

Abb. 431. Verlauf der Funktion $\operatorname{Im} \Omega_{2,2}(\zeta, \zeta_0, i\varkappa)$ für $\zeta_0 = \dfrac{1}{4}$

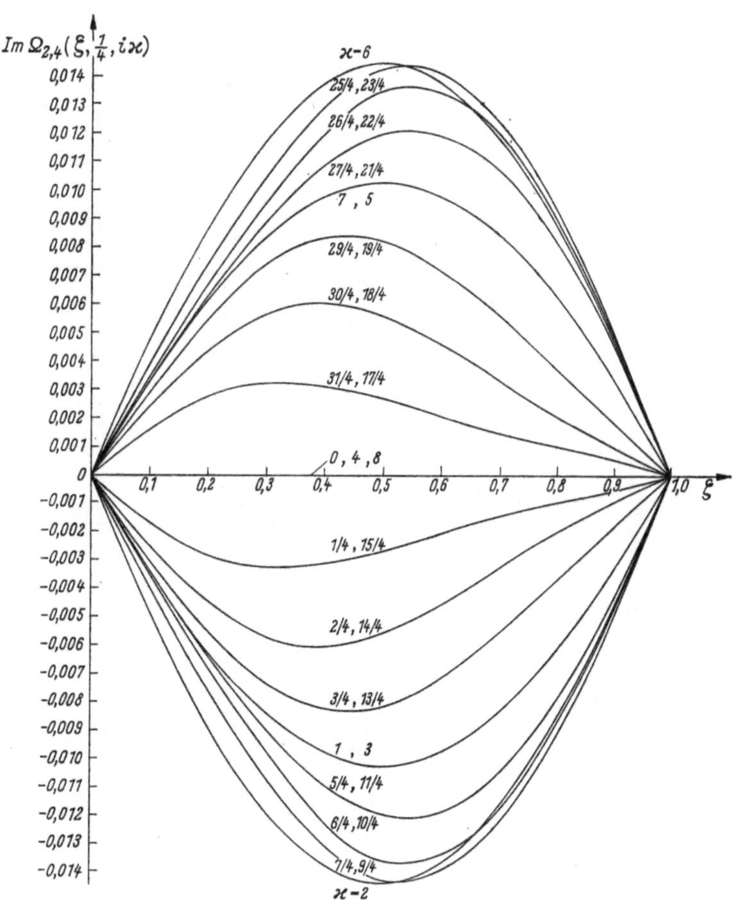

Abb. 432. Verlauf der Funktion $\operatorname{Im} \Omega_{2,4}(\zeta, \zeta_0, i\varkappa)$ für $\zeta_0 = \frac{1}{4}$

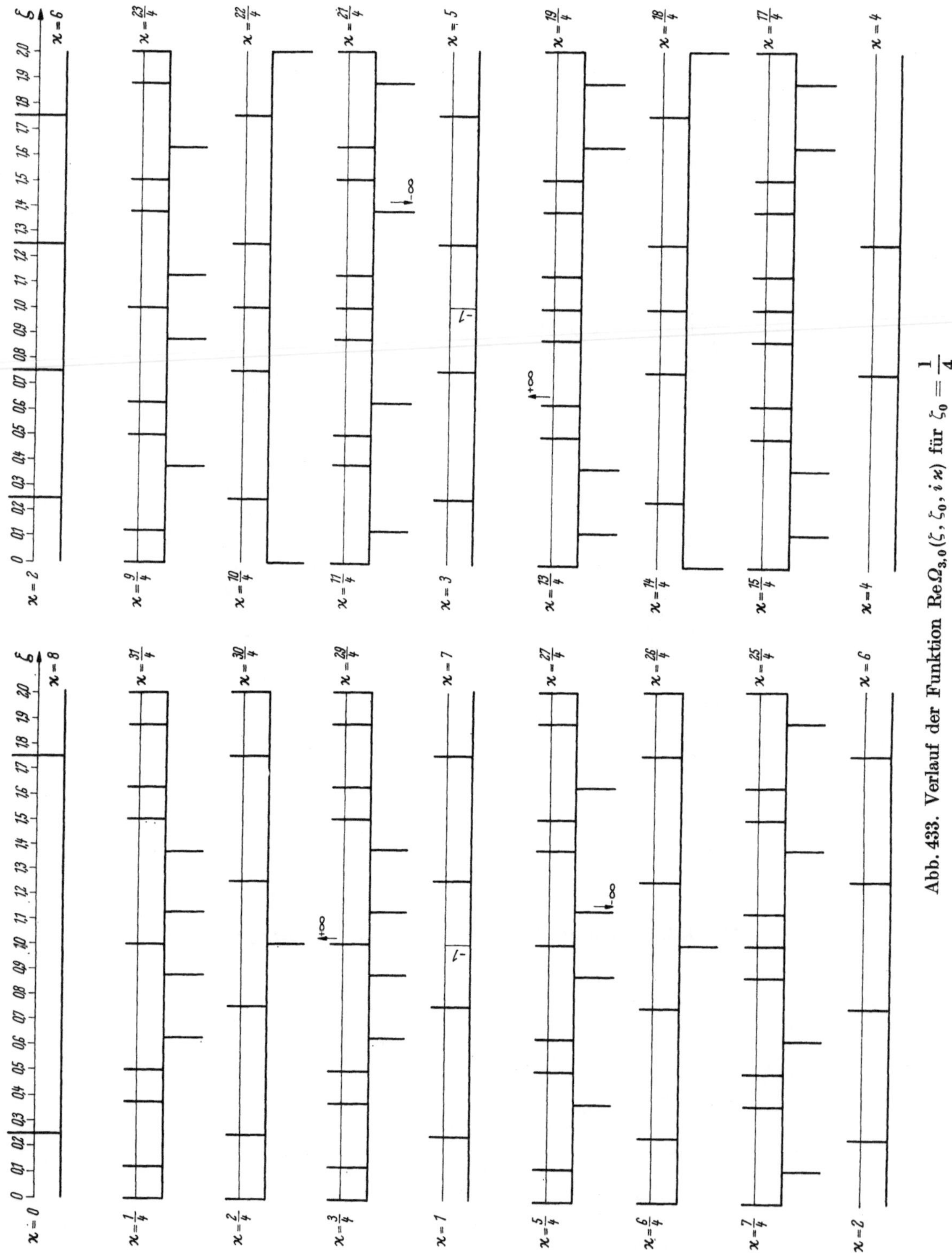

Abb. 433. Verlauf der Funktion $\mathrm{Re}\,\Omega_{3,0}(\zeta, \zeta_0, i\varkappa)$ für $\zeta_0 = \dfrac{1}{4}$

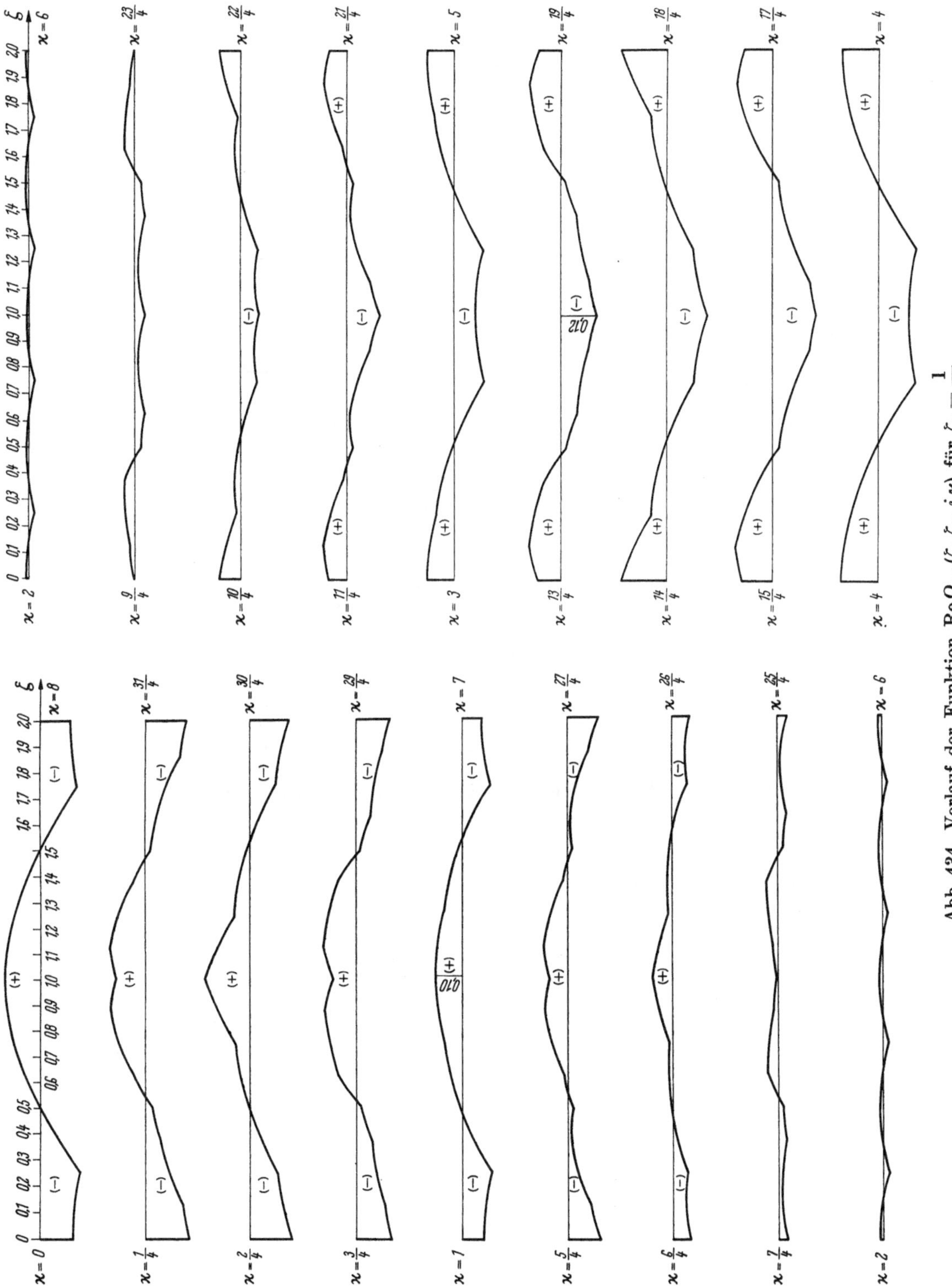

Abb. 434. Verlauf der Funktion $\mathrm{Re}\,\Omega_{3,2}(\zeta, \zeta_0, i\varkappa)$ für $\zeta_0 = \frac{1}{4}$

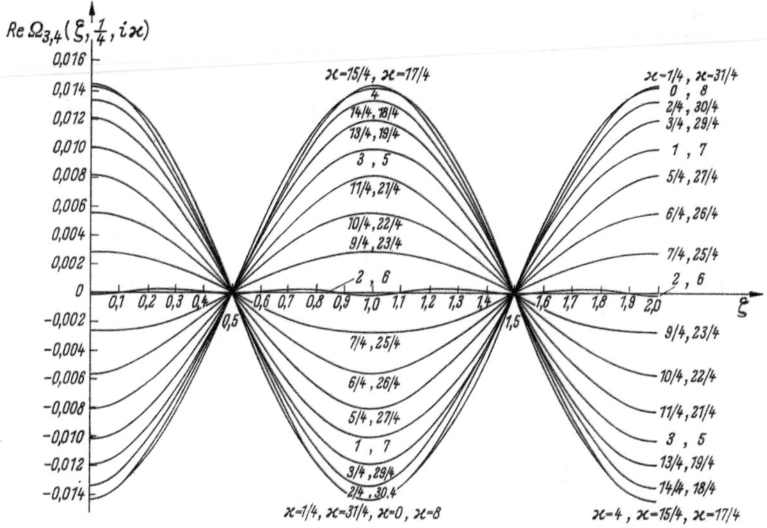

Abb. 435. Verlauf der Funktion $\operatorname{Re}\Omega_{3,4}(\zeta, \zeta_0, i\varkappa)$ für $\zeta_0 = \frac{1}{4}$

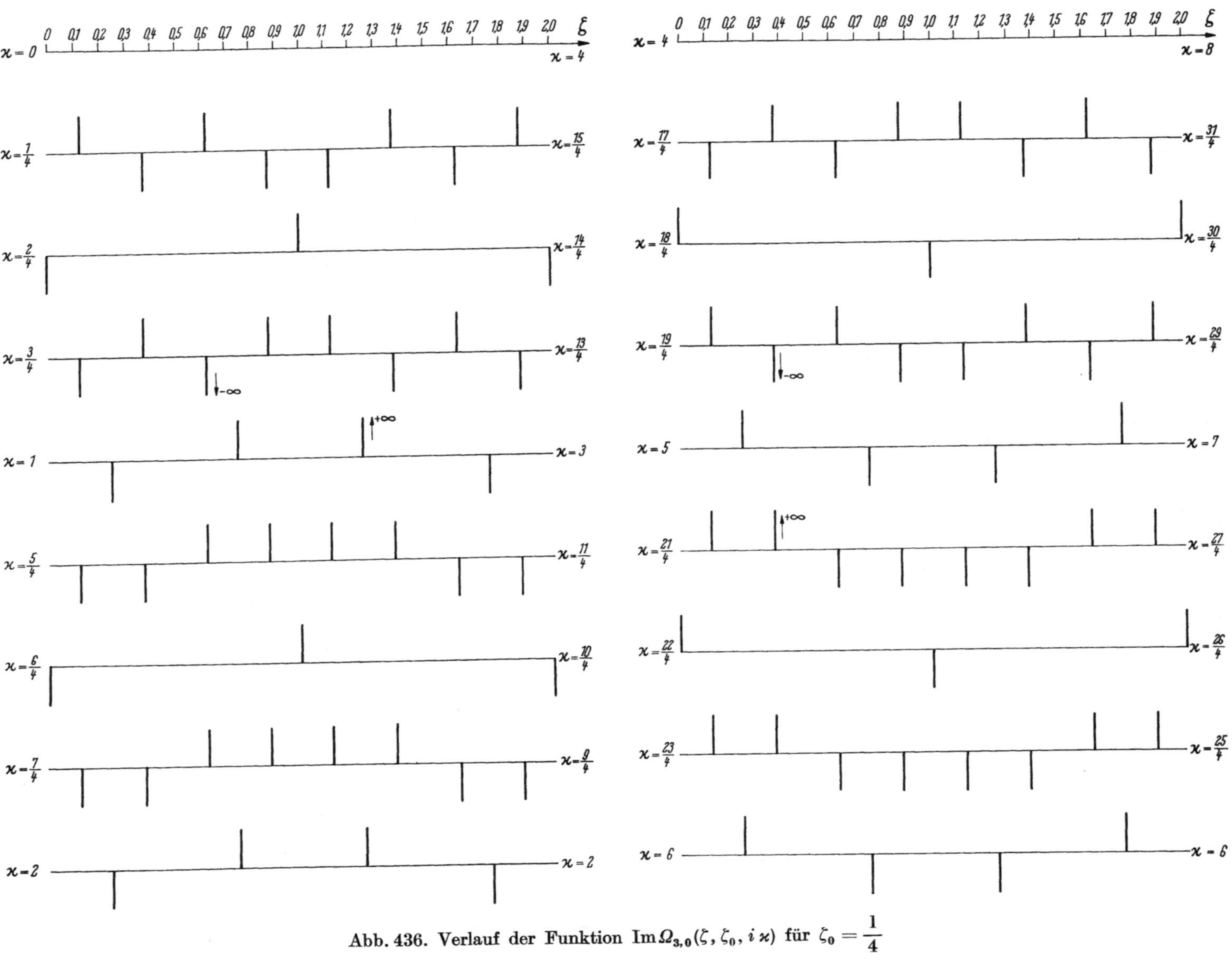

Abb. 436. Verlauf der Funktion $\operatorname{Im} \Omega_{3,0}(\zeta, \zeta_0, i\varkappa)$ für $\zeta_0 = \frac{1}{4}$

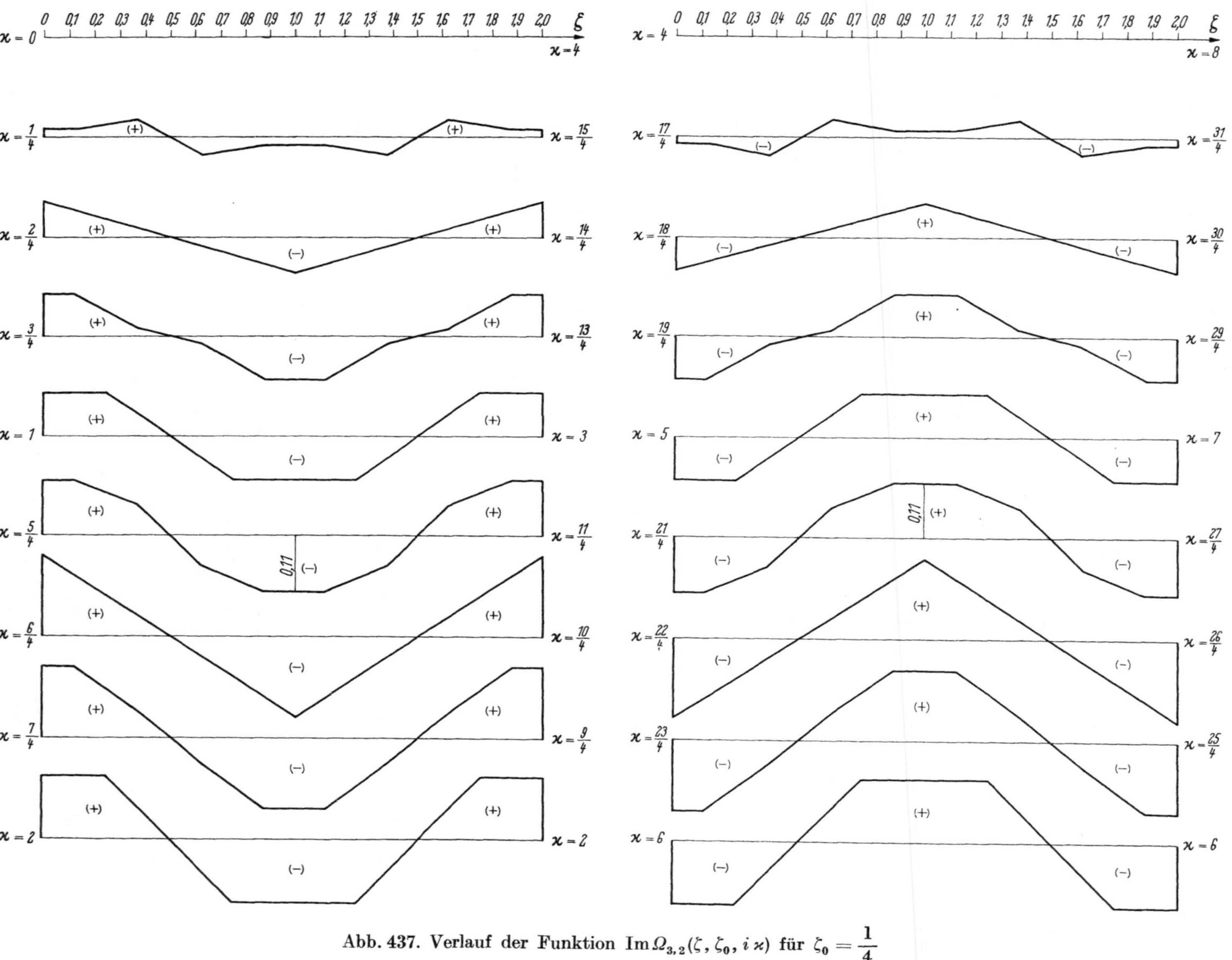

Abb. 437. Verlauf der Funktion $\operatorname{Im} \Omega_{3,2}(\zeta, \zeta_0, i\varkappa)$ für $\zeta_0 = \frac{1}{4}$

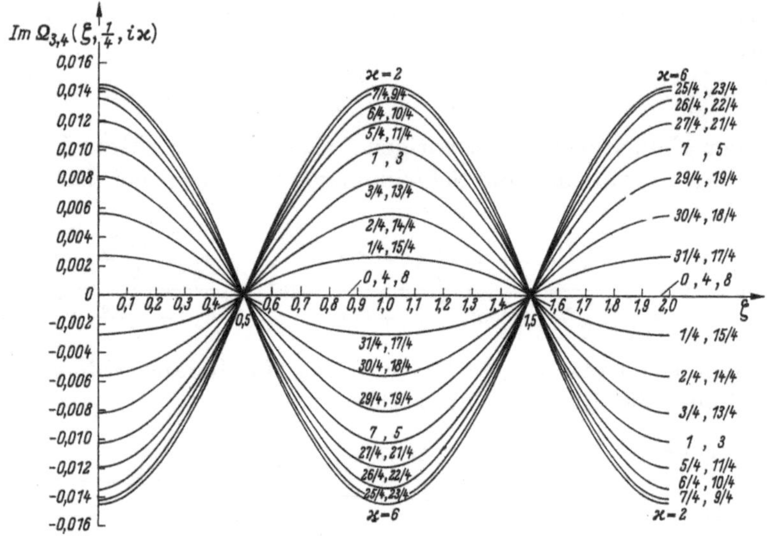

Abb. 438. Verlauf der Funktion $\mathrm{Im}\,\Omega_{3,4}(\zeta, \zeta_0, i\varkappa)$ für $\zeta_0 = \frac{1}{4}$

249. Darstellung singulärer Lösungen der homogenen Plattenschwingungsgleichung (Produkte von Real- oder Imaginärteilen von Ω-Funktionen mit imaginären Parametern)

Entsprechend dem für lineare Differentialgleichungen gültigen Superpositionsgesetz lassen sich die Betrachtungen von Abschnitt 241 unmittelbar auf die Produkte von Real- oder Imaginärteilen von Ω-Funktionen mit imaginären Parametern übertragen, wenn die eine der beiden Produktfunktionen auf $(\xi, \xi_0, i\varkappa)$, die andere auf $\left(\frac{\eta}{\alpha}, \frac{\eta_0}{\alpha}, \frac{i\varkappa}{\alpha^2}\right)$ bezogen wird. Die Ordnungen können dabei beliebig gewählt werden, also z. B. m für die eine Produktfunktion, $\overline{m}$ für die andere. So gelangt man zu Ansätzen der Art

$$w = \begin{smallmatrix}\Re\mathrm{e}\\ \mathrm{Im}\end{smallmatrix}\,\Omega_{\substack{2,\,2m\\ 3,\,2m}}(\xi, \xi_0, i\varkappa)\,\begin{smallmatrix}\Re\mathrm{e}\\ \mathrm{Im}\end{smallmatrix}\,\Omega_{\substack{2,\,2\overline{m}\\ 3,\,2\overline{m}}}\left(\frac{\eta}{\alpha}, \frac{\eta_0}{\alpha}, \frac{i\varkappa}{\alpha^2}\right), \tag{1583}$$

welche der linken der Differentialgleichungen (1521) genügen müssen und daher singuläre Schwingungsvorgänge in Platten beschreiben.

Eine gemäß (1583) gebildete zweidimensionale Schwingungsamplitude stellt im Gegensatz zu den im vorigen Abschnitt betrachteten GREENschen Funktionen keine GREENsche Funktion mehr dar, da diese im Falle der betrachteten Platte durch vierfache Integration punktförmiger Singularitäten entstanden sein müßte, eine Bedingung, welcher der Ansatz (1583) niemals entsprechen kann.

250. Dreifache Produkte von Real- oder Imaginärteilen von Ω-Funktionen mit imaginären Parametern

In Analogie zu den in Abschnitt 242 gebildeten Funktionen lassen sich dreifache Produkte von Real- oder Imaginärteilen von Ω-Funktionen mit imaginären Parametern bilden, wenn die erste der drei Produktfunktionen auf $(\xi, \xi_0, i\varkappa)$, die zweite auf $\left(\frac{\eta}{\alpha}, \frac{\eta_0}{\alpha}, \frac{i\varkappa}{\alpha^2}\right)$ und die dritte auf $\left(\frac{\zeta}{\beta}, \frac{\zeta_0}{\beta}, \frac{i\varkappa}{\beta^2}\right)$ bezogen wird. Die zugehörigen Ordnungen seien m_1, m_2, m_3. Setzt man dann

$$w = \begin{smallmatrix}\Re\mathrm{e}\\ \mathrm{Im}\end{smallmatrix}\,\Omega_{\substack{2,\,2m_1\\ 3,\,2m_1}}(\xi, \xi_0, i\varkappa)\,\begin{smallmatrix}\Re\mathrm{e}\\ \mathrm{Im}\end{smallmatrix}\,\Omega_{\substack{2,\,2m_2\\ 3,\,2m_2}}\left(\frac{\eta}{\alpha}, \frac{\eta_0}{\alpha}, \frac{i\varkappa}{\alpha^2}\right)\begin{smallmatrix}\Re\mathrm{e}\\ \mathrm{Im}\end{smallmatrix}\,\Omega_{\substack{2,\,2m_3\\ 3,\,2m_3}}\left(\frac{\zeta}{\beta}, \frac{\zeta_0}{\beta}, \frac{i\varkappa}{\beta^2}\right), \tag{1584}$$

so muß eine so gebildete Funktion in Analogie zu der oberen der Gln. (1522) oder (1523) der Differentialgleichung

$$\frac{\partial^4 w}{\partial \xi^4} + \frac{\partial^4 w}{\partial \eta^4} + \frac{\partial^4 w}{\partial \zeta^4} + 2\frac{\partial^4 w}{\partial \eta^2 \partial \zeta^2} + 2\frac{\partial^4 w}{\partial \zeta^2 \partial \xi^2} + 2\frac{\partial^4 w}{\partial \xi^2 \partial \eta^2} + 16\pi^2 \frac{\partial^2 w}{\partial \varkappa^2} = 0 \tag{1585}$$

genügen. Sie stellt aber ähnlich wie die im vorigen Abschnitt betrachtete Funktion keine GREENsche Funktion mehr dar, es sei denn, daß Schwingungen vorliegen, bei denen $m_1 = m_2 = m_3 = 0$ ist.

251. Die Funktionen $\ln \dfrac{\vartheta_{\frac{1}{5}}\left(\frac{\zeta+\zeta_0}{2}, \varkappa\right) \sin\frac{\pi}{2}(\zeta-\zeta_0)}{\vartheta_{\frac{1}{5}}\left(\frac{\zeta-\zeta_0}{2}, \varkappa\right) \sin\frac{\pi}{2}(\zeta+\zeta_0)}$ und $\ln \dfrac{\vartheta_{\frac{2}{6}}\left(\frac{\zeta+\zeta_0}{2}, \varkappa\right) \cos\frac{\pi}{2}(\zeta-\zeta_0)}{\vartheta_{\frac{2}{6}}\left(\frac{\zeta-\zeta_0}{2}, \varkappa\right) \cos\frac{\pi}{2}(\zeta+\zeta_0)}$

Nach (177) bestehen, solange $|e^{-n\pi\varkappa \pm \pi i\zeta}| < 1$ ist, für die aus Abb. 439 ersichtlichen zweiparametrigen Funktionen die Bilinear-Entwicklungen

$$\left.\begin{aligned}
\ln \frac{\vartheta_1\left(\frac{\zeta+\zeta_0}{2}, \varkappa\right) \sin\frac{\pi}{2}(\zeta-\zeta_0)}{\vartheta_1\left(\frac{\zeta-\zeta_0}{2}, \varkappa\right) \sin\frac{\pi}{2}(\zeta+\zeta_0)} &= \sum_1^\infty{}_n \frac{\sin n\pi\zeta \sin n\pi\zeta_0}{\frac{n}{4}(e^{2n\pi\varkappa}-1)},\\
\ln \frac{\vartheta_2\left(\frac{\zeta+\zeta_0}{2}, \varkappa\right) \cos\frac{\pi}{2}(\zeta-\zeta_0)}{\vartheta_2\left(\frac{\zeta-\zeta_0}{2}, \varkappa\right) \cos\frac{\pi}{2}(\zeta+\zeta_0)} &= \sum_1^\infty{}_n \frac{\sin n\pi\zeta \sin n\pi\zeta_0}{(-1)^n\frac{n}{4}(e^{2n\pi\varkappa}-1)},\\
\ln \frac{\vartheta_5\left(\frac{\zeta+\zeta_0}{2}, \varkappa\right) \sin\frac{\pi}{2}(\zeta-\zeta_0)}{\vartheta_5\left(\frac{\zeta-\zeta_0}{2}, \varkappa\right) \sin\frac{\pi}{2}(\zeta+\zeta_0)} &= \sum_1^\infty{}_n \frac{\sin n\pi\zeta \sin n\pi\zeta_0}{\frac{n}{4}((-1)^n e^{n\pi\varkappa}-1)},\\
\ln \frac{\vartheta_6\left(\frac{\zeta+\zeta_0}{2}, \varkappa\right) \cos\frac{\pi}{2}(\zeta-\zeta_0)}{\vartheta_6\left(\frac{\zeta-\zeta_0}{2}, \varkappa\right) \cos\frac{\pi}{2}(\zeta+\zeta_0)} &= \sum_1^\infty{}_n \frac{\sin n\pi\zeta \sin n\pi\zeta_0}{\frac{n}{4}(e^{n\pi\varkappa}-(-1)^n)}.
\end{aligned}\right\} \tag{1586}$$

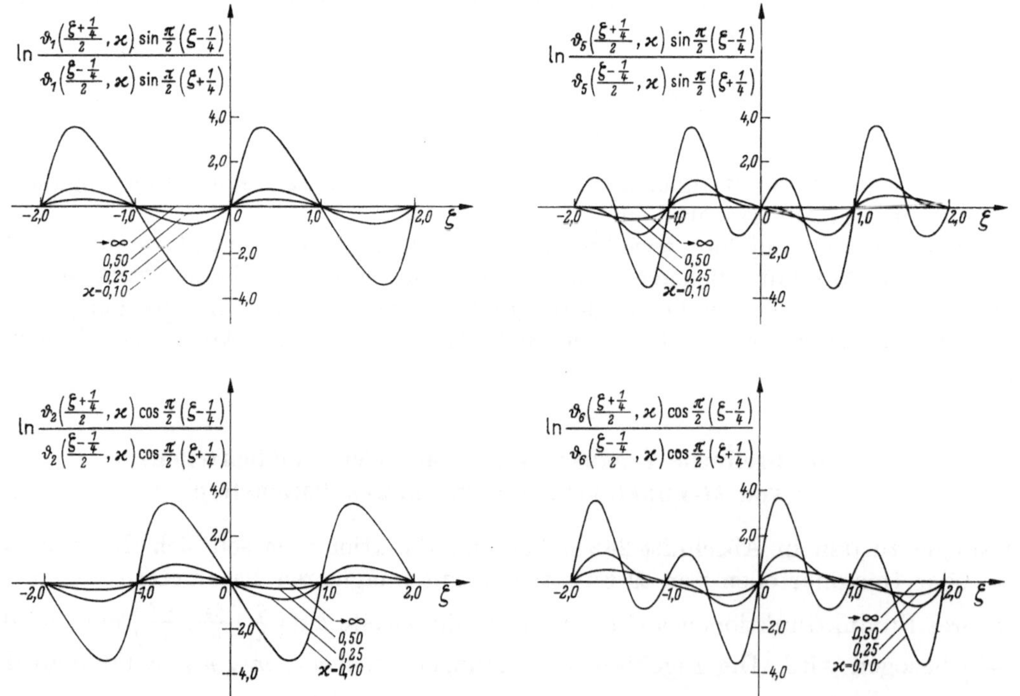

Abb. 439. Verlauf der durch die Bilinear-Entwicklungen (1586) dargestellten Funktionen für $\zeta_0 = \frac{1}{4}$

Die zugehörigen Integralgleichungen lauten

$$y(\zeta) = \lambda \int_0^1 \ln \frac{\vartheta_{\frac{1}{5}}\left(\frac{\zeta+\zeta_0}{2}, \varkappa\right) \sin\frac{\pi}{2}(\zeta-\zeta_0)}{\vartheta_{\frac{1}{5}}\left(\frac{\zeta-\zeta_0}{2}, \varkappa\right) \sin\frac{\pi}{2}(\zeta+\zeta_0)} y(\zeta_0)\, d\zeta_0 \tag{1587}$$

bzw.

$$y(\zeta) = \lambda \int_0^1 \ln \frac{\vartheta_{\frac{2}{6}}\left(\frac{\zeta+\zeta_0}{2}, \varkappa\right) \cos\frac{\pi}{2}(\zeta-\zeta_0)}{\vartheta_{\frac{2}{6}}\left(\frac{\zeta-\zeta_0}{2}, \varkappa\right) \cos\frac{\pi}{2}(\zeta+\zeta_0)} y(\zeta_0)\, d\zeta_0 \tag{1588}$$

mit den Eigenfunktionen

$$y(\zeta) = \sin n\pi\zeta \quad (n = 1, 2, 3, \ldots) \tag{1589}$$

und den Eigenwerten

$$\lambda_n = \frac{n}{4}(e^{2n\pi\varkappa} - 1) \qquad \text{und} \quad \lambda_n = \frac{n}{4}((-1)^n e^{n\pi\varkappa} - 1) \tag{1590}$$

bzw.

$$\lambda_n = (-1)^n \frac{n}{4}(e^{2n\pi\varkappa} - 1) \quad \text{und} \quad \lambda_n = \frac{n}{4}[e^{n\pi\varkappa} - (-1)^n]. \tag{1591}$$

252. Bilinear-Entwicklungen einiger doppeltperiodischer Funktionen sowie von logarithmischen Produkten doppeltperiodischer und trigonometrischer Funktionen

Die den Funktionen von (1586) entsprechenden Funktionen der dritten und vierten Charakteristik sind doppeltperiodische Funktionen. Ihre Bilinear-Entwicklungen lauten nach (177), solange $|e^{-n\pi\varkappa \pm \pi i\zeta}| < 1$ ist,

$$\ln \frac{\vartheta_3\left(\frac{\zeta+\zeta_0}{2}, \varkappa\right)}{\vartheta_3\left(\frac{\zeta-\zeta_0}{2}, \varkappa\right)} = \sum_{1}^{\infty}{}_n \frac{\sin n\pi\zeta \sin n\pi\zeta_0}{(-1)^n \frac{n}{2}\sinh n\pi\varkappa}, \quad \ln \frac{\vartheta_4\left(\frac{\zeta+\zeta_0}{2}, \varkappa\right)}{\vartheta_4\left(\frac{\zeta-\zeta_0}{2}, \varkappa\right)} = \sum_{1}^{\infty}{}_n \frac{\sin n\pi\zeta \sin n\pi\zeta_0}{\frac{n}{2}\sinh n\pi\varkappa}. \tag{1592}$$

Ihnen entsprechen die Integralgleichungen

$$y(\zeta) = \lambda \int_0^1 \ln \frac{\vartheta_{\frac{3}{4}}\left(\frac{\zeta+\zeta_0}{2}, \varkappa\right)}{\vartheta_{\frac{3}{4}}\left(\frac{\zeta-\zeta_0}{2}, \varkappa\right)} y(\zeta_0)\, d\zeta_0 \tag{1593}$$

mit den Eigenfunktionen

$$y(\zeta) = \sin n\pi\zeta \quad (n = 1, 2, 3, \ldots) \tag{1594}$$

und den Eigenwerten

$$\lambda_n = (-1)^n \frac{n}{2}\sinh n\pi\varkappa \quad \text{und} \quad \lambda_n = \frac{n}{2}\sinh n\pi\varkappa. \tag{1595}$$

Werden die Gln. (1592) voneinander abgezogen, so folgt in Verbindung mit (766) die für $|e^{-n\pi\varkappa \pm \pi i\zeta}| < 1$ gültige Bilinear-Entwicklung

$$\ln \frac{\operatorname{dn}\left(\frac{\zeta-\zeta_0}{2}, \varkappa\right)}{\operatorname{dn}\left(\frac{\zeta+\zeta_0}{2}, \varkappa\right)} = \ln \frac{\operatorname{nd}\left(\frac{\zeta+\zeta_0}{2}, \varkappa\right)}{\operatorname{nd}\left(\frac{\zeta-\zeta_0}{2}, \varkappa\right)} = \sum_{0}^{\infty}{}_m \frac{\sin(2m+1)\pi\zeta \sin(2m+1)\pi\zeta_0}{\frac{2m+1}{4}\sinh(2m+1)\pi\varkappa}. \tag{1596}$$

Die zugehörige Integralgleichung lautet

$$y(\zeta) = \lambda \int_0^1 \ln \frac{\operatorname{dn}\left(\frac{\zeta-\zeta_0}{2}, \varkappa\right)}{\operatorname{dn}\left(\frac{\zeta+\zeta_0}{2}, \varkappa\right)} y(\zeta_0)\, d\zeta_0 \quad \text{bzw.} \quad y(\zeta) = \lambda \int_0^1 \ln \frac{\operatorname{nd}\left(\frac{\zeta+\zeta_0}{2}, \varkappa\right)}{\operatorname{nd}\left(\frac{\zeta-\zeta_0}{2}, \varkappa\right)} y(\zeta_0)\, d\zeta_0 \tag{1597}$$

mit den Eigenfunktionen und Eigenwerten

$$y(\zeta) = \sin(2m+1)\pi\zeta \quad (m = 0, 1, 2, \ldots) \quad \text{und} \quad \lambda_m = \frac{2m+1}{4}\sinh(2m+1)\pi\varkappa \quad (m = 0, 1, 2, \ldots). \tag{1598}$$

Die dn- und nd-Funktion sind die einzigen JACOBIschen elliptischen Funktionen, aus denen sich doppeltperiodische Bilinear-Entwicklungen nach Art von (1596) bilden lassen. Bei den übrigen JACOBIschen elliptischen Funktionen ist noch die Überlagerung einer der Funktionen

$$\ln\frac{\sin\frac{\pi}{2}(\zeta-\zeta_0)}{\sin\frac{\pi}{2}(\zeta+\zeta_0)} \quad \text{bzw.} \quad \ln\frac{\cos\frac{\pi}{2}(\zeta-\zeta_0)}{\cos\frac{\pi}{2}(\zeta+\zeta_0)} \quad \text{bzw.} \quad \ln\frac{\tan\frac{\pi}{2}(\zeta-\zeta_0)}{\tan\frac{\pi}{2}(\zeta+\zeta_0)}$$

erforderlich, womit der doppeltperiodische Charakter verlorengeht. Durch Verbindung der beiden oberen der Gln. (1586) mit den Gln. (1592) unter Beachtung von (766) gelangt man zu den für $|e^{-n\pi\varkappa\pm\pi i\zeta}|<1$ gültigen Bilinear-Entwicklungen

$$\left.\begin{aligned}
\ln\frac{\operatorname{sc}\left(\frac{\zeta+\zeta_0}{2},\varkappa\right)\tan\frac{\pi}{2}(\zeta-\zeta_0)}{\operatorname{sc}\left(\frac{\zeta-\zeta_0}{2},\varkappa\right)\tan\frac{\pi}{2}(\zeta+\zeta_0)} &= \ln\frac{\operatorname{cs}\left(\frac{\zeta-\zeta_0}{2},\varkappa\right)\tan\frac{\pi}{2}(\zeta-\zeta_0)}{\operatorname{cs}\left(\frac{\zeta+\zeta_0}{2},\varkappa\right)\tan\frac{\pi}{2}(\zeta+\zeta_0)}\\
&= \sum_{0}^{\infty}{}_m \frac{\sin(2m+1)\pi\zeta\,\sin(2m+1)\pi\zeta_0}{\frac{2m+1}{8}\left(e^{2(2m+1)\pi\varkappa}-1\right)},\\
\ln\frac{\operatorname{sd}\left(\frac{\zeta+\zeta_0}{2},\varkappa\right)\sin\frac{\pi}{2}(\zeta-\zeta_0)}{\operatorname{sd}\left(\frac{\zeta-\zeta_0}{2},\varkappa\right)\sin\frac{\pi}{2}(\zeta+\zeta_0)} &= \ln\frac{\operatorname{ds}\left(\frac{\zeta-\zeta_0}{2},\varkappa\right)\sin\frac{\pi}{2}(\zeta-\zeta_0)}{\operatorname{ds}\left(\frac{\zeta+\zeta_0}{2},\varkappa\right)\sin\frac{\pi}{2}(\zeta+\zeta_0)}\\
&= \sum_{1}^{\infty}{}_n \frac{1-(-1)^n e^{n\pi\varkappa}}{\frac{n}{4}\left(e^{2n\pi\varkappa}-1\right)}\sin n\pi\zeta\,\sin n\pi\zeta_0,\\
\ln\frac{\operatorname{sn}\left(\frac{\zeta+\zeta_0}{2},\varkappa\right)\sin\frac{\pi}{2}(\zeta-\zeta_0)}{\operatorname{sn}\left(\frac{\zeta-\zeta_0}{2},\varkappa\right)\sin\frac{\pi}{2}(\zeta+\zeta_0)} &= \ln\frac{\operatorname{ns}\left(\frac{\zeta-\zeta_0}{2},\varkappa\right)\sin\frac{\pi}{2}(\zeta-\zeta_0)}{\operatorname{ns}\left(\frac{\zeta+\zeta_0}{2},\varkappa\right)\sin\frac{\pi}{2}(\zeta+\zeta_0)}\\
&= \sum_{1}^{\infty}{}_n \frac{1-e^{n\pi\varkappa}}{\frac{n}{4}\left(e^{2n\pi\varkappa}-1\right)}\sin n\pi\zeta\,\sin n\pi\zeta_0,\\
\ln\frac{\operatorname{cd}\left(\frac{\zeta+\zeta_0}{2},\varkappa\right)\cos\frac{\pi}{2}(\zeta-\zeta_0)}{\operatorname{cd}\left(\frac{\zeta-\zeta_0}{2},\varkappa\right)\cos\frac{\pi}{2}(\zeta+\zeta_0)} &= \ln\frac{\operatorname{dc}\left(\frac{\zeta-\zeta_0}{2},\varkappa\right)\cos\frac{\pi}{2}(\zeta-\zeta_0)}{\operatorname{dc}\left(\frac{\zeta+\zeta_0}{2},\varkappa\right)\cos\frac{\pi}{2}(\zeta+\zeta_0)}\\
&= \sum_{1}^{\infty}{}_n \frac{(-1)^n\left(1-e^{n\pi\varkappa}\right)}{\frac{n}{4}\left(e^{2n\pi\varkappa}-1\right)}\sin n\pi\zeta\,\sin n\pi\zeta_0,\\
\ln\frac{\operatorname{cn}\left(\frac{\zeta+\zeta_0}{2},\varkappa\right)\cos\frac{\pi}{2}(\zeta-\zeta_0)}{\operatorname{cn}\left(\frac{\zeta-\zeta_0}{2},\varkappa\right)\cos\frac{\pi}{2}(\zeta+\zeta_0)} &= \ln\frac{\operatorname{nc}\left(\frac{\zeta-\zeta_0}{2},\varkappa\right)\cos\frac{\pi}{2}(\zeta-\zeta_0)}{\operatorname{nc}\left(\frac{\zeta+\zeta_0}{2},\varkappa\right)\cos\frac{\pi}{2}(\zeta+\zeta_0)}\\
&= \sum_{1}^{\infty}{}_n \frac{(-1)^n-e^{n\pi\varkappa}}{\frac{n}{4}\left(e^{2n\pi\varkappa}-1\right)}\sin n\pi\zeta\,\sin n\pi\zeta_0.
\end{aligned}\right\} \tag{1599}$$

Nach (767) ist

$$\ln\overline{\operatorname{nd}} = \ln\operatorname{sd}+\ln\operatorname{cn}+\ln k^2, \qquad \ln\overline{\operatorname{sn}} = \ln\operatorname{cs}+\ln\operatorname{dn}, \qquad \ln\overline{\operatorname{sd}} = \ln\operatorname{cs}-\ln\operatorname{dn}.$$

Mit Hilfe dieser Beziehungen und bei Beachtung von (774) folgen aus (1599) entsprechende Darstellungen für die logarithmischen Ableitungen der JACOBIschen elliptischen Funktionen. Sie lauten

$$\left.\begin{aligned}
\ln\frac{\overline{\mathrm{nd}}\left(\frac{\zeta+\zeta_0}{2},\varkappa\right)\sin\pi(\zeta-\zeta_0)}{\overline{\mathrm{nd}}\left(\frac{\zeta-\zeta_0}{2},\varkappa\right)\sin\pi(\zeta+\zeta_0)} &= \ln\frac{\overline{\mathrm{cs}}\left(\frac{\zeta-\zeta_0}{2},\varkappa\right)\sin\pi(\zeta-\zeta_0)}{\overline{\mathrm{cs}}\left(\frac{\zeta+\zeta_0}{2},\varkappa\right)\sin\pi(\zeta+\zeta_0)} \\
&= -\sum_{1}^{\infty}{}_m \frac{\sin 2m\,\zeta\,\sin 2m\,\zeta_0}{\frac{m}{4}\left(e^{2m\pi\varkappa}+1\right)}, \\
\ln\frac{\overline{\mathrm{cd}}\left(\frac{\zeta+\zeta_0}{2},\varkappa\right)\tan\frac{\pi}{2}(\zeta-\zeta_0)}{\overline{\mathrm{cd}}\left(\frac{\zeta-\zeta_0}{2},\varkappa\right)\tan\frac{\pi}{2}(\zeta+\zeta_0)} &= \ln\frac{\overline{\mathrm{sn}}\left(\frac{\zeta-\zeta_0}{2},\varkappa\right)\tan\frac{\pi}{2}(\zeta-\zeta_0)}{\overline{\mathrm{sn}}\left(\frac{\zeta+\zeta_0}{2},\varkappa\right)\tan\frac{\pi}{2}(\zeta+\zeta_0)} \\
&= \sum_{0}^{\infty}{}_m \frac{\sin(2m+1)\,\pi\zeta\,\sin(2m+1)\,\pi\zeta_0}{\frac{2m+1}{8}\left(e^{(2m+1)\pi\varkappa}-1\right)}, \\
\ln\frac{\overline{\mathrm{sd}}\left(\frac{\zeta+\zeta_0}{2},\varkappa\right)\cot\frac{\pi}{2}(\zeta-\zeta_0)}{\overline{\mathrm{sd}}\left(\frac{\zeta-\zeta_0}{2},\varkappa\right)\cot\frac{\pi}{2}(\zeta+\zeta_0)} &= \ln\frac{\overline{\mathrm{cn}}\left(\frac{\zeta-\zeta_0}{2},\varkappa\right)\cot\frac{\pi}{2}(\zeta-\zeta_0)}{\overline{\mathrm{cn}}\left(\frac{\zeta+\zeta_0}{2},\varkappa\right)\cot\frac{\pi}{2}(\zeta+{}_0)} \\
&= \sum_{0}^{\infty}{}_m \frac{\sin(2m+1)\,\pi\zeta\,\sin(2m+1)\,\pi\zeta_0}{\frac{2m+1}{8}\left(e^{(2m+1)\pi\varkappa}+1\right)}.
\end{aligned}\right\} \tag{1600}$$

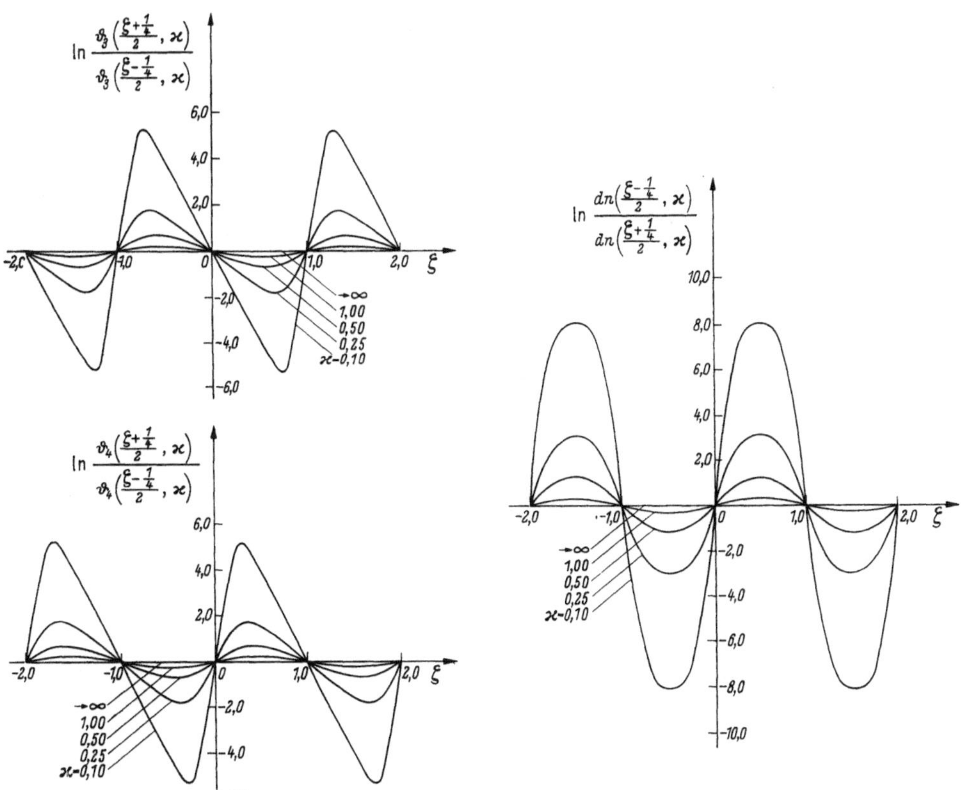

Abb. 440. Verlauf der durch die Bilinear-Entwicklungen (1592) und (1596) dargestellten Funktionen für $\zeta_0 = \frac{1}{4}$

Die Funktionen von (1599) und (1600) genügen der entsprechend umgeschriebenen Integralgleichung (1597).

Der Verlauf der durch (1592) und (1596) dargestellten Funktionen ist für $\zeta_0 = \frac{1}{4}$ aus Abb. 440 ersichtlich.

Literaturverzeichnis

[1] DALWIGK, F.: Beiträge zur Theorie von Thetafunktionen von mehreren Veränderlichen. Marburg 1891.

[2] BAULE, B.: Die Mathematik des Naturforschers und Ingenieurs. Bd. VI: Partielle Differentialgleichungen. Leipzig: Hirzel 1955, S. 143.

[3] BONHAGE, R.: Geschlossene Lösung des Druckstoßproblems für ein- und mehrsträngige Triebwasserleitungen bei verschiedenen Schließgesetzen. Schriftenreihe des Otto-Graf-Institutes an der Technischen Hochschule Stuttgart, 1965, Heft 25.

[4] DUSCHEK, A.: Höhere Mathematik. Bd. 3. Wien: Springer 1960, S. 176. Bd. 4. Wien: Springer 1961, S. 163, 170, 273, 277.

[5] FRANK, P. u. R. MISES: Die Differential- und Integralgleichungen der Mechanik und der Physik. Braunschweig: Vieweg 1961, S. 563.

[6] SCHMEIDLER, W.: Integralgleichungen mit Anwendungen in Physik und Technik. Leipzig: Akad. Verlagsgesellsch. 1950, S. 328.

[7] THOMSON and TAIT: Treatise on natural philosophy. 1879, §§ 499—519.

721/12/67 — III/18/203